工业和信息化普通高等教育"十三五"规划教材

21世纪高等教育计算机规划教材

COMPUTER

计算机常用算法与程序设计教程（第2版）

Computer Common Algorithms and Programming Course

■ 杨克昌 主编

人民邮电出版社

北京

图书在版编目（CIP）数据

计算机常用算法与程序设计教程 / 杨克昌主编. --
2版. -- 北京 : 人民邮电出版社, 2017.8 (2022.1重印)
21世纪高等教育计算机规划教材
ISBN 978-7-115-45591-8

Ⅰ. ①计… Ⅱ. ①杨… Ⅲ. ①电子计算机－算法理论－高等学校－教材②程序设计－高等学校－教材 Ⅳ. ①TP301.6②TP311.1

中国版本图书馆CIP数据核字(2017)第092553号

内容提要

本书遵循“精选案例，深入浅出，面向设计，注重能力培养”的要求，系统讲述枚举、递推、递归、回溯法、动态规划、贪心算法、分支限界法与模拟等常用算法及其应用。精选各算法设计求解的典型案例，从案例提出到算法设计、从程序实现到复杂度分析，环环相扣，融为一体，力求算法理论与实践应用相结合、算法与程序相统一，突出算法在程序设计中的核心地位与引导作用。

书中所有案例给出算法设计要点与完整的C程序代码，并给出程序运行示例（均在Visual C++ 6.0编译通过）与算法分析。为方便教学，每章都附有习题，同时推出与本书配套的课件供教学选用。书中所有源代码、部分习题解答提示与配套课件均可从人邮教育社区（http://www.ryjiaoyu.com）下载。

本书可作为高等院校计算机相关专业“算法设计与分析”和“程序设计基础与应用”等课程的教材，也可供软件设计人员和程序设计爱好者学习参考。

◆ 主　　编　杨克昌
责任编辑　张孟玮
责任印制　陈　犇
◆ 人民邮电出版社出版发行　　北京市丰台区成寿寺路 11 号
邮编　100164　　电子邮件　315@ptpress.com.cn
网址　http://www.ptpress.com.cn
北京天宇星印刷厂印刷
◆ 开本：787×1092　1/16
印张：17.75　　2017 年 8 月第 2 版
字数：467 千字　　2022 年 1 月北京第 5 次印刷

定价：49.80 元

读者服务热线：(010)81055256　印装质量热线：(010)81055316
反盗版热线：(010)81055315
广告经营许可证：京东市监广登字 20170147 号

第 2 版前言

“计算机算法与程序设计”是计算机科学与技术的核心，是高等院校计算机相关专业的一门重要的专业基础课，课程教学目的是提高学生的算法设计水平，培养通过程序设计解决实际问题的能力。

现有诸多“算法设计与分析”教材通常在算法选取上贪多求全、贪广求深，在内容组织上普遍存在两个问题：算法与数据结构结合多，算法与程序设计脱节；罗列算法多，算法理论与实际应用脱节。由此直接造成学生对算法不感兴趣，不利于学生应用算法与程序设计解决实际问题能力的培养与提高。

为此，我们在编著《计算机常用算法与程序设计教程》（普通高等教育“十一五”国家级规划教材）的基础上进行全面调整与充实，对应用案例进行进一步提炼与优化。

本书遵循“精选案例，深入浅出，面向设计，注重能力培养”的宗旨，在常用算法应用案例的选取与深度的把握上，在算法理论与实际应用的结合上进行精心设计，力图适合高校计算机课程教学目标与知识结构要求。

本书体现以下 4 个特色。

（1）注重常用算法的选取与组织

在算法的选取上去除一些难度大、应用少的带学术研究性质的算法内容，结合高校计算机教学实际与应用需求，选取枚举、递推、递归、回溯法、动态规划、贪心算法、分支限界法与模拟等常用算法。

对精选的各种常用算法，在介绍算法基本理论与设计规范后，从实际案例的解决入手，讲述算法中要求学生掌握的设计要点与实施步骤，避免出现本、专科阶段与研究生阶段的教学内容混杂不分，避免面面俱到、空洞而不着边际的局面。

特别推介第 9 章的“竖式乘除模拟”，它是近年总结推广用于数论高精计算的创新成果，既可以处理整数高精度计算，也可实现一些无理数的指定精度计算。

（2）注重典型案例的精选与提炼

精选适合各常用算法的典型案例，包括经典的数值求解与常见的数据处理。这些案例中既有引导入门的基础问题，也有难度较大的综合案例；既有构思巧妙的新创趣题，也有历史悠久的经典名题，难度适宜，深入浅出。

培养学生的学习兴趣，激发学生的学习热情，不是一两句空洞说教所能奏效的，必须通过一系列有吸引力的实际案例来引导。应用案例的精选与提炼，有利于激发学生学习算法与程序设计的兴趣，有利于学生在计算机实际应用上开阔视野，使之在算法思路的开拓与设计技能的运用上有一个深层次的锻炼与提高。通过实际案例来引导算法设计的逐步深入，实现以典型案例支撑算法，以算法设计指导案例求解的良性循环。

（3）注重算法与程序的有机融合

算法与程序是一个有机的统一体，不应该也不可能将它们对立与分割。本书在材料的组织上克服了罗列算法多、应用算法设计解决实际问题少，算法与程序设计脱节、算法理论与实际应用脱节的问题。在讲述每一种常用算法的基本思路与设计规范基础上，落实到每一个案例求解，从问题背景到算法设计、从程序实现到运行示例、从复杂度分析到变通改进，环环相扣，融为一体。学生看得见、摸得着、学得会、用得上，力求算法理论与实际应用相结合、算法与程序设计相统一，突出算法在解决实际案例中的核心地位与引导作用。

本书采用功能丰富、应用面广、高校学生使用率最高的 C 语言描述算法与编写程序。为使读者使用方便，程序均可在 Visual C++6.0 编译通过。

（4）注重算法与程序的改进优化

本书对一些典型案例应用多种不同的算法设计，编写表现形式与设计风格不同的程序，体现了算法与程序设计的灵活性和多样性。

问题求解的算法与程序设计都不是一成不变的，可以根据问题的具体实际进行多方位多层次的变通。变通出成果，变通长能力。把对案例实施算法改进与程序优化的过程，体现为降低复杂度、提高求解效率的过程，转化为算法设计能力培养与提高的过程，提升为优化意识与创新能力增强的过程。

为方便读者程序设计练习与查阅，附录简介了在 Visual C++6.0 环境下运行 C 程序的方法，并列出 C 语言的常用库函数。同时，与本书配套的课件、书中的源代码与部分习题解答提示均可在人邮教育社区（http://www.ryjiaoyu.com）下载。

本书适合各高校计算机相关专业“算法设计与分析”与“程序设计基础与应用”等课程教学。参考学时为 60 ~ 72 学时，建议采用理论教学与上机实践相结合的教学模式，第 1 ~ 9 章分别为 6 ~ 8 学时（含上机实践，具体由任课教师根据教学实际确定），第 10 章作为自学提高及课程设计的参考素材。

本书由杨克昌教授主编，王岳斌教授、严权峰教授、周小强副教授与甘靖、陶跃进老师参加教材编写与试用。其中，王岳斌编写第 6 章，严权峰编写第 7 章，周小强编写第 3 章，甘靖编写第 4 章，陶跃进编写第 5 章，杨克昌编写其余各章并负责统稿。本书的编写得到湖南理工学院教务处和计算机学院的大力支持，编者在此表示衷心感谢。

编　者

2017 年 2 月于岳阳南湖

目 录

第 1 章 算法与程序设计概述 1

1.1 算法概念与描述 1
1.1.1 算法概念 1
1.1.2 算法描述 3
1.2 算法复杂性分析 6
1.2.1 时间复杂度 7
1.2.2 空间复杂度 12
1.3 算法设计与分析示例 12
1.3.1 最大公约数 12
1.3.2 同码小数和 13
1.3.3 平方根不等式 15
1.4 算法与程序设计 16
1.4.1 算法与程序 16
1.4.2 结构化程序设计 20
习题 1 22

第 2 章 枚举 24

2.1 枚举概述 24
2.2 求和与统计 26
2.2.1 求代数和 26
2.2.2 倍和数探索 26
2.3 整数搜索 31
2.3.1 探求 *p*-完全数 31
2.3.2 搜索合数世纪 32
2.4 解方程与不等式 33
2.4.1 解佩尔方程 33
2.4.2 解分式不等式 35
2.5 分解与重组 35
2.5.1 质因数分解 36
2.5.2 探索双和 3 元 2 组 38
2.6 运算数式构建 39
2.6.1 探索完美综合运算式 39
2.6.2 构建对称数式 42
2.7 数阵与图形 46
2.7.1 探求 3 阶素数幻方 46
2.7.2 构建和积三角形 49
2.8 枚举设计优化 51
2.8.1 优化枚举结构 51
2.8.2 精简枚举参数 52
习题 2 54

第 3 章 递推 56

3.1 递推概述 56
3.2 超级素数搜索 58
3.3 裴波那契序列与卢卡斯序列 62
3.4 多关系递推 63
3.4.1 双幂序列 63
3.4.2 双关系递推数列 65
3.4.3 威佐夫数对序列 67
3.5 数阵与网格 68
3.5.1 构建杨辉三角 68
3.5.2 方格网交通线路 70
3.6 水手分椰子 71
3.6.1 5 个水手分椰子 72
3.6.2 探求 *n* 个水手分椰子 75
3.7 整币兑零 76
3.7.1 特定零币兑零 76
3.7.2 一般零币兑零 78
3.8 递推小结 80
习题 3 81

第 4 章 递归 83

4.1 递归概述 83
4.2 购票排队 86
4.3 汉诺塔游戏 87

4.3.1 计算移动次数 88
4.3.2 展示移动过程 89
4.4 双转向旋转方阵 90
4.5 分区交换排序与选择 93
4.5.1 分区交换排序 93
4.5.2 分区交换选择 96
4.6 排列组合实现 97
4.6.1 实现排列 A(n,m) 98
4.6.2 实现组合 C(n,m) 99
4.7 整数拆分 102
4.7.1 零数取自指定区间 102
4.7.2 零数取自指定整数集 104
4.8 递归小结 105
习题 4 108

第 5 章 回溯法 110

5.1 回溯法概述 110
5.1.1 回溯概念 110
5.1.2 回溯描述 111
5.2 桥本分数式 114
5.2.1 9 数字桥本分数式 115
5.2.2 探求 10 数字分数式 119
5.3 素数和环 120
5.4 直尺与数珠 124
5.4.1 神奇古尺 124
5.4.2 数码串珠 126
5.5 错位排列探索 128
5.5.1 伯努利装错信封问题 128
5.5.2 特殊错位排列 130
5.6 情侣拍照排列 132
5.6.1 逐位回溯 132
5.6.2 成对回溯 134
5.7 回溯法小结 136
习题 5 138

第 6 章 动态规划 139

6.1 动态规划概述 139
6.1.1 动态规划概念 139
6.1.2 动态规划设计规范 141
6.2 0-1 背包问题 141
6.3 最小子段和 145
6.3.1 序列最小子段 145
6.3.2 环序列最小子段 147
6.4 最优插入乘号 151
6.5 最长子序列探索 153
6.5.1 最长非降子序列 153
6.5.2 最长公共子序列 156
6.6 凸形的三角形划分 158
6.7 动态规划小结 161
习题 6 161

第 7 章 贪心算法 163

7.1 贪心算法概述 163
7.2 删数字最值问题 164
7.3 可拆背包问题 167
7.4 构建埃及分数式 168
7.4.1 优先选择最小分母 169
7.4.2 扩展分母选择范围 170
7.5 数列压缩问题 172
7.5.1 数列压缩的最大值 172
7.5.2 数列压缩的极差 174
7.6 哈夫曼树与编码 176
7.6.1 构建哈夫曼树 176
7.6.2 实现哈夫曼编码 179
7.7 贪心算法小结 182
习题 7 183

第 8 章 分支限界法 185

8.1 分支限界法概述 185
8.2 搜索迷宫最短通道 187
8.2.1 矩阵迷宫 187
8.2.2 三角迷宫 191
8.3 装载问题 194
8.3.1 回溯设计 194
8.3.2 分支限界设计 196
8.4 0-1 背包问题 198
8.5 8 数码游戏 201
8.5.1 移动常规设计 201
8.5.2 数组优化设计 206
8.6 分支限界法小结 209

习题 8 210

第 9 章　模拟 211

9.1　模拟概述 211

9.1.1　模拟概念 211

9.1.2　竖式乘除模拟 214

9.2　探求乘数 216

9.2.1　积为“1”构成 216

9.2.2　积为指定数构成 217

9.3　尾数前移问题 218

9.3.1　尾数限一个数字 218

9.3.2　尾数为多位数 220

9.4　阶乘幂与排列组合计算 222

9.5　圆周率高精度计算 223

9.6　模拟发扑克牌 226

9.7　泊松分酒问题 228

9.8　模拟小结 231

习题 9 232

第 10 章　算法综合应用与优化 233

10.1　幂积序列 233

10.1.1　双幂积探索 233

10.1.2　探讨 3 幂积序列 237

10.2　指定码串积 240

10.2.1　探求 0-1 串积 240

10.2.2　指定 2 码串积 243

10.2.3　指定多码串积 245

10.3　皇后问题 247

10.3.1　高斯 8 后问题 247

10.3.2　探索 *n* 皇后问题 249

10.3.3　皇后全控棋盘 252

10.4　马步遍历与哈密顿圈 255

10.4.1　马步遍历探索 255

10.4.2　最长马步路径 258

10.4.3　马步型哈密顿圈 262

10.5　综合应用小结 266

习题 10 267

附录 A　在 Visual C++6.0 环境下运行 C 程序方法简介 268

附录 B　C 语言常用库函数 272

参考文献 276

第1章 算法与程序设计概述

从计算机存储程序工作原理可知，程序设计在计算机科学与技术中非常重要，而程序设计的关键在于有一个合适的算法。本章介绍算法与程序设计基础知识。

1.1 算法概念与描述

算法（Algorithm）是计算机科学与技术中一个常用的基本概念。本节简要论述算法的定义与算法的描述。

1.1.1 算法概念

在计算机科学与技术中，算法是用于描述一个可用计算机实现的问题求解方法。算法是程序设计的基础，是计算机科学的核心。计算机科学家哈雷尔在《算法学——计算的灵魂》一书中指出："算法不仅是计算机学科的一个分支，它更是计算机科学的核心，而且可以毫不夸张地说，它和绝大多数科学、商业和技术都是相关的。"

在计算机应用的各个领域，技术人员都在使用计算机求解他们各自专业领域的课题，他们需要设计算法，编写程序，开发应用软件，所以学习算法对于越来越多的人来说变得十分必要。我们学习算法的重点就是把人类找到的求解问题的方法、步骤，以过程化、形式化、机械化的形式表示出来，以便让计算机执行，从而解决更多的实际问题。

1. 算法定义

我们首先给出算法的定义。

算法是解决问题的方法或过程，是解决某一问题的运算序列，或者说算法是问题求解过程的运算描述。

在数学和计算机科学之中，算法为一个计算的具体步骤，常用于计算、数据处理和自动推理。当面临某一问题时，需要找到用计算机解决这个问题的方法与步骤，算法就是解决这个问题的方法与步骤的描述。

2. 算法的三要素

算法由操作、控制结构与数据结构三要素组成。

（1）操作

算术运算：加、减、乘、除等。

关系运算：大于、小于、等于、大于等于、小于等于、不等于等。

逻辑运算：与、或、非等。

其他操作：输入、输出、赋值等。

（2）控制结构

顺序结构：各操作按排列顺序依次执行。

选择结构：由条件是否成立来选择相应操作执行。

循环结构：重复执行某些操作，直到满足指定条件为止。

模块调用：一个模块调用另一个模块（包括自身直接或间接调用的递归结构）。

（3）数据结构

算法的处理对象是数据，数据之间的逻辑关系、数据的存储方式与处理方式就是数据结构。

常见的数据结构有：线性结构，如线性表、数组、堆栈和队列；树形结构，如树、堆；图形结构。

3. 算法的基本特征

一个算法由有限条可完全机械地执行的、有确定结果的指令组成。指令正确地描述了要完成的任务和它们被执行的顺序。

计算机按算法所描述的顺序执行算法的指令能在有限的步骤内终止:或终止于给出问题的解，或终止于指出问题对此输入数据无解。

算法是满足下列特性的指令序列。

（1）确定性

组成算法的每条指令是清晰的、无歧义的。

在算法中不允许有诸如“$x/0$”之类的运算，因为其结果不能确定；也不允许有“x 与 1 或 2 相加”之类的运算，因这两种可能的运算应执行哪一个，并不确定。

（2）可行性

算法中的运算是能够实现的基本运算，每一种运算可在有限的时间内完成。

在算法中两个实数相加是可行的；两个实数相除，例如求 2/3 的值，在没有指明位数时需由无穷个十进制位表示，并不可行。

（3）有穷性

算法中每一条指令的执行次数有限，执行每条指令的时间有限。

如果算法中的循环步长为零，运算进入无限循环，这是不允许的。

（4）算法有零个或多个输入

算法所能接受的数据输入。有些输入数据需要在算法执行过程中输入，有些算法看起来没有输入，实际上输入已被嵌入算法之中。

（5）算法有一个或多个输出

输出一个或多个与输入数据有确定关系的量，是算法对数据进行运算处理的结果。

通常求解一个问题可能会有多种算法可供选择，选择的主要标准是算法的正确性和可靠性，其次是算法所需要的存储空间少和执行时间短等。

4. 算法的重要意义

有人也许会认为：今天计算机运算速度这么快，算法还重要吗？

诚然，计算机的计算能力每年都在飞速增长，价格在不断下降。可日益先进的记录和存储手段使我们需处理的信息量也在快速增长，互联网的信息流量更在爆炸式地增长。在科学研究方面，随着研究手段的进步，数据量更是达到了前所未有的程度。例如在高能物理研究方面，很多实验每秒都能产生若干个 TB 的数据量，但因为处理能力和存储能力的不足，科学家不得不把绝大部分未经处理的数据舍弃。无论是三维图形、海量数据处理、机器学习、语音识别等，都需要极大的计算量。

算法并不局限于计算机和网络。在网络时代，越来越多的挑战需要靠卓越的算法来解决。如果你把计算机的发展放到数据飞速增长的大环境下考虑，你一定会发现，算法的重要性不是在日益减小，而是在日益增强。

在实际工程中我们遇到许多的高难度计算问题，有的问题在巨型计算机上采用一个劣质的算法来求解可能要几个月的时间，而且很难找到精确解。但采用一个优秀的算法，即使在普通的个人计算机上，可能只需数秒就可以解答。计算机求解一个工程问题的计算速度不仅仅与计算机的设备水平有关，更取决于求解该问题的算法设计水平的高低。世界上许多国家，从大学到研究机关都高度重视对计算机算法的研究，已将提高算法设计水平看作是一个提升国家技术竞争力的战略问题。

对同一个计算问题，不同的人会有不同的计算方法，而不同算法的计算效率、求解精度和对计算资源的需求有很大的差别。

本书具体介绍枚举、递推、递归、回溯、动态规划、贪心算法、分支限界与模拟等常用算法，介绍这些常用算法在实际案例处理与求解中的应用。最后，介绍几个算法综合应用的案例。

1.1.2 算法描述

要使计算机能完成人们预定的工作，首先必须为如何完成这些工作设计一个算法，然后再根据算法编写程序。

一个问题可以设计不同的算法来求解，同一个算法可以采用不同的形式来描述。

算法是问题的程序化解决方案。描述算法可以有多种方式，如自然语言方式、流程图方式、伪代码方式、计算机语言表示方式与表格方式等。

当一个算法使用计算机程序设计语言描述时，就是程序。

本书采用 C 语言与自然语言相结合的方式来描述算法。之所以采用 C 语言来描述算法，是因为 C 语言功能丰富、表达能力强、使用灵活方便、应用面广，它既能描述算法所处理的数据结构，又能描述计算过程，是目前大学阶段学习计算机程序设计的首选语言。

为方便算法描述与程序设计，下面把 C 语言的语法要点作简要概括。

1. 标识符

标识符可由字母、数字和下划线组成，但是必须以字母或下划线开头。一个字母的大小写分别认为是两个不同的字符。

2. 常量

整型常量：十进制常数、八进制常数（以 0 开头的数字序列）、十六进制常数（以 0x 开头的数字序列）。

长整型常数（在数字后加字符 L 或 l）。

实型常量（浮点型常量）：小数形式与指数形式。

字符常量：用单引号（撇号）括起来的一个字符，可以使用转义字符。

字符串常量：用双引号括起来的字符序列。

3. 表达式

（1）算术表达式

整型表达式：参加运算的运算量是整型量，结果也是整型数。

实型表达式：参加运算的运算量是实型量，运算过程中先转换成double型，结果为double型。

（2）逻辑表达式

用逻辑运算符连接的整型量，结果为一个整数（0或1），逻辑表达式可以认为是整型表达式的一种特殊形式。

（3）字位表达式

用位运算符连接的整型量，结果为整数。字位表达式也可以认为是整型表达式的一种特殊形式。

（4）强制类型转换表达式

用“(类型)”运算符使表达式的类型进行强制转换，如（float）a。

（5）逗号表达式（顺序表达式）

形式为：表达式1，表达式2，…，表达式*n*

顺序求出表达式1，表达式2，…，表达式*n*的值，结果为最后有表达式*n*的值。

（6）赋值表达式

将赋值号“=”右侧表达式的值赋给赋值号左边的变量，赋值表达式的值为执行赋值后被赋值的变量的值。注意，赋值号左边必须是变量，而不能是表达式。

（7）条件表达式

形式为：逻辑表达式 ？表达式1 ：表达式2

逻辑表达式的值若为非0（真），则条件表达式的值等于表达式1的值；若逻辑表达式的值为0（假），则条件表达式的值等于表达式2的值。

以上各种表达式可以包含有关的运算符，也可以是不包含任何运算符的初等量。例如，常数是算术表达式的最简单的形式。

表达式后加“;”，即为表达式语句。

4. 数据定义

对程序中用到的所有变量都需要进行定义，对数据要定义其数据类型，需要时要指定其存储类别。

（1）数据类型标识符有：

int（整型），short（短整型），long（长整型），unsigned（无符号型），char（字符型），float（单精度实型），double（双精度实型），struct（结构体名），union（共用体名）。

（2）存储类别有：

auto（自动的），static（静态的），register（寄存器的），extern（外部的）。

变量定义形式：存储类别　数据类型　变量表列

如：static float x,y

5. 函数定义

存储类别　数据类型　<函数名> (形参表列)

　　{ 函数体}

6. 分支结构

（1）单分支：

if(表达式) <语句1> [else <语句2>]

功能：如果表达式的值为非0（真），则执行语句1；否则（为0，即假），执行语句2。所列语句可以是单个语句，也可以是用{}界定的若干个语句。

应用 if 嵌套可实现多分支结构。

（2）多分支：

```
switch(表达式)
    { case 常量表达式 1：<语句 1>
      case 常量表达式 2：<语句 2>
      …
      case 常量表达式 n：<语句 n>
      default：<语句 n+1>
    }
```

功能：取表达式 1 时，执行语句 1；取表达式 2 时，执行语句 2；…；其他所有情形，执行语句 n+1。

其中，case 常量表达式的值必须互不相同。

7. 循环结构

（1）while 循环：

```
while(表达式) <语句>
```

功能：表达式的值为非 0（条件为真），执行指定语句（可以是复合语句）。直至表达式的值为 0（假）时，脱离循环。

特点：先判断，后执行。

（2）Do-while 循环：

```
do  <语句>
while（表达式）；
```

功能：执行指定语句，判断表达式的值非 0（真），再执行语句；直到表达式的值为 0（假）时，脱离循环。

特点：先执行，后判断。

（3）for 循环：

```
for（表达式 1；表达式 2；表达式 3）<语句>
```

功能：解表达式 1；求表达 2 的值：若非 0（真），则执行语句；求表达式 3；再求表达式 2 的值；…；直至表达式 2 的值为 0（假）时，脱离循环。

以上三种循环，若执行到 break 语句，提前终止循环。若执行到 continue，结束本次循环，跳转下一次循环判定。

顺便指出，在不致引起误解的前提下，有时对描述的 C 语句进行适当简写或配合汉字标注，用以简化算法框架描述。

例如，从键盘输入整数 n，按 C 语言的键盘输入函数应写为：

```
scanf("%d",&n);
```

框架描述时可简写为：input(n);

或简写为：输入整数 n;

要输出整数量 $a(1),a(2),\cdots,a(n)$，按 C 语言的输出循环应写为：

```
for(k=1;k<=n;k++)
      printf("%d,",a[k]);
```

框架描述时可简写为：

```
print(a(1) ~ a(n));
```

或简写为：输出 a(1：n);

例 1-1 对两个整数 $m,n(m>n)$最大公约数的欧几里德算法描述。

求两个整数最大公约数的欧几里德算法有着 2000 余年的历史。欧几里德算法依据的算法理论为如下定理：$gcd(m,n)=gcd(n,m \bmod n)$。

（1）m 除以 n 得余数 r；若 $r=0$，则 n 为所求的最大公约数。

（2）若 $r\neq 0$，以 n 为 m，r 为 n，继续（1）。

注意到任意两个整数总存在最大公约数，上述辗转相除过程中余数逐步变小，相除过程总会结束。

欧几里德算法又称为“辗转相除”法，应用 C 语言具体描述如下：

```
// 求最大公约数欧几里德算法描述
main()
{ long   m,n,c,r;
   printf("  请输入整数 m,n(m>n)：");
   scanf("%ld,%ld",&m,&n);              //  输入两整数
   printf(" (%ld,%ld)=",m,n);
   r=m%n;
   while(r!=0)
      { m=n;n=r;                        //  通过循环实施辗转相除操作
        r=m%n;
      }
   printf("%ld",n);                     //  输出最大公约数
}
```

该算法中有输入，即输入整数 m,n；有操作处理，即通过条件循环实施“辗转相除”；最后有输出，即输出最大公约数 n。

以上案例的算法应用 C 语言（有时适当予以简化）描述，缩减了从算法写成完整 C 程序的距离，比应用其他方法描述更加方便。

1.2 算法复杂性分析

算法复杂性的高低体现运行该算法所需计算机资源的多少。算法的复杂性越高，所需的计算机资源越多；反之，算法的复杂性越低，所需的计算机资源越少。

计算机资源，最重要的是时间资源与空间资源。因此，算法的复杂性有时间复杂性与空间复杂性之分。需要计算机时间资源的量称为时间复杂度，需要计算机空间资源的量称为空间复杂度。时间复杂度与空间复杂度集中反映算法的效率。

算法分析是指对算法的执行时间与所需空间的估算，定量给出运行算法所需的时间数量级与空间数量级。

1.2.1 时间复杂度

算法作为计算机程序设计的基础，在计算机应用领域发挥着举足轻重的作用。一个优秀的算法可以运行在计算速度比较慢的计算机上求解问题，而一个劣质的算法在一台性能很强的计算机上也不一定能满足应用的需求。因此，在计算机程序设计中，算法设计往往处于核心地位。如何去设计一个适合特定应用的算法是众多技术开发人员所关注的焦点。

1. 算法分析的方法

要想充分理解算法并有效地应用算法求解实际案例，关键是对算法的分析。通常我们可以利用实验对比方法、数学方法来分析算法。

实验对比分析很简单，两个算法相互比较，它们都能解决同一问题，在相同环境下，哪个算法的速度更快我们一般就会认为这个算法性能更优。

数学方法能更为细致地分析算法，能在严密的逻辑推理基础上判断算法的优劣。但在完成实际项目过程中，我们很多时候都不能去做这种严密的论证与推断。因此，在算法分析中，我们往往采用能近似表达性能的方法来展示某个算法的性能指标。例如，当参数 n 比较大的时，计算机对 n^2 和 n^2+2n 的响应速度几乎没有什么区别，我们便可直接认为这两者的复杂度均为 n^2。

在分析算法时，隐藏细节的数学表示方法为大写字母“O”记法，它可以帮助我们简化算法复杂度计算的许多细节，提取主要成分，这和遥感图像处理中的主成分分析思想相近。

2. 运算执行频数

一个算法的时间复杂度是指算法运行所需的时间。一个算法的运行时间取决于算法所需执行的语句（运算）的多少。算法的时间复杂度通常用该算法执行的总语句（运算）的数量级决定。

就算法分析而言，一条语句的数量级即执行它的频数，一个算法的数量级是指它所有语句执行频数之和。

例 1-2 试计算下面三个程序段的执行频数。

（1）
```
x=x+1;s=s+x;
```
（2）
```
for(k=1;k<=n;k++)
    { x=x+y;
      y=x+y;
      s=x+y;
    }
```
（3）
```
for(t=1,k=1;k<=n;k++)
    { t=t*2;
      for(j=1;j<=t;j++)
        s=s+j;
    }
```

解：如果把以上 3 个程序段看成 3 个相应算法的主体，我们来看 3 个算法的执行频数。

在（1）中，2 个语句各执行 1 次，共执行 2 次。

在（2）中，“k=1”执行 1 次；“k<=n”与“k++”各执行 n 次；3 个赋值语句，每个赋值语句各执行 n 次；共执行 $5n+1$ 次。

在（3）中，“t=1”与“k=1”各执行 1 次；“k<=n”与“k++”各执行 n 次；“t=t*2”执行 n 次；“j=1”执行 n 次；“j<=t”，“j++”与内循环的赋值语句“s=s+j”各执行频数为：

$$2+2^2+\cdots+2^n=2(2^n-1)$$

因而(3)总的执行频数为：$6\cdot 2^n+4n-4$。

3. 算法时间复杂度定义

算法的执行频数的数量级直接决定算法的时间复杂度。

定义 对于一个数量级为 $f(n)$ 的算法，如果存在两个正常数 c 和 m，对所有的 $n\geqslant m$，有

$$|f(n)|\leqslant c|g(n)|$$

则记作 $f(n)=O(g(n))$，称该算法具有 $O(g(n))$ 的运行时间，是指当 n 足够大时，该算法的实际运行时间不会超过 $g(n)$ 的某个常数倍时间。

显然，以上所列举的（1）与（2），其计算时间即时间复杂度分别为 $O(1),O(n)$。

据以上定义，（3）的执行频数为：$6\cdot 2^n+4n-4$，取 c=8，对任意正整数 n，有

$$6\cdot 2^n+4n-4\leqslant 8\cdot 2^n$$

即得（3）的计算时间为 $O(2^n)$，即（3）所代表的算法时间复杂度为 $O(2^n)$。

可见前两个所代表的算法是多项式时间算法。最常见的多项式算法时间，其关系概括为(约定 $\log n$ 表示以 2 为底的对数):

$$O(1)<O(\log n)<O(n)<O(n\log n)<O(n^2)<O(n^3)$$

算法（3）所代表的是指数时间算法。以下 3 种是最常见的指数时间算法，其关系为

$$O(2^n)<O(n!)<O(n^n)$$

随着 n 的增大，指数时间算法与多项式时间算法在所需的时间上相差非常大，表 1-1 具体列出了常用函数时间复杂度增长情况。

表 1-1 常用函数时间复杂度增长情况

函数 $f(n)$	$\log n$	n	$n\log n$	n^2	n^3	2^n
$n=1$	0	1	0	1	1	2
$n=2$	1	2	2	4	8	4
$n=4$	2	4	8	16	64	16
$n=8$	3	8	24	64	512	256
$n=16$	4	16	64	256	4 096	65 536
$n=32$	5	32	160	1 024	32 768	429 967 296

一般地，当 n 取值充分大时，在计算机上实现指数算法是不可能的，就是比 $O(n\log n)$ 时间复杂度高的多项式算法运行也很困难。

4. 符号 O 的运算规则

根据时间复杂度符号 O 的定义，有

定理 1–1 关于时间复杂度符号 O 有以下运算规则：

$$O(f)+O(g)=O(\max(f,g)) \qquad (1.1)$$

$$O(f)O(g)=O(fg) \qquad (1.2)$$

证明 设 $F(n)=O(f)$，根据 O 定义，存在常数 $c1$ 和正整数 $n1$，对所有的 $n\geqslant n1$，有 $F(n)\leqslant c1f(n)$。同样，设 $G(n)=O(g)$，根据 O 定义，存在常数 $c2$ 和正整数 $n2$，对所有的 $n\geqslant n2$，有 $G(n)\leqslant c2g(n)$。

令 $c3=\max(c1,c2)$，$n3=\max(n1,n2)$，$h(n)=\max(f,g)$。对所有的 $n\geqslant n3$，存在 $c3$，有

$$F(n)\leqslant c1f(n)\leqslant c3f(n)\leqslant c3h(n)$$

$$G(n)\leqslant c2g(n)\leqslant c3g(n)\leqslant c3h(n)$$

则 $F(n)+G(n)\leqslant 2c3h(n)$

即 $O(f)+O(g)\leqslant 2c3h(n)=O(h)=O(\max(f,g))$

令 $t(n)=f(n)g(n)$，对所有的 $n\geqslant n3$，有

$$F(n)G(n)\leqslant c1c2t(n)$$

即 $O(f)O(g)\leqslant c1c2t(n)=O(fg)$。

式（1.1）、式（1.2）成立。

定理 1-2 如果 $f(n)=a_mn^m+a_{m-1}n^{m-1}+\cdots+a_1n+a_0$ 是 n 的 m 次多项式，$a_m>0$，则

$$f(n)=O(n^m) \tag{1.3}$$

证明 当 $n\geqslant 1$ 时，根据符号 O 定义有

$$\begin{aligned}f(n)&=a_mn^m+a_{m-1}n^{m-1}+\cdots+a_1n+a_0\\&\leqslant|a_m|n^m+|a_{m-1}|n^{m-1}+\cdots+|a_1|n+|a_0|\\&\leqslant(|a_m|+|a_{m-1}|+\cdots+|a_1|+|a_0|)n^m\end{aligned}$$

取常数 $c=|a_m|+|a_{m-1}|+\cdots+|a_1|+|a_0|$，根据定义，式（1.3）得证。

例 1-3 估算以下程序段所代表算法的时间复杂度。

```
for(k=1;k<=n;k++)
for(j=1;j<=k;j++)
    { x=k+j;
      s=s+x;
    }
```

解：在估算算法的时间复杂度时，为简单计，以后只考虑内循环语句的执行频数，而不细致计算各循环设计语句及其他语句的执行次数，这样简化处理不影响算法的时间复杂度。

每个赋值语句执行频率为 $1+2+\cdots+n=n(n+1)/2$，该算法的数量级为 $n(n+1)$；取 $c=2$，对任意正整数 n，有

$$n(n+1)\leqslant 2\cdot n^2 \quad\Leftrightarrow\quad n\leqslant n^2$$

即得该程序段的计算时间为 $O(n^2)$，即所代表算法的时间复杂度为 $O(n^2)$。

例 1-4 估算下列程序段所代表算法的时间复杂度。

（1）
```
t=1;m=0;
  for(k=1;k<=n;k++)
    { t=t*2;
      for(j=t;j<=n;j++)
          m++;
    }
```

（2）
```
d=0;
  for(k=1;k<=n;k++)
  for(j=k*k;j<=n;j++)
        d++;
```

解：（1）设 $n=2^x$，则（1）中 m++语句的执行次数为：

$$\begin{aligned}S&=(n+1-2)+(n+1-2^2)+(n+1-2^3)+\cdots+(n+1-2^x)\\&=x(n+1)-2(2^x-1)\\&=(x-2)n+x+2\end{aligned}$$

注意到 $x=\log n$，则当 $n\geqslant 2$ 时有

$$S \leqslant nx = n(\log n)$$

可知（1）时间复杂度为 $O(n\log n)$。

（2）设 $n=m^2$，则（2）中 d++语句的执行次数为：

$$S=(n+1-1^2)+(n+1-2^2)+(n+1-3^2)+\cdots+(n+1-m^2)$$
$$=m(n+1)-(1+2^2+\cdots+m^2)$$
$$=m(n+1)-m(m+1)(2m+1)/6$$
$$=m(6n+6-2m^2-3m-1)/6$$

注意到 $m=\sqrt{n}$，当 $n>3$ 时有 $S<2n\sqrt{n}/3$。

可知（2）时间复杂度为 $O(n\sqrt{n})$。

5. 时间复杂度的其他记号

关于算法的运行时间还有 Ω 记号、Θ 记号与小 o 记号等标注。

一个算法具有 $\Omega(g(n))$ 的运行时间，是指当 n 足够大时，该算法的实际运行时间至少需要 $g(n)$ 的某个常数倍时间。

例如，$f(n)=2n+1=\Omega(n)$。

一个算法具有 $\Theta(g(n))$ 的运行时间，是指当 n 足够大时，该算法的实际运行时间大约为 $g(n)$ 的某个常数倍时间。

例如，$f(n)=3n^2+2n+5=\Theta(n^2)$。

标注 $o(g(n))$ 表示增长阶数小于 $g(n)$ 的所有函数的集合。$f(n)=o(g(n))$ 表示一个算法的运行时间 $f(n)$ 的阶比 $g(n)$ 低。

例如，$f(n)=3n+2=o(n^2)$。

以后在分析算法时间复杂度时对这些标记一般不作过多论述，通常只应用大 O 记号来标注算法的时间复杂度。

6. 算法的平均情况分析

一个算法的运行时间，与问题的规模相关，也与输入的数据相关。

基于算法复杂度简化表达的思想，我们通常只对算法进行平均情况分析。对于一个给定的算法，如果能保证它的最坏情况下的性能依然不错当然很好，但是在某些情况下，程序的最坏情况算法的运行时间和实际情况的运行时间相差很大，在实际应用中几乎不会碰到最坏情况下的输入，因此通常省略对最坏情况的分析。算法的平均情况分析可以帮助我们估计程序的性能，作为算法分析的基本指标之一。

例如，对给定的 n 个整数 $a(1),a(2),\cdots,a(n)$，应用逐项比较法进行由小到大的排序，可以通过以下二重循环实现：

```
for(i=1;i<=n-1;i++)
for(j=i+1;j<=n;j++)
    if(a[i]>a[j])
        { h=a[i];a[i]=a[j];a[j]=h;}
```

其中 3 个赋值语句的执行频数之和，最理想的情形下为零（当所有 n 个整数已从小到大排列时），最坏情形下为 $3n(n-1)/2$（当所有 n 个整数为从大到小排列时）。按平均情形来分析，其时间复杂度为 $O(n^2)$。

对于一个实用算法，我们通常不必深入研究它时间复杂度的上界和下界，只需要了解该算法的特性，然后在合适的时候应用它。

7. 算法的改进与优化

为了求解某一问题，设计出复杂性尽可能低的算法是我们追求的重要目标。或者说，求解某一问题有多种算法时，选择其中复杂性最低的算法是选用算法的重要准则。

对算法的改进与优化，主要表现在有效缩减算法的运行时间与所占空间。例如，把求解某一问题的算法时间从 $O(n^2)$ 优化缩减为 $O(n\log n)$ 就是一个了不起的成果。或者把求解某一问题的算法时间的系数缩小，例如从 $2n$ 缩小为 $3n/2$，尽管其时间数量级都是 $O(n)$，系数缩小了也是一个算法改进的成果。

1969 年斯特拉森（V.Strassen）在求解两个 n 阶矩阵相乘时利用分治策略及其他的一些处理技巧，用了 7 次对 $n/2$ 阶矩阵乘的递归调用和 18 次 $n/2$ 阶矩阵的加减运算，把矩阵乘算法从 $O(n^3)$ 优化为 $O(n^{2.81})$，曾轰动了数学界。这一课题的研究看来并不到此止步，在斯特拉森之后，又有许多算法改进了矩阵乘法的计算时间复杂性，据悉目前求解两个 n 阶矩阵相乘最好的计算时间是 $O(n^{2.376})$。

8. 问题复杂性与 NP 完全问题

算法的复杂性是指解决问题的一个具体算法的执行时间，是衡量算法优劣的一个重要方面。而问题复杂性是指这个问题本身的复杂程度。前者是算法的性质，后者是用计算机求解问题的难易程度。

NP 完全问题是“计算复杂性”研究的课题，计算复杂性是研究计算机求解问题的难度，是依据难度去研究各种计算问题之间的联系。

按问题复杂性把计算机求解问题分成以下两类。

易解问题类：可以在多项式时间内解决的判定性问题属于 P(polynomial)类问题，P 类问题是所有复杂度为问题规模 n 的多项式时间问题的集合。P 类问题可以在多项式时间内解决，是易解问题类。

难解问题类：需要超多项式时间才能求解的问题看作是难处理的问题，为难解问题类。

有些问题很难找到多项式时间的算法，或许这样的算法根本不存在，或许存在只是至今尚未找到。但如果给出该问题的一个答案，可以在多项式时间内判断这个答案是否正确。这种可以在多项式时间内验证一个解是否正确的问题称为 NP(nondeterministic polynomial)类问题，亦称为易验证问题类。

对于 P 类问题与 NP 完全问题，至今计算机科学界无法断定 P = NP 或者 P≠NP。在通常情形下，求解一个问题要比验证一个问题困难得多，因此，大多数计算机科学家认为 P≠NP。

但这个问题至今尚未解决。也许使大多数计算机科学家认为 P≠NP 最令人信服的理由是存在一类 NP 完全(NP-complete,NPC)问题。这类问题有一种令人惊奇的性质，即如果一个 NP 完全问题能在多项式时间求解，那么其中的每一个问题都可以在多项式时间内解决。

目前已知的 NPC 问题已达数千个，例如背包问题、装载问题、调度问题、顶点覆盖问题、哈密顿回路问题等许多有理论意义和应用价值的优化问题都是 NPC 问题。

对于 NPC 问题，不要把它们打入“冷宫”，不要害怕继续研究。NPC 问题只是极可能无法找到一个总是运行多项式时间，总能得到正确结果的精确算法。要知道，并不一定是多项式时间才快，或者说并不需要它总保持多项式时间。对于 NPC 问题，仍需要设计实用算法求解，以求得当数量范围比较小时的相应结果。

1.2.2 空间复杂度

算法的空间复杂度是指算法运行的存储空间，是实现算法所需的内存空间的大小。

一个程序运行所需的存储空间通常包括固定空间需求与可变空间需求两部分。固定空间需求包括程序代码、常量与静态变量等所占的空间。可变空间需求包括局部作用域非静态变量所占用的空间、从堆空间中动态分配的空间与调用函数所需的系统栈空间等。

通常用算法设置的变量（数组）所占内存单元的数量级来定义该算法的空间复杂度。如果一个算法占的内存空间很大，在实际应用时该算法也是很难实现的。

先看以下3个算法的变量设置：

（1）int x,y,z;

（2）#define N 1000

int k,j,a[N],b[3*N];

（3）#define N 100

int k,j,a[N][3*N];

其中（1）设置三个简单变量，占用三个内存单元，其空间复杂度为$O(1)$。

（2）设置了两个简单变量与两个一维数组，占用$4n+2$个内存单元，显然其空间复杂度为$O(n)$。

（3）设置了两个简单变量与一个二维数组，占用$3n^2+2$个内存单元，显然其空间复杂度为$O(n^2)$。

由上可见，二维或三维数组是空间复杂度高的主要因素之一。在算法设计时，为降低空间复杂度，要注意尽可能减少高维数组的维数。

从计算机的发展实际来看，运算速度在不断增加，存储容量在不断扩大。尤其是计算机的内存，早期只有数百 KB，逐步发展到 MB 级，现在已经达到 GB 级。从应用的角度看，因空间所限影响算法运行时应从精简数组入手改进空间复杂度。

空间复杂度与时间复杂度概念相同，其分析相对比较简单，在以下论述某一算法时，如果其空间复杂度不高，不至于因所占有的内存空间而影响算法实现时，通常不涉及对该算法的空间复杂度的讨论。

1.3 算法设计与分析示例

在以上了解算法的概念及其描述、算法复杂性及其分析的基础上，本节通过最大公约数、同码小数和平方根不等式三个简单案例的设计求解，具体说明算法设计及其复杂性分析的实施与应用。

1.3.1 最大公约数

求解两个正整数的最大公约数是最简单的整数搜索案例。

例 1–5 试求解两个给定正整数 m,n 的最大公约数（m,n）。

解：例 1–1 给出了求解两个整数 m,n 最大公约数的欧几里德算法。事实上，可直接根据最大公约数的定义来设计求解两整数的最大公约数。

1. 应用最大公约数定义的枚举设计

（1）枚举设计要点

要求正整数 m,n（$m>n$）的最大公约数，注意到最大公约数最大可能为 n，最小可能为 1，于是设置 c 循环枚举从 n 开始递减至 1 的所有整数，在循环中逐个检测整数 c 是否满足公约数条件“$m\%c=0$ and $n\%c=0$”。若满足该条件，说明 c 同时是整数 m，n 的约数，即 c 是 m,n 的公约数。

由于循环变量 c 从整数 n 开始递减至 1，最先得到的公约数显然是最大公约数，于是输出 (m,n)，退出循环结束。

（2）枚举算法描述

```
// 求最大公约数枚举描述
main()
{ long m,n,c;
  printf("   请输入正整数 m,n: ");
  scanf("%ld,%ld",&m,&n);                    // 输入正整数 m,n
  if(m<n)
    {c=m;m=n;n=c;}                           // 必要时交换 m,n，确保 m>n
  for(c=n;c>=1;c--)                          // 从大到小枚举循环
     if(m%c==0 && n%c==0) break;             // 按公约数定义判定 c
  printf("   (%ld,%ld)=%ld\n",m,n,c);        // 输出求解结果
}
```

2. 算法测试示例与分析

```
请输入正整数 m,n: 468595491,217906595
(468595491,217906595)=2017
```

求两个整数的最大公约数，无论是例 1-1 介绍的欧几里德算法，还是以上按最大公约数定义的枚举算法，其所需时间都与输入的数据密切相关。

（1）若输入的正整数 m,n 满足 $m\%n=0$，即 m 是 n 的整数倍，显然 n 即为所求的最大公约数，两个算法都只需试商一次即可，运算频数为 1。

（2）若输入的正整数 m,n 互质，例如，$m=34$，$n=21$，两算法的运算频数相差较大。

欧几里德算法运算 6 次，(m,n)：(21,13),(13,8),(8,5),(5,3),(3,2),(2,1)。

按最大公约数定义的枚举算法需运算 21 次：$c=21,20,\cdots,1$。

（3）平均情形的一般分析

设输入整数 $m,n(m>n)$，按最大公约数定义的枚举算法运算频数估值为 n 太高，估值为 1 又太低，按平均情形，其运算频数估值为 $n/2$，或为 $n/3$ 等，算法的时间复杂度为 $O(n)$。

为简化欧几里德算法的时间复杂度估算，平均情形可按每次辗转相除的余数减半，约定开始时输入整数 m,n 的最小值为 $n=2^t$，则有

$$T(2^t)=T(2^{t-1})+1=T(2^{t-2})+2=\cdots=T(2)+(t-1)=T(1)+t$$

注意到 $t=\log n$，因而得欧几里德算法的时间复杂度为 $O(\log n)$。

两个算法相比，显然欧几里德算法的时间复杂度较低，其求解效率较高。

尽管按最大公约数定义的枚举算法时间复杂度高于欧几里德算法，但注意到按最大公约数定义的枚举算法的时间复杂度 $O(n)$并不高，且无需欧几里德算法辗转相除的专业知识，算法描述直观，设计求解简便，在实际应用中常作为首选。

1.3.2　同码小数和

例 1-6　设和式：

$$s(d,n)=0.d+0.dd+0.ddd+\cdots+0.dd\cdots d$$

为 n 项同数码 d 小数之和，其中第 k 项小数点后有连续 k 个数字 $d(d=1,2,\cdots,9)$。

例如，$s(7,4)=0.7+0.77+0.777+0.7777$

输入整数 $d,n(1\leqslant d\leqslant 9,10\leqslant n<3000)$，计算并输出同码小数和 $s(d,n)$（四舍五入精确到小数点后 8 位）。

1．设计循环求和

（1）循环求和设计要点

设置双精实变量 s 实施累加求和。

设置 $j(1\sim n)$循环枚举和式的每一项，设前项小数为 t，其当前项显然应为

$$t=t/10+d/10;$$

根据这一迭代式，在循环中把每一项 t 累加到和变量 s 即可。

（2）枚举算法设计描述

```
// 求同码小数和枚举描述
main()
{ int d,j,n; double t,s;
  printf("   请输入整数 d,n(1≤d≤9,10≤n<3000): ");
  scanf("%d,%d",&d,&n);
  t=s=0;                                        // t,s 清零
  for(j=1;j<=n;j++)
    { t=t/10+(double)d/10;                      // t 为第 j 项小数
      s+=t;                                     // 求和 s
    }
  printf("   s(%d,%d)=%.8f\n",d,n,s);           // 输出和 s
}
```

2．省略循环求和

事实上，求同码小数和可省略循环求解。

设 $s(9,n)=0.9+0.99+\cdots+0.99\cdots9=n-0.111111111$（可取至小数点后 9 位）

则 $s(d,n)=s(9,n)\cdot d/9$

```
// 求同码小数和省略循环直接计算描述
main()
{ int d,n; double s;
  printf("   请输入整数 d,n(1≤d≤9,10≤n<3000): ");
  scanf("%d,%d",&d,&n);
  s=(n-0.111111111)*d/9;                        // 求和 s
  printf("   s(%d,%d)=%.8f\n",d,n,s);           // 输出和 s
}
```

3．算法测试示例与分析

```
请输入整数 d,n: 7,2018
   s(7,2018)=1569.46913580
```

前一设计在循环中实现求和，时间复杂度为 $O(n)$。后一设计求和计算只用一个语句完成，时间复杂度为 $O(1)$。显然后者更为简单直接，时间复杂度更低。

求同码小数和的以上两个设计可见，求解一个案例的设计思路并不是一成不变的，往往存在

有多个设计方案可供选择，这就给程序优化留下空间。

1.3.3 平方根不等式

例 1-7 对指定的正数 d，试求满足以下平方根不等式的正整数 n。

$$\sqrt{n}+\sqrt{n+1}+\cdots+\sqrt{2n}\geqslant d$$

下面给出按“n 递增设计”与“递推设计”这两个不同的算法设计，并比较两算法的复杂度。

1. 按 n 递增循环设计

显然，不等式左边是 n 的增函数。

（1）对于指定的正数 d，设置 n 循环，n 从 1 开始递增 1 取值。对每一个 n，求和

$$s(n)=\sqrt{n}+\sqrt{n+1}+\cdots+\sqrt{2n}$$

若 $s<d$，n 增 1 后继续按上式求和判别。直至上述 $s\geqslant d$ 时，输出不等式的解。

（2）按 n 递增循环枚举描述

```
// 按 n 递增循环求和
main()
{ long i,n; double d,s,s1;
  printf("    请输入正数 d(d>3): ");
  scanf("%lf",&d);                          // 输入任意正数
  n=0;
  while(1)
    { n++;s=0;
      for(i=n;i<=2*n;i++)
        s=s+sqrt(i);                        // 对每一个 n 计算和 s
      if(s>=d) break;
      else s1=s;                            // 为以下注明提供依据
    }
  printf("  不等式的解为: n≥%ld\n",n);
  printf("  注：当 n=%ld 时,s=%.2f; 当 n=%ld 时,s=%.2f\n ",n-1,s1,n,s);
}
```

2. 应用递推设计求解

事实上，可建立 $s(n)$ 与 $s(n-1)$ 之间的递推关系，应用递推简化求解平方根不等式。

（1）确定递推关系与初始条件

对于 $n-1$ 与 n，累加和 $s(n-1)$ 与 $s(n)$ 显然满足如下递推关系：

$$s(n)=s(n-1)-\sqrt{n-1}+\sqrt{2n-1}+\sqrt{2n}$$

初始条件：$s(1)=1+\sqrt{2}$

（2）递推算法描述

```
// 递推探求解平方根不等式
main()
 { long n; double d,s,s1;
   printf("    请输入正数 d(d>3): ");
   scanf("%lf",&d);                         // 输入任意正数
   n=1;s=1.0+sqrt(2);                       // s(1)赋初值
   do
     { n++;s1=s;                            // 用 s1 记录 s(n-1)
```

```
            s=s-sqrt(n-1)+sqrt(2*n-1)+ sqrt(2*n);  //  递推计算和 s
        }
      while(s<d);
    printf("  不等式的解为: n≥%ld\n",n);
    printf("  注：当 n=%ld 时,s=%.2f; 当 n=%ld 时,s=%.2f\n ",n-1,s1,n,s);
}
```

3. 算法测试示例与分析

```
请输入正数 d(d>3): 20172018
不等式的解为: n≥64939
注：当 n=64938 时,s=20171648.07; 当 n=64939 时,s=20172114.01
```

以上算法描述中的“注”对解不等式并不是必要的，只是为了清楚说明不等式的解。

同时，输入的数 d 不限定为整数，可为任意正数（约定 d>3）。

对于前面按 n 递增设置双重循环，时间复杂度为 $O(n^2)$；而按递推设计简化为单循环，时间复杂度降低为 $O(n)$。显然，后者的求解效率大大高于前者，从以上实际运行示例可具体比较两者效率的明显差异。

1.4 算法与程序设计

本节简要论述算法与程序的关系，以及结构化程序设计方法。

1.4.1 算法与程序

所谓程序，就是一组计算机能识别与执行的指令。每一条指令使计算机执行特定的操作，用来完成一定的功能。

计算机的一切操作都是由程序控制的，离开了程序，计算机将“一事无成”。从这个意义来说，计算机的本质是程序的机器，程序是计算机的灵魂。

那么，程序与算法是什么关系呢？

算法是程序的核心。程序是某一算法用计算机程序设计语言的具体实现。事实上，当一个算法使用计算机程序设计语言描述时，就是程序。具体来说，一个算法使用 C 语言描述，就是 C 程序。

程序设计的基本目标是应用算法对问题的原始数据进行处理，从而解决问题，获得所期望的结果。在能实现问题求解的前提下，要求算法运行的时间短，占用系统空间小。

比较求解某一问题的两个算法（程序），一个能圆满解决问题，另一个不能得到求解结果，前者是成功的，而后者是不成功的。

同样，两个算法（程序），都能通过运行得到问题的求解结果，一个只需 2 秒，另一个需要 20 分钟，从时间复杂度比较，前者要优于后者。

初学者往往把程序设计简单地理解为编写一个程序，这是不全面的。程序设计反映了利用计算机解决问题的全过程，通常先要对问题进行分析并建立数学模型，然后考虑数据的组织方式，设计合适的算法，并用某一种程序设计语言编写程序来实现算法，上机调试程序，使之运行后能产生求解问题的结果。

显然，一个程序应包括对数据的描述与对运算操作的描述两个方面的内容。

著名计算机科学家尼克劳斯·沃思(Niklaus Wirth)就此提出一个公式：

数据结构 + 算法 = 程序

数据结构是对数据的描述，而算法是对运算操作的描述。

实际上，一个程序除了数据结构与算法这两个主要要素之外，还应包括程序设计方法。一个完整的C程序除了应用C语言对算法的描述之外，还包括数据结构的定义以及调用头文件的指令。

如何根据案例的具体实际确定并描述算法，如何为实现该算法设置合适的数据结构，是求解实际案例必须面对的。

例 1-8 构建折对称方阵。

试观察图 1-1 所示的 8 阶与 9 阶折对称方阵的构造特点，总结归纳其构造规律，设计并输出 *n*（*n*>2）阶折对称方阵。

```
0 1 2 3 3 2 1 0
1 0 1 2 2 1 0 1
2 1 0 1 1 0 1 2
3 2 1 0 0 1 2 3
3 2 1 0 0 1 2 3
2 1 0 1 1 0 1 2
1 0 1 2 2 1 0 1
0 1 2 3 3 2 1 0
```

8阶折对称方阵

```
0 1 2 3 4 3 2 1 0
1 0 1 2 3 2 1 0 1
2 1 0 1 2 1 0 1 2
3 2 1 0 1 0 1 2 3
4 3 2 1 0 1 2 3 4
3 2 1 0 1 0 1 2 3
2 1 0 1 2 1 0 1 2
1 0 1 2 3 2 1 0 1
0 1 2 3 4 3 2 1 0
```

9阶折对称方阵

图 1-1 8 阶与 9 阶折对称方阵

这是一道培养与锻炼观察能力、归纳能力与设计能力的有趣案例。

设置 2 维数组 $a[n][n]$存储 *n* 阶方阵的元素，数组 $a[n][n]$就是数据结构。

本案例求解算法是根据输入的整数 *n* 给 *a* 数组赋值与输出。一个一个元素赋值显然行不通，必须根据方阵的构造特点，归纳其构建规律，根据规律给方阵各元素赋值。

设计 1：着眼元素升值规律设计

（1）方阵的构造特点

观察折对称方阵的构造特点。

两对角线上的元素为“0”；与“0”相邻的元素为“1”；而与“1”相邻的元素为“2”……

设方阵的行号为 *i*,列号为 $j(1\leqslant i,j\leqslant n)$。

则两对角线上的元素为 $i=j$ 或 $i+j=n+1$，即$|i-j|=0$ 或$|i+j-n-1|=0$。

与两对角线相邻的元素$|i-j|=1$ 或$|i+j-n-1|=1$。

与“1”线相邻的元素$|i-j|=2$ 或$|i+j-n-1|=2$。

……

根据元素升值建立 *k* 循环，$k(0\sim(n-1)/2)$，*k* 循环中扫描方阵的各元素，若元素(i,j)满足条件$|i-j|=k$ 或$|i+j-n-1|=k$，则赋值 $a[i][j]=k$。

为防止重复赋值，各元素赋初值 *n*，在进行以上赋值前检测：

若元素值为初值 *n*，说明此元素尚未按条件赋过值，则按上述条件赋值。

否则，说明此元素已按上述条件赋值，则不再重复赋值，以防破坏方阵的对称性。

各元素赋值完成，设计双重循环中输出方阵。

（2）着眼元素升值规律程序设计

```
//   着眼元素升值规律构建折对称方阵
#include <stdio.h>
#include <math.h>
void main()
{int i,j,k,n,a[50][50];
 printf("   请确定方阵阶数 n: ");   scanf("%d",&n);
 for(i=1;i<=n;i++)
 for(j=1;j<=n;j++)
    a[i][j]=n;                                    // 所有元素赋初值
 for(k=0;k<=(n-1)/2;k++)
 for(i=1;i<=n;i++)
 for(j=1;j<=n;j++)
   if((abs(i-j)==k || abs(i+j-n-1)==k) && a[i][j]==n)
     a[i][j]=k;                                   // 方阵各元素赋值
 printf("   %d 阶对称方阵为:\n",n);
 for(i=1;i<=n;i++)
   { for(j=1;j<=n;j++)                            // 输出对称方阵
        printf("%3d",a[i][j]);
     printf("\n");
   }
}
```

设计 2：着眼分区赋值设计

（1）构造规律与赋值要点

斜折对称方阵的构造特点：两对角线上均为“0”，依两对角线把方阵分为 4 个区域，每一区域表现为同数字依附两对角线折叠对称，至上下左右正中元素为 $n/2$。

同样设置 2 维 $a[n][n]$数组存储方阵中元素，行号为 i，列号为 j，$a[i][j]$为第 i 行第 j 列元素。

令 $m=(n+1)/2$，按 m 把方阵分成的 4 个小矩形区如图 1-2 所示。

$i\leqslant m$, $j\leqslant m$	$i\leqslant m$, $j>m$
$i>m$, $j\leqslant m$	$i>m$, $j>m$

图 1-2　按 m 分成的 4 个小区

注意到方阵的主对角线（从左上至右下）上元素为：$i=j$，则左上区与右下区依主对角线赋值：a[i][j]=abs(i-j);

注意到方阵的次对角线（从右上至左下）上元素为：$i+j=n+1$，则右上区与左下区依次对角线赋值：a[i][j]=abs(i+j-n-1);

（2）着眼分区赋值程序设计

```
//   着眼分区赋值构建折对称方阵
#include <math.h>
#include <stdio.h>
void main()
{int i,j,m,n,a[50][50];
 printf("   请确定方阵阶数 n: ");   scanf("%d",&n);
 m=(n+1)/2;
 for(i=1;i<=n;i++)
 for(j=1;j<=n;j++)
   { if(i<=m && j<=m || i>m && j>m)
        a[i][j]=abs(i-j);                         // 方阵左上部与右下部元素赋值
     if(i<=m && j>m || i>m && j<=m)
```

```
            a[i][j]=abs(i+j-n-1);                    // 方阵右上部与左下部元素赋值
        }
    printf("   %d 阶对称方阵为:\n",n);
    for(i=1;i<=n;i++)
      { for(j=1;j<=n;j++)                           // 输出对称方阵
            printf("%3d",a[i][j]);
        printf("\n");
      }
}
```

以上两个完整的 C 程序，包含了算法描述（整数 n 的输入、数组元素的赋值与输出）、数据结构（a 数组与变量 i, j, k, m, n）的定义以及 2 个 C 头文件的调用。

从算法设计的复杂度分析，设计 1 在三重循环中完成赋值，复杂度为 $O(n^3)$；而设计 2 在二重循环中完成赋值，复杂度为 $O(n^2)$。显然，后者的复杂度低于前者。

运行以上两个程序，可以在欣赏输出的各个折对称方阵中，感受从特例到一般的神奇。同时可以看出，解决一个问题并不是一成不变的，可能存在有多种设计来实现。

例 1-9　编写程序求 n 个正整数 $m_0,m_1,\cdots,m_{n-1}$ 的最大公约数（$m_0,m_1,\cdots,m_{n-1}$）。

解：反复应用欧几里德算法求解。

（1）算法设计要点

对于 3 个或 3 个以上整数，最大公约数有以下性质：

$$(m_1,m_2,m_3)=((m_1,m_2),m_3)$$

$$(m_1,m_2,m_3,m_4)=((m_1,m_2,m_3),m_4)\cdots\cdots$$

应用这一性质，要求 n 个数的最大公约数，先求出前 $n-1$ 个数的最大公约数 b，再求第 n 个数与 b 的最大公约数；要求 $n-1$ 个数的最大公约数，先求出前 $n-2$ 个数的最大公约数 b，再求第 $n-1$ 个数与 b 的最大公约数……

依此类推。因而，要求 n 个整数的最大公约数，需应用 $n-1$ 次欧几里德算法来完成。

为输入与输出方便，把 n 个整数设置成 m 数组，m 数组与变量 a,b,c,r 设置为长整型变量，个数 n 与循环变量 k 设置为整型，这就是数据结构。

设置 k（$1\sim n-1$）循环，完成 $n-1$ 次欧几里德算法，最后输出所求结果。

（2）求 n 个整数的最大公约数程序设计

```
// 求 n 个整数的最大公约数
#include<stdio.h>                                    // C 头文件的调用
void main()
{ int k,n;
  long a,b,c,r,m[100];
  printf("   请输入整数个数 n: ");
  scanf("%d",&n);
  printf("   请依次输入%d 个整数: \n",n);
  for(k=0;k<=n-1;k++)                               // 循环输入 n 个整数
    { printf("   请输入第%d 个整数:   ",k+1);
      scanf("%ld",&m[k]);
    }
  b=m[0];
  for(k=1;k<=n-1;k++)                               // 控制 n-1 次欧几里德算法
```

```
    { a=m[k];
      if(a<b)
        { c=a;a=b;b=c;}                         // 交换 a,b，确保 a>b
      r=a%b;
      while(r!=0)
        { a=b;b=r; r=a%b;}                      // 实施"辗转相除"
    }
  printf("(%ld",m[0]);                          // 输出求解结果
  for(k=1;k<=n-1;k++)
    printf(",%ld",m[k]);
  printf(")=%ld\n",b);
}
```

（3）程序运行示例

```
请输入整数个数 n: 3
请依次输入 3 个整数:
请输入第 1 个整数：  13578642
请输入第 2 个整数：  17532468
请输入第 3 个整数：  75312864
(13578642,17532468,75312864)=18
```

从以上两个例中可见，在求解案例时，需根据问题的具体实际设置数据结构，确定求解算法，编程实现算法。

提高程序质量和编程效率，主要是使设计的算法具有良好的可读性、可靠性、可维护性以及良好的结构。设计好的算法，编制好的程序，应当是每位程序设计工作者追求的目标。而要做到这一点，就必须掌握正确的程序设计方法与技术。

实际上，算法设计与程序设计是相关联的一个整体。为了防止在算法教学中算法设计与程序设计脱节，算法理论与实际应用脱节，本教程在讲述每一种常用算法时，把算法设计与程序设计紧密结合起来，突出算法在解决实际案例中的核心地位与指导作用，努力提高对相应算法的理解，切实提高我们应用算法设计解决实际问题的能力。

1.4.2 结构化程序设计

近年来，一些面向对象的计算机程序设计语言陆续问世，打破了以往只有面向过程程序设计的单一局面。如果认为有了面向对象的程序设计之后，面向过程的程序设计就过时了，这是不正确的。不应该把面向对象与面向过程对立起来，在面向对象程序设计中仍然要用到面向过程的知识。面向过程程序设计仍然是程序设计工作者的基本功。而面向过程程序设计通常由结构化程序设计实现。

算法是由一系列操作组成的，这些操作之间的执行次序就是控制结构。计算机科学家 Bohm 和 Jacopini 证明了这样的事实：任何简单或复杂的算法都可以由顺序结构、选择结构和循环结构这三种基本结构组合而成。所以，顺序结构、选择结构和循环结构被称为程序设计的三种基本结构，也是结构化程序设计必须采用的结构。

结构化程序设计方法是目前国内外普遍采用的一种程序设计方法。自 20 世纪 60 年代由荷兰学者 E.W.Dijkstra 提出后，结构化程序设计方法在实践中不断发展和完善，已成为软件开发的重要方法，在程序设计中占有十分重要的位置。

结构化程序设计是一种进行程序设计的原则和方法，按照这种原则和方法可设计出结构清晰、容易理解、容易修改、容易验证的程序。或者说，结构化程序设计是按照一定的原则与原理，组织和编写正确且易读的程序的软件技术。结构化程序设计的目标在于使程序具有一个合理结构，以保证程序的正确性，从而开发出正确、合理的程序。

结构化程序设计的基本要点为：

（1）自顶向下，逐步求精；

（2）模块化设计；

（3）结构化编码。

自顶向下是指对设计求解的问题要有一个全面的理解，从问题的全局入手，把一个复杂问题分解成若干个相互独立的子问题，然后对每个子问题再作进一步的分解，如此重复，直到每个子问题都容易解决为止。

逐步求精是指程序设计的过程是一个渐进的过程，先把一个子问题用一个程序模块来描述，再把每个模块的功能逐步分解细化为一系列的具体步骤，以致能用某种程序设计语言的基本控制语句来实现。

逐步求精总是和自顶向下结合使用，将问题求解逐步具体化的过程，一般把逐步求精看作自顶向下设计的具体体现。

模块化是结构化程序设计的重要原则。所谓模块化就是把大程序按照功能分为若干个较小的程序。一般地讲，一个程序是由一个主控模块和若干子模块组成的。主控模块用来完成某些公用操作及功能选择，而子模块用来完成某项特定的功能。在 C 语言中，子模块通常用函数来实现。当然，子模块是相对主模块而言的，作为某一子模块，它也可以控制更下一层的子模块。这种设计风格，便于分工合作，将一个大的模块分解为若干个子模块分别完成。然后用主控模块控制、调用子模块。这种程序的模块化结构如图 1-3 所示。

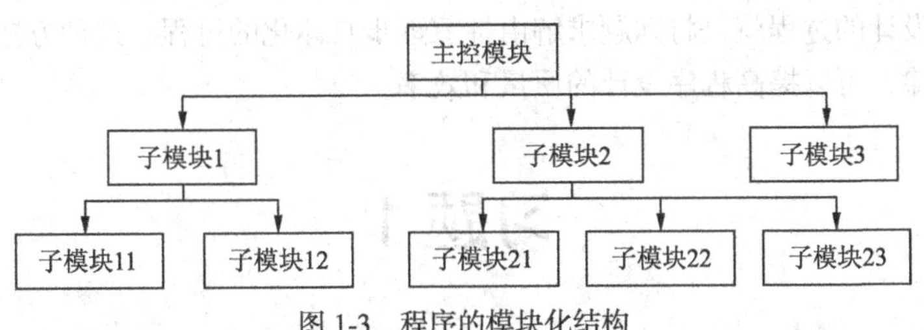

图 1-3　程序的模块化结构

在设计好一个结构化的算法之后，还需进行结构化编码，将已设计好的算法用计算机语言来表示，编写出能在计算机上进行编译与运行的程序。

例 1-10　把欧几里德算法设计成子模块（函数形式），并通过主程序调用实现求 n 个整数的最大公约数。

解： 设整数 a,b 的最大公约数为 $gcd(a,b)$。

（1）设计欧几里德算法子模块

```
// 实现欧几里德算法的子模块函数
long gcd(long a,long b)
{ long c,r;
   if(a<b){c=a;a=b;b=c;}                        // 交换 a,b ,确保 a>b
   r=a%b;
```

```
    while(r!=0)
        { a=b;b=r; r=a%b; }                     // 实施辗转相除
    return b;
}
```

（2）设计调用函数的主程序

```
// 求 n 个整数的最大公约数
#include<stdio.h>
void main()
{ int k,n;
  long x,y,m[100];
  printf("    请输入整数个数 n: "); scanf("%d",&n);
  printf("    请依次输入%d 个整数: \n",n);
  for(k=0;k<=n-1;k++)
     { printf("    请输入第%d 个整数：   ",k+1);
       scanf("%ld",&m[k]);
     }
  x=m[0];
  for(k=1;k<=n-1;k++)
     { y=m[k];
       x=gcd(x,y);                              // 调用 n-1 次子模块函数
     }
  printf("(%ld",m[0]);
  for(k=1;k<=n-1;k++)
      printf(",%ld",m[k]);                      // 输出 n 个整数的最大公约数
  printf(")=%ld\n",x);
}
```

结构化程序设计的过程就是将问题求解由抽象逐步具体化的过程。这种方法符合人们解决复杂问题的普遍规律，可以提高程序设计的质量和效率。

习题 1

1-1 求出以下程序段所代表算法的时间复杂度。

（1）
```
m=0;
    for(k=1;k<=n;k++)
    for(j=k;j>=1;j--)
        m=m+j;
```

（2）
```
m=0;
    for(k=1;k<=n;k++)
    for(j=1;j<=k/2;j++)
        m=m+j;
```

（3）
```
t=1;m=0;
    for(k=1;k<=n;k++)
    {t=t*k;
```

```
    for(j=1;j<=k*t;j++)
        m=m+j;
    }
```

1-2　若 $p(n)$ 是 n 的多项式，证明：$O(\log(p(n)))=O(\log n)$。

1-3　喝汽水。

某学院有 m 个学生参加南湖春游，休息时喝汽水。南湖商家公告：

（1）买 1 瓶汽水定价 1.40 元，喝 1 瓶汽水（瓶不带走）1 元。

（2）为节约资源，规定 3 个空瓶可换回 1 瓶汽水，或 20 个空瓶可换回 7 瓶汽水。

（3）为方面顾客，可先借后还。例如借 1 瓶汽水，还 3 个空瓶；或借 7 瓶汽水，还 20 个空瓶。

问 m 个学生每人喝 1 瓶汽水（瓶不带走），至少需多少元？

输入正整数 $m(2<m<10\,000)$，输出至少需多少元（精确到小数点后第 2 位）。

1-4　分数分解。

把真分数 a/b 分解为若干个分母为整数分子为“1”的埃及分数之和：

（1）寻找并输出小于 a/b 的最大埃及分数 $1/c$；

（2）若 $c>900\,000\,000$，则退出；

（3）若 $c\leqslant900\,000\,000$，把差 $a/b-1/c$ 整理为分数 a/b，若 a/b 为埃及分数，则输出后结束；

（4）若 a/b 不为埃及分数，则继续（1）、（2）、（3）。

试描述以上算法。

1-5　对例 1-1 与 1.3 节三个示例中的各个算法写成完整程序，并上机运行程序，体验与比较求解同一案例的复杂度不同的两个算法在求解时间上的差异。

1-6　构建对称方阵。

观察图 1-4 所示的 7 阶对称方阵

```
0 1 1 1 1 1 0
1 0 2 2 2 0 1
1 2 0 3 0 2 1
1 2 3 0 3 2 1
1 2 0 3 0 2 1
1 0 2 2 2 0 1
0 1 1 1 1 1 0
```

图 1-4　7 阶对称方阵

试构造并输出以上 n 阶对称方阵。

1-7　统计 $n!$ 尾部零。

试寻求算法统计正整数 n 的阶乘 $n!=1\times2\times3\times\cdots\times n$ 尾部连续零的个数，并分析其时间复杂度。

第2章 枚举

枚举法（enumerate）一种简单而直接地求解问题的常用算法，应用程序设计求解实际问题往往是从枚举设计开始的。在当今计算机的运算速度日新月异的背景下，通过枚举设计可简明而快捷地求解许多一般数量规模的实际应用问题。

本章介绍统计求和、整数搜索、方程与不等式的求解等基础案例的枚举设计，并应用枚举设计求解诸如构建数式与数阵等丰富有趣的案例。

2.1 枚举概述

1. 枚举概念

枚举法也称为列举法、穷举法。枚举体现蛮力策略，又称为蛮力法。

枚举法常用于解决“是否存在”或“有多少种可能”等问题。其中许多实际应用问题靠人工推算求解是不可想象的，而应用枚举设计，充分发挥计算机运算速度快、擅长重复操作的优势，问题求解过程简捷明了。

枚举法是一种简单而直接地解决问题的方法，其基本思想是逐一列举问题的所有情形，并根据问题提出的条件逐一检验哪些是问题的解。应用枚举时应注意对问题所涉及的有限种情形进行一一列举，既不能重复，又不能遗漏。重复列举浪费时间，还可引发增解，影响解个数的准确性；而列举的遗漏可直接导致问题解的遗漏。

2. 枚举模式

实施枚举通常应用循环来实现，常用的枚举模式有以下两个。

（1）区间枚举

对于有明确范围要求的实际案例，通过枚举循环的上下限来控制枚举区间；而在循环体中完成各个运算操作，然后根据所要求的具体条件，应用选择结构实施判别与筛选，求得所求问题的解。

区间枚举设计的框架描述：

```
n=0;
for(k=<区间下限>;k<=<区间上限>;k++)          // 根据实际控制枚举范围
   { <运算操作序列>;
      if(<约束条件>)                        // 根据约束条件实施筛选
         { printf(<满足要求的解>);           // 逐一输出问题的解
            n++;                            // 统计解的个数
```

```
        }
    }
printf(<解的个数>);                                // 输出解的个数
```

（2）递增枚举

有些问题没有明确的范围限制，可根据问题的具体实际试探性地从某一起点开始增值枚举，对每一情形进行操作与判别，若满足条件即输出结果。

递增枚举设计的框架描述：

```
k=0;
while(1)                                           // 设置递增循环
   { k++;                                          // 枚举变量 k 递增
   <运算操作序列>;
   if(<约束条件>)                                  // 根据约束条件实施筛选与结束
      { printf(<满足要求的解>);                    // 输出问题的解
        return;                                    // 返回结束
      }
   }
```

递增枚举往往在得到所要求的若干个解后即退出循环后结束。

尽管枚举比较简单，在应用枚举设计求解实际问题时要认真分析，准确设置枚举循环，并确定合适的约束与筛选条件。

3. 枚举的实施步骤

应用枚举设计，通常分以下几个步骤：

（1）确定枚举策略，根据枚举路线设置枚举量（简单变量或数组）;

（2）根据问题的具体范围，设计枚举循环；

（3）根据问题的具体要求，确定筛选（约束）条件；

（4）设计枚举程序并运行、调试，对运行结果进行分析与讨论。

当问题所涉及数量规模较大时，枚举的工作量也就相应较大，程序运行时间也就相应较长。枚举的复杂度通常由枚举循环来决定，多重循环的复杂度往往较高。

应用枚举设计求解时，应根据问题的具体实际进行分析归纳，寻求简化规律，优化枚举策略，精简枚举循环，提高枚举效能。

4. 枚举设计的意义

虽然巧妙和高效的算法很少来自枚举，但枚举法作为一种常用的基础算法不能受到冷落与忽视，更不能被认为无关紧要，可有可无。

（1）理论上，枚举可以解决可计算领域中的各种问题。尤其处在计算机运算速度非常快的今天，枚举设计的应用领域非常广阔。

（2）在实际应用中，如果要解决的问题规模不大，应用枚举设计求解的速度是可以接受的。此时，设计一个更高效率的算法在代价上不值得。

（3）枚举可作为某类问题时间性能的底限，用来衡量同样问题的高效率算法。

本章将通过若干典型案例的求解，说明枚举设计的实际应用。

2.2 求和与统计

统计计数与求和求积是计算机程序设计应用的基础课题，通常只要设计枚举循环即可简捷地达到求解目的。

本节推介“求代数和”与“倍和数探索”这两个典型枚举案例，以掌握运用枚举实施求和与统计的应用技巧。

2.2.1 求代数和

设 n 为正整数，求代数和

$$s(n)=1+\frac{1}{2}-\frac{1}{3}+\frac{1}{4}+\frac{1}{5}-\frac{1}{6}+\cdots\pm\frac{1}{n}$$

和式中各项的符号为两个“+”号后一个“-”号，即分母能被 3 整除的项为“-”，其余项为“+”。

输入 n，要求计算并输出代数和四舍五入精确到小数点后第 6 位。

（1）枚举设计要点

设置 $k(1\sim n)$循环实施枚举，k 代表每一项的分母。

根据参数 k 的取值选取求和操作：

若 k 不能被 3 整除，$s=s+1.0/k$;

否则，若 k 能被 3 整除，$s=s-1.0/k$;

循环结束，输出代数和 s。

（2）枚举程序设计

```
//  求代数和 s=1+1/2-1/3+1/4+1/5-1/6+…+-1/n
#include <stdio.h>
void main()
{ long n,k; double s=0;
  printf("  请输入正整数 n: "); scanf("%ld",&n);
  for(k=1;k<=n;k++)
    { if(k%3>0) s=s+1.0/k;                // 按 k 取值求代数和
      else s=s-1.0/k;
    }
  printf("  s(%ld)=%.6f \n",n,s);         // 按精度要求输出求和结果
}
```

（3）程序运行示例与分析

```
请输入正整数 n: 2018
  s(2018)=3.461847
```

求和在 $k(1\sim n)$循环中完成，简捷明了，枚举复杂度为 O(n)。

2.2.2 倍和数探索

首先从 3 位倍和数探索开始，进一步拓展探索一般 n 位倍和数。

定义：由 3 个互不相同的非零数字组成的 3 位整数 *x*，若是其 3 个数字之和 *s* 的整数 *m* 倍,即有 *x*=*m*×*s*，则称整数 *x* 为 3 位倍和数，整数 *m* 为对应的倍数。

例如 216 的 3 个数字之和为 9，216=24×9，216 就是一个 3 位倍和数，24 为倍数。

试统计所有 3 位倍和数与所有不同倍数 *m* 的个数，并求倍数 *m* 的最大值与最小值，输出倍数 *m* 最大与最小时对应的 3 位倍和数。

下面试用基于组合与基于分解两种不同的枚举模式设计求解。

1. 基于组合枚举设计

基于组合，就是把枚举的 3 个互不相同的非零数字 *a,b,c* 组合为 3 位数 *x*=*a*×100+*b*×10+*c*。

（1）设置 3 重循环枚举 3 数字

设置枚举 3 个非零数字 *a,b,c*（1～9）3 重循环，对每一组 *a,b,c*，判断如果存在相等则返回，排除存在数字相等情形。

对互不相等的数字 *a,b,c*，计算数字和 *s*=*a*+*b*+*c* 与对应的 3 位数 *x*=*a*×100+*b*×10+c，判别 *x* 能否被 *s* 整除。

（2）统计并求取 *m* 的最值

如果 *x* 能被 *s* 整除，即满足条件 x%s=0，则产生一个倍和数 x 与对应的倍数 m=x/s，直接应用变量 *i*++统计倍和数个数。

同时，通过比较求取倍数 *m* 的最大值 max 与最小值 min，并分别记录 *m* 最大与最小时的 *x* 与 *s* 的值，为输出 *m* 最大与最小时的倍和数提供数据。

（3）统计不同倍数 *m* 的个数

精准统计不同倍数 *m* 的个数，既是重点，也是难点。

注意到倍和数对应的倍数中可能存在重复，即同一个倍数 *m* 值可能对应多个倍和数，因此每产生一个倍数 *m* 即行统计并不是可靠的。

为此，设置 *p* 数组并赋初值 *p*[0]=0；在每得到一个倍数 *m* 时，需与已有并赋值在 *p* 数组的 *m* 值（即 *p*[*k*]）进行比较：

若不存在相同（保持标识 *t*=0），则 *j*++统计倍数 *m* 的个数，同时该倍数 *m* 赋值给 *p* 数组元素 *p*[*j*]=*m*，为以后的比较提供依据。

若存在相同（则标识 *t*=1），即所得倍数 *m* 为重复，则不做统计，也无需进行赋值。

这样应用数组实施统计，确保不同倍数 *m* 的统计既不重复也无遗漏。

（4）输出相应倍和数

最后输出对应 max 与 min 的倍和数时，式中可以带乘号“×”，因为这里只是显示而已，不涉及乘积运算。

顺便指出，如果对应 max 或 min 存在多个倍和数，则只输出其中一个。

（5）基于组合枚举程序设计

```
// 基于组合统计 3 位倍和数程序设计
#include<stdio.h>
void main()
{ int a,b,c,i,j,k,m,t,s,s1,s2,x,x1,x2,max,min,p[100];
  max=i=j=0;min=100; p[0]=0;                    // 相应变量与数组元素赋初值
  for(a=1;a<=9;a++)
  for(b=1;b<=9;b++)
  for(c=1;c<=9;c++)                             // 设置枚举数字 3 重循环
```

```
{ if(a==b || b==c || c==a)
        continue;                              // 排除数字相等
  s=a+b+c;x=a*100+b*10+c;
  if(x%s==0)
   { i++;m=x/s;                                // 变量 i 统计倍和数个数，计算倍数 m
     if(m>max)
        { max=m;x2=x;s2=s;}
     if(m<min)                                 // 通过比较求取倍数 m 最大最小并记录
        { min=m; x1=x;s1=s;}
   for(t=0,k=0;k<=j;k++)                       // 通过比较确保倍数 m 的不同
     if(m==p[k]) { t=1;break;}
   if(t==0) { j++;p[j]=m;}                     // 变量 j 统计倍数 m 个数
   }
 }
printf("   3 位倍和数共%d 个，不同倍数 m 共%d 个。\n",i,j);
printf("   倍数 m 最大为%d，对应倍和数：",max);
printf("%d=%d×%d。\n",x2,max,s2);
printf("   倍数 m 最小为%d，对应倍和数：",min);
printf("%d=%d×%d。\n",x1,min,s1);
}
```

2. 基于分解枚举设计

基于分解，就是把枚举的 3 位数 x 分解为 3 个数字 a, b, c，以便操作与判别。

（1）设置循环枚举 3 位数

设置 x(123 ~ 987)循环枚举 3 位整数，其中 123 是不含“0”且无相同数字的最小整数，而 987 是最大整数，以这两个数作为循环的起始与终止值。

对每一个 x 应用整除“/”与取余“%”操作，分解 3 位数 d 的 3 个数字 a,b,c。同时，在对 a,b,c 的判别时，注意到 b,c 可能为“0”，排除条件加强为：

$$a \times b \times c=0 \quad \text{or} \quad a=b \quad \text{or} \quad b=c \quad \text{or} \quad c=a$$

即既排除 a,b,c 存在相等，也排除 a,b,c 中存在“0”的情形。

对互不相等且非“0”的正整数 a,b,c，计算这 3 个数字的数字和 $s=a+b+c$，判别 x 能否被 s 整除。若 x 能被 s 整除，产生一个倍和数与倍数 m，同时用 i++统计倍和数个数。

（2）计算统计过程

比较倍数 m 求取其最大最小，统计不同倍数 m 的个数及输出同上。

（3）基于分解枚举程序设计

```
// 基于分解统计 3 位倍和数程序设计
#include<stdio.h>
void main()
{ int a,b,c,x,x1,x2,i,j,k,m,t,s,s1,s2,max,min,p[100];
  max=i=j=0;min=100; p[0]=0;
  for(x=123;x<=987;x++)                         // 设置循环枚举 3 位数
   { a=x/100;b=(x-a*100)/10;c=x%10;
     if(a*b*c==0 || a==b || b==c || c==a)
         continue;                              // 排除数字相等或为 0
     s=a+b+c;
     if(x%s==0)
```

```
        { i++; m=x/s;                              // 统计倍和数个数，计算倍数 m
          if(m>max)
            { max=m;x2=x;s2=s;}
          if(m<min)                                // 通过比较求取倍数 m 的最大最小
            { min=m;x1=x;s1=s;}
          for(t=0,k=0;k<=j;k++)
            if(m==p[k]) { t=1;break;}
          if(t==0) { j++;p[j]=m;}                  // 变量 j 统计倍数 m 个数
        }
      }
    printf("  3 位倍和数共%d 个，不同倍数 m 共%d 个。\n",i,j);
    printf("  倍数 m 最大为%d，对应倍和数：",max);
    printf("%d=%d×%d。\n",x2,max,s2);
    printf("  倍数 m 最小为%d，对应倍和数：",min);
    printf("%d=%d×%d。\n",x1,min,s1);
}
```

3. 程序运行结果与变通

```
3 位倍和数共 70 个，不同倍数 m 共 44 个。
倍数 m 最大为 76，对应倍和数：912=76×12。
倍数 m 最小为 11，对应倍和数：198=11×18。
```

以上基于组合与基于分解的两个不同风格的枚举设计，所得结果完全相同。程序只涉及 3 位数枚举，程序运行快捷。

程序中既要求统计倍和数个数，又要求统计不同倍数 *m* 的个数，统计方法完全不同。前者统计直接用变量 *i* 迭代完成，而后者统计应用数组赋值比较才能完成。

如果要求具体输出所有 44 个倍数 *m*，只需打印 *p* 数组元素即可。

如果引申为探求 4 位以至一般 *n*(2～9)位倍和数，程序如何变通？

4. 拓展探求 *n* 位倍和数

定义：由 *n* 个互不相等的非零数字组成的 *n* 位整数 *x*，其所有数字之和为 *s*，若 *x* 是 *s* 的整数 *m* 倍，即有

$$x=m\times s$$

则称 *x* 为一个 *n* 位倍和数，*m* 为对应的倍数。

输入正整数 *n*(2≤*n*≤9)，统计 *n* 位倍和数的个数及不同倍数 *m* 的个数，同时求出倍数 *m* 的最大值与最小值，并输出对应 *m* 最大与最小时的 *n* 位倍和数。

（1）枚举设计要点

首先求出 *n* 位没有重复非零数字的最小与最大整数 *a*,*b*，然后设置 *x*(*a*～*b*)循环枚举 *n* 位整数。

对每一个 *n* 位整数 *x* 应用整除“/”与取余“%”操作，分解 *x* 的 *n* 个数字 *k*。

通过求和得到 *x* 的 *n* 个数字和 *s*。

同时，应用 *f* 数组统计 f[k]++，以排除各数字 *k* 存在相等（f[k]>1）或存在数字“0”（f[0]>0）的情形。

然后判别 *x* 能否被 *s* 整除，若 *x* 能被 *s* 整除：

1）产生一个 *n* 位倍和数 *x* 及其倍数 *m*=*x*/*s*，用 *i*++统计倍和数个数。

2）通过比较求取倍数 *m* 的最大值 max 与最小值 min，并分别记录 *m* 最大、最小时的 *x* 与 *s*

的值，为输出 *m* 最大与最小时的倍和数提供数据。

3）不同倍数 *m* 的统计。注意到倍和数对应的倍数中可能存在重复，即同一个 *m* 值可能对应多个倍和数。

为确保倍数 *m* 的统计既不重复也无遗漏，设置 *p* 数组并赋初值 p[0]=0；在每得到一个倍数 *m* 时，需与已有并赋值在 *p* 数组的 *m* 值（即 p[k]）进行比较：

若不存在相同（保持标识 *t*=0），则 j++统计 *m* 的个数，同时 *m* 赋值给 *p* 数组 p[j]=m; 为后面的比较提供依据。

若存在相同（则标识 *t*=1），所得 *m* 即为重复，*m* 既不做统计，也无需进行赋值。

这样应用数组实施统计，不至于造成不同倍数 *m* 统计的重复或遗漏。

（2）探求 *n* 位倍和数程序设计

```
//  探求 n 位倍和数
#include <stdio.h>
void main()
{ int e,k,n,f[10];
  long a,b,i,j,m,r,s,s1,s2,t,x,x1,x2,max,min,p[50000];
  printf("  请输入整数 n(2≤n≤9): ");   scanf("%d",&n);
  a=1;b=9;p[0]=j=i=0;
  max=0;min=10000000;
  for(k=2;k<=n;k++)
    { a=a*10+k;b=b*10+10-k;}                    // a,b 为 m 位符合要求的最小与最大数
  for(x=a;x<=b;x++)                             // 枚举[a,b]中的每一个整数
  { r=x;s=0;
    for(k=0;k<=9;k++) f[k]=0;
    while(r>0)                                  // 分解 x 的各数字并分别累计
      { k=r%10;f[k]++;s+=k;r=r/10;}
    for(e=0,k=0;k<=9;k++)
      if(f[k]>1 || f[0]>0)
        {e=1;break;}                            // 测试整数 x 是否有重复数字或含 0
      if(e==0 && x%s==0)
        { i++;m=x/s;                            // 统计 n 位倍和数个数，计算 m
          if(m>max) { max=m;x2=x;s2=s;}         // 比较求取 m 最大并记录
          if(m<min) { min=m;x1=x;s1=s;}         // 比较求取 m 最小并记录
          for(t=0,k=0;k<=j;k++)
            if(m==p[k]) { t=1;break;}
          if(t==0) { j++;p[j]=m;}               // 变量 j 统计倍数 m 个数，m 赋值 p 数组
        }
  }
  printf("  %d 位倍和数共%ld 个，不同倍数 m 共%ld 个。\n",n,i,j);
  printf("  倍数 m 最大为%ld,对应倍和数：%ld=%ld×%d\n",max,x2,max,s2);
  printf("  倍数 m 最小为%ld,对应倍和数：%ld=%ld×%d\n",min,x1,min,s1);
}
```

（3）程序运行示例与分析

```
请输入整数 n(2≤n≤9): 8
8 位倍和数共 21296 个，不同倍数 m 共 21109 个。
倍数 m 最大为 2638522，对应倍和数：97625314=2638522×37。
倍数 m 最小为 296638，对应倍和数：12458796=296638×42。
```

对于位数 n，枚举 n 位整数，其复杂度为 $O(10^n)$。当 n 比较大时，例如 n=8,9，程序的运行比较慢。建议通过输入不同整数 n 值运行程序，具体感受枚举时间的差异。

通常不同倍数 m 的个数要小于倍和数的个数，只有 n=9 时两者相等。因为 9 个没有重复非零数字组成的整数，其数字和均为 45 不变，因而 9 位倍和数与其倍数 m 一一对应。

2.3 整数搜索

搜索某些特定的整数，例如上节搜索 n 位倍和数，是枚举设计的基本课题。本节应用枚举设计搜索“p-完全数”与“合数世纪”这两个有趣的典型案例。

2.3.1 探求 *p*–完全数

对于正整数 a，设小于其本身的因数之和为 s，定义

$$p(a)=s/a$$

为正整数 a 的因数比。

事实上，完全数是因数比为 1 的整数。例如，$p(6)=(1+2+3)/6=1$，6 为完全数。

若整数 a 的因数比 $p(a)$为某一整数 p，则称整数 a 为 p-完全数。显然，p-完全数是对完全数概念的拓展。

例如，$p(120)=2$，则 120 为 2-完全数。

试搜索并输出指定区间$[x,y]$中的所有 p-完全数。

（1）枚举设计要点

为了求整数 a 的真因数和 s,设置 k(2 ~ sqrt(a))循环枚举，如果 k 是 a 的因数，则 a/k 也是 a 的因数，通过迭代程序式 s=s+k+a/k；求取因数和 s。

如果 $a=b\times b$，显然 $k=b,a/k=b$，此时 $k=a/k$。而因数 b 只有一个，所以此时必须从和 s 中减去一个 b，这样避免重复计算的处理是必要的。

求整数 a 的因数比 $p=s/a$，若 $p\times a=s$，搜索到 p-完全数，输出 $p(a)=p$。

（2）枚举程序设计

```
// 枚举探求区间 p-完全数
#include <stdio.h>
#include <math.h>
void main()
 { long a,b,k,p,s,x,y;
   printf("   请输入区间 x,y: "); scanf("%ld,%ld",&x,&y);
   for(a=x;a<=y;a++)                              // 枚举区间内的所有整数 a
    { s=1;b=(sqrt(a));
      for(k=2;k<=b;k++)                           // 试商寻求 a 的因数 k
         if(a%k==0) s=s+k+a/k;                    //  k 与 a/k 是 a 的因数，求和
      if(a==b*b) s=s-b;                           // 如果 a=b^2,去掉重复因数 b
      p=s/a;
      if(p*a==s)                                  // 检验是否成立 s=a*p
        printf("    p(%ld)=%ld\n",a,p);           // 输出 p-完全数
    }
 }
```

（3）程序运行示例与分析

```
请输入区间 x,y: 500,50000
p(672)=2
p(8128)=1
p(30240)=3
p(32760)=3
```

设参数 y 的数量级为 n，应用双重循环搜索区间内的 p-完全数的运算量为 $n^{3/2}$，即算法的时间复杂度为 $O(n^{3/2})$。

由程序以上运行搜索到完全数，2-完全数以及 3-完全数。通过改进程序还可探求到因数比为 4 的 4-完全数，如 $p(518666803200)=4$。

那么，是否存在 5-完全数或 6-完全数？笔者猜想这样的 p-完全数是存在的，只是此时的整数已经相当庞大，其探求也会更为复杂。

2.3.2 搜索合数世纪

一个世纪的一百个年号中常存在有素数。例如，现在所处的 21 世纪的 100 个年号中存在 2003，2011 等 14 个素数。那么，是否存在一百个年号中没有素数的世纪？

定义：若一个世纪的 100 个年号中不存在素数，即 100 个年号全为合数的世纪称为合数世纪。

输入正整数 m（约定 $m\leqslant 100$），试探索前 m 个合数世纪。

（1）枚举设计要点

设变量 b 统计合数世纪个数，设置条件循环，条件即为 $b<m$。

探索 a 世纪，从 $a=1$ 开始递增 1 取值。设第 a 世纪的 50 个奇数年号(偶数年号无疑均为合数)为 n，显然有

$$a\times 100-99\leqslant n\leqslant a\times 100-1$$

设置 n（$a\times 100-99\sim a\times 100-1$）循环，$n$ 步长为 2，枚举 a 世纪奇数年号 n。

设置 k（$3\sim\sqrt{n}$）试商循环，k 步长为 2，应用试商判别年号 n 是否为素数：

若 n 为素数，退出试探下一个世纪。

若 n 为合数，并用变量 s 统计这 50 个 n 年号中的合数的个数。

对于 a 世纪，若 $s=50$，即 50 个奇数都为合数，找到 a 世纪为合数世纪，用程序式 b++统计合数世纪的个数，并打印输出第 b 个合数世纪为 a 世纪，同时输出其年号范围。

当 $b=m$ 时，已搜索到前 m 个合数世纪，退出循环结束。

（2）枚举程序设计

```
// 枚举探求前 m 个合数世纪
#include <stdio.h>
#include <math.h>
void main()
{long a,n,k; int b,m,s,x;
 printf("    请确定 m: "); scanf("%d",&m);
 a=1;b=0;
 while (b<m)
  { a++;s=0;                                    // 检验 a 世纪
    for(n=a*100-99;n<=a*100-1;n+=2)             // 穷举 a 世纪奇数年号 n
```

```
    { x=0;
      for(k=3;k<=sqrt(n);k+=2)
        if(n%k==0) {x=1;break;}
      if(x==0)break;                    // 当前为非合数世纪时，跳出循环进行下一个世纪的探求
      s=s+x;                            // 年号 n 为合数时，x=1，s 增 1
    }
  if(s==50)                             // s=50，即 50 个奇数均为合数
    { b++;
      printf("  第%d 个合数世纪为：%ld 世纪,",b,a);
      printf("年号%ld 至%ld 全为合数。\n",a*100-99,a*100);
    }
  }
}
```

（3）程序运行示例与分析

```
请确定 m: 3
 第 1 个合数世纪为：16719 世纪,年号 1671801 至 1671900 全为合数。
 第 2 个合数世纪为：26379 世纪,年号 2637801 至 2637900 全为合数。
 第 3 个合数世纪为：31174 世纪,年号 3117301 至 3117400 全为合数。
```

枚举设计三重循环，要求的 m 越大，a 递增取值也就大，年号 n 也就相应地大。约定最大年号为 n 数量级，试商 k 循环频数为 $\sqrt{n}$，因而可知程序的时间复杂度为 $O(n\sqrt{n})$。

在实际检测时，对于 $m\leqslant 100$ 范围内的搜索是快捷的。

2.4 解方程与不等式

解方程与解不等式是算法设计新颖的应用课题。有些不定方程或较为复杂的不等式（限涉及整数解）用常规的推理方法求解难以实现时，可考虑运用枚举设计有效求解。

2.4.1 解佩尔方程

佩尔（Pell）方程是关于整数 x,y 的二次不定方程，表述为

$$x^2 - n \cdot y^2 = 1 \quad \text{（其中 } n \text{ 为非平方正整数）}$$

当 $x=1$ 或 $x=-1$，$y=0$ 时，显然满足方程。常把 x,y 中有一个为零的解称为平凡解，通常需求佩尔方程的非平凡解。

佩尔方程的非平凡解很多，这里只需求出它的最小解，即 x,y 为满足方程的最小正数的解，又称基本解。

尽管只求基本解，对于有些 n，其数值也大得惊人，可达数十位之多。这么大的数值，如何求得？其基本解具体为多少？可以说，这是自然界对人类计算能力的一个挑战。十七世纪曾有一位印度数学家说过，要是有人能在一年的时间内求出 $x^2-92y^2=1$ 的非平凡解，他就算得上一名真正的数学家。

由此可见，佩尔方程的求解计算是艰辛的，当然也是有趣的。

本节应用枚举设计求解佩尔方程。

（1）枚举设计要点

应用枚举设计探求佩尔方程的基本解是最简单解法。

设置 y 从 1 开始递增 1 取值，对于每一个 y 值，计算 $a=n\times y\times y$ 后判别：

若 $a+1$ 为某一整数 x 的平方，则(x,y)即为所求佩尔方程的基本解。

若 $a+1$ 不是平方数，则 y 增 1 后再试，直到找到解为止。

应用以上枚举探求，如果解的位数不太大，总可以求出相应的基本解。

如果基本解太大，应用枚举无法找到基本解，此时可约定一个枚举上限，例如可把 $y\leqslant 10\,000\,000$ 作为枚举循环条件，当 $y>10\,000\,000$ 时结束循环，输出“未求出该方程的基本解！”而结束。

（2）枚举程序设计

```
// 解 PELL 方程枚举设计
#include <math.h>
#include <stdio.h>
void main()
{ double a,m,n,x,y;
  printf("   解 PELL 方程: x^2-ny^2=1.\n");
  printf("   请输入非平方整数 n: "); scanf("%lf",&n);
  m=floor(sqrt(n+1));
  if(m*m==n)
    { printf("   n 为平方数,方程无正整数解!\n");
      return;
    }
  y=1;
  while(y<=10000000)
    { y++;                                          // 设置 y 从 1 开始递增 1 枚举
      a=n*y*y;x=floor(sqrt(a+1));
      if(x*x==a+1)                                  // 检测是否满足方程
        { printf("   方程 x^2-%.0fy^2=1 的基本解为:\n",n);
          printf("   x=%.0f, y=%.0f\n",x,y);
          return;
        }
    }
  if(y>10000000)
    printf("   未求出该方程的基本解！ ");
}
```

（3）程序运行示例与分析

```
解 PELL 方程: x^2-ny^2=1.
请输入非平方整数 n: 73
方程 x^2-73y^2=1 的基本解为:
    x=2281249, y=267000
```

为了提高求解方程的范围，数据结构设置为双精度（double）型。如果设置为整型，方程的求解范围比设置为双精度型要小。例如，当 n=73 时，设置整型或长整型就不可能求出相应方程的解。可见，数据结构的设置对程序的应用范围有着直接的影响。

以上枚举设计是递增枚举，枚举复杂度与输入的 n 没有直接关系，完全取决于满足方程的 y 的数量。解的 y 值小，枚举的次数就少。解的 y 值大，枚举的次数就多。

对某些 n，相应佩尔方程解的位数太大，枚举设计无法完成。例如当 n=991 时，相应佩尔方程的基本解达 30 位，此时依据以上枚举设计是无法实现的，对于解的位数超范围的佩尔方程求解，必须应用其他专业算法（如连分数法等）才能进行准确求解。

2.4.2 解分式不等式

试解关于正整数 n 的分数不等式

$$a<\frac{1}{2}+\frac{\sqrt{2}}{3}+\frac{\sqrt{3}}{4}+\cdots+\frac{\sqrt{n}}{n+1}<b$$

这里正整数 a,b 从键盘输入（$a<b$）。

（1）枚举设计要点

设和变量为 s，递增变量为 n，两者赋初值为 0。

在 $s\leqslant a$ 的条件循环中，根据递增变量 n 对 s 累加求和，直至出现 $s>a$ 退出循环，赋值 $c=n$，所得 c 为 n 解区间的下限。

继续在 $s\leqslant b$ 的条件循环中，根据递增变量 n 对 s 累加求和，直至出现 $s>b$ 退出循环，通过赋值 $d=n-1$，所得 d 为 n 解区间的上限。注意，解的上限是 $d=n-1$，而不是 n。

然后打印输出不等式的解区间$[c,d]$。

（2）枚举程序设计

```
// 解分数不等式枚举程序设计
#include <stdio.h>
#include<math.h>
void main()
{ long a,b,c,d,n;    double s;
  printf("   请输入正整数 a,b(a<b): "); scanf("%ld,%ld",&a,&b);
  n=0;s=0;
  while(s<=a)
      { n=n+1;s=s+sqrt(n)/(n+1);}
  c=n;                                          // 枚举求得 n 的下界 c
  do
      {n=n+1;s=s+sqrt(n)/(n+1);}
  while(s<=b);
  d=n-1;                                        // 枚举求得 n-1 为上界 d
  printf("   满足不等式的正整数 n 为: %ld≤n≤%ld \n",c,d);
}
```

（3）程序运行示例与分析

```
请输入正整数 a,b(a<b): 2017,2018
满足不等式的正整数 n 为: 1020422≤n≤1021431
```

以上枚举算法的循环次数取决于解 n 的上限 d，当输入的参数 b 越大时，n 就越大，枚举的复杂度为 $O(n)$。

2.5 分解与重组

整数的质因数分解是分解的典型案例。对给定的整数进行分解与重组，整合为满足某些特定条件的数组，更是一项具有挑战性的课题。

本节探索整数的“质因数分解”与“双和 3 元 2 组”分解重组两个案例，注意分解的枚举实施与条件重组的实现。

2.5.1　质因数分解

整数分解质因数是整数分解中最简单也是最基本的分解案例。本节试按质因数的乘积形式与指数形式分别设计求解。

1．分解为质因数乘积形式

对给定区间[*m*,*n*]的正整数分解质因数，每一整数分解表示为质因数从小到大顺序的乘积形式。如果被分解的整数本身是素数，则注明为素数。

例如，2016=2×2×2×2×2×3×3×7，2017=(素数!)。

（1）分解乘积形式设计要点

对区间中的每一个整数 *i*(*b*=*i* 以保持 *i* 不变)，设置 *k* 循环实施试商，判别 *k* 是否为整数 *i* 的因数。

注意到整数 *i* 的最大因数可能为 *i*/2，用 *k*(2 ~ *i*/2)试商是可行的，但并不是最省的。事实上，用 *k*(2 ~ sqrt(*i*))试商可避免许多无效操作，其复杂度要低得多。

在 *k* 试商循环中，若 *k* 不能整除 *b*，说明数 *k* 不是 *b* 的因数，*k* 增 1 后继续试商。

若 *k* 能整除 *b*，说明数 *k* 是 *b* 的因数，打印输出"k*"；*b* 除以 *k* 的商赋给 *b*(b=b/k) 后继续用 *k* 试商（注意，可能有多个 *k* 因数!），直至 *k* 不能整除 *b*，*k* 增 1 后继续试商。

按上述从小至大试商确定的因数显然为质因数。

如果整数 *i* 存在大于 sqrt(*i*)的因数(至多一个)，在试商循环结束后应用试商后 *b* 值的范围“b>1 and b<i”进行判别并补上，不得遗失。

如果整个试商后 *b* 的值没有任何缩减，仍为原待分解数 *i*，说明 *i* 是素数，作素数说明标记。

（2）乘积形式分解程序设计

```
// 质因数分解乘积形式
#include"math.h"
#include <stdio.h>
void main()
{ long   b,i,k,m,n;
  printf("  请输入 m,n:");scanf("%ld,%ld",&m,&n);
  for(i=m;i<=n;i++)                                  //i 为待分解的整数
    { printf("  %ld=",i);
      b=i;k=2;
      while(k<=sqrt(i))                              //k 为试商因数
        { if(b%k==0)
            { b=b/k;
              if(b>1)                                //k 为质因数,返回再试
                  { printf("%ld×",k);continue; }
              if(b==1) printf("%ld\n",k);
            }
          k++;
        }
     if(b>1 && b<i) printf("%ld\n",b);               // 判别并输出大于 i 平方根的因数
     if(b==i) printf("(素数!)\n");                    //b=i,表示 i 无质因数
    }
}
```

（3）程序运行示例

```
请输入 m,n:20182019,20182022
  20182019=11×13×107×1319
  20182020=2×2×3×5×37×9091
  20182021=(素数!)
  20182022=2×7×7×101×2039
```

2. 质因数指数形式

整数质因数分解的指数形式是对乘积形式的精简。

在质因数指数形式中，质因数首先从小到大排列；如果存在相同的质因数，要求写成指数的形式输出。

在程序设计输出时，通常把指数上标用“^”标注，如 2^3 输出为 2^3。

例如分解 2016，质因数乘积形式为：2016=2×2×2×2×2×3×3×7，质因数指数形式为：2016=2^5×3^2×7。

（1）分解指数形式设计要点

在以上程序基础上，需作一些变通：引入变量 j 统计素因子的个数，j=1 时不打印指数；j>1 时需加打指数(^j)。这样要求程序设计作必要的判别操作。

同时，为了扩展分解整数的范围，程序设计采用双精度变量，这样相关整除与商取整函数相应改变。

（2）质因数分解指数形式程序设计

```
// 双精度质因数分解指数形式
#include"math.h"
#include <stdio.h>
void main()
{ double b,i,k,m,n; int j;
  printf("  请输入 m,n:");scanf("%lf,%lf",&m,&n);
  for(i=m;i<=n;i++)
    { printf("  %.0f=",i);
      b=i;k=2;j=0;
      while(k<=pow(i,0.5))                          // k 为试商因数
        { if(fmod(b,k)==0)
            { b=floor(b/k);j++;continue; }          // k 为质因数,返回再试
          if(j>=1)
            { printf("%.0f",k);
              if(j>1) printf("^%d",j);              // 打印指数形式
              if(b>1) printf(" × ");
            }
          k++;j=0;
        }
      if(b>1 && b<i) printf("%.0f",b);              // 输出大于 i 平方根的因数
      if(b==i) printf("(素数!)");                   // b=i,表示 i 无质因数
      printf("\n");
    }
}
```

（3）程序运行示例与分析

```
请输入 m,n:20182019,20182022
  20182019=11×13×107×1319
  20182020=2^2×3×5×37×9091
  20182021=(素数!)
  20182022=2×7^2×101×2039
```

我们看到，若分解式中没有相同质因数，其指数形式与乘积形式完全相同。

对于区间内的最大整数 n，由以上对 n 的试商循环可知，对 n 的质因数分解的算法时间复杂度为 $O(\sqrt{n})$。

2.5.2 探索双和 3 元 2 组

把给定偶数 $2n$ 分解为 6 个互不相等的正整数 a,b,c,d,e,f，然后把这 6 个数分成(a,b,c)与(d,e,f)两个 3 元组，若这两个 3 元组具有和相等且倒数和也相等的双和相等特性：

$$a+b+c=d+e+f$$

$$\frac{1}{a}+\frac{1}{b}+\frac{1}{c}=\frac{1}{d}+\frac{1}{e}+\frac{1}{f}$$

则把 3 元组(a,b,c)与(d,e,f)（约定 $a<b<c,d<e<f,a<d$）称为基于 n 的双和 3 元 2 组。

例如，对 n=26，存在基于 26 的双和 3 元 2 组(4,10,12),(5,6,15)：

4+10+12=5+6+15=26

1/4+1/10+1/12=1/5+1/6+1/15=13/30

输入正整数 $n(n\leqslant 100)$，搜索基于 n 的所有双和 3 元 2 组。若没有探索到相应的双和 3 元 2 组，则输出“无解”。

1．枚举设计要点

因 6 个不同正整数之和至少为 21，即整数 $n\geqslant 11$。

（1）枚举循环设置

设置 a,b 与 d,e 枚举循环。注意到 $a+b+c=n$，且 $a<b<c$，因而 a,b 循环取值为：

a: 1 ~ $(n-3)/3$；因 b 比 a 至少大 1，c 比 a 至少大 2，a 的值最多为$(n-3)/3$。

b: $a+1$ ~ $(n-a-1)/2$；因 c 比 b 至少大 1，b 的值最多为$(n-a-1)/2$。

$c=n-a-b$，以确保 $a+b+c=n$。

设置 d,e 循环基本同上，注意到 $d>a$，因而 d 起点为 $a+1$。

（2）检验倒数和相等

把比较倒数和相等 $1/a+1/b+1/c=1/d+1/e+1/f$ 转化为比较整式

$$d\times e\times f\times(b\times c+c\times a+a\times b)=a\times b\times c\times(e\times f+f\times d+d\times e)$$

若等式不成立，即倒数和不相等，则返回。

（3）省略相同整数的检测

注意到两个 3 元组中若部分相同部分不同，不可能有和相等且倒数和也相等，因而可省略排除以上 6 个正整数中是否存在相等的检测。

（4）输出结果

若比较条件成立，打印输出和为 n 的双和 3 元 2 组，并用 x 统计解的个数。

为清楚计，计算 3 元 2 组倒数和的分子与分母，约去其最大公约数后输出其倒数和。

2. 双和 3 元 2 组程序设计

```
// 双和 3 元 2 组探索
#include<stdio.h>
void main()
{ int a,b,c,d,e,f,x,n; long    g,h,k;
  printf("   请输入整数 n: "); scanf("%d",&n);
  x=0;
  for(a=1;a<=(n-3)/3;a++)                          // 设置四重枚举循环
  for(b=a+1;b<=(n-a-1)/2;b++)
  for(d=a+1;d<=(n-3)/3;d++)
  for(e=d+1;e<=(n-d-1)/2;e++)
    { c=n-a-b; f=n-d-e;                            // 确保两组和等于 n
      if(a*b*c*(e*f+f*d+d*e)!=d*e*f*(b*c+c*a+a*b))
        continue;                                  // 排除倒数和不相等
      g=a*b+b*c+c*a;h=a*b*c;
      for(k=g;k>=1;k--)
        if(g%k==0 && h%k==0) break;
      g=g/k;h=h/k;                                 // 计算其最简倒数和
      printf("   %d: (%3d,%3d,%3d),",++x,a,b,c);
      printf(" (%3d,%3d,%3d);   倒数和为%ld/%ld.\n",d,e,f,g,h);
    }
  if(x>0) printf("   共以上%d 组解！ \n",x);
  else printf("   无解！ \n");
}
```

3. 程序运行示例与说明

```
请输入整数 n: 98
  1: (  2, 36, 60), (  3,   5, 90);   倒数和为 49/90.
  2: (  7, 28, 63), (  8, 18, 72);   倒数和为 7/36.
  3: (  7, 35, 56), (  8, 20, 70);   倒数和为 53/280.
  4: ( 10, 33, 55), ( 12, 20, 66);   倒数和为 49/330.
共以上 4 组解!
```

输入 n=26，即得唯一一个双和 3 元 2 组如上面叙述所示。输入任何小于 26 的整数 n 均无解。可见存在双和 3 元 2 组的 n 最小值为 n=26。

由循环设置可知枚举复杂度为 $O(n^4)$，显然不适宜对较大整数 n 的双和 3 元 2 组搜索。

2.6 运算数式构建

应用枚举设计构建涉及各种运算的数学式，这是一类新颖有趣的应用课题。

本节探索构建“完美综合运算式”与“对称数式”两个经典案例。

2.6.1 探索完美综合运算式

以下含乘方（记 a^b 为 a 的 b 次幂）、乘、除、加、减的综合运算式（2.1）的右边为一位非负整数 f，请把数字 0,1,2,⋯,9 这 10 个数字中不同于数字 f 的 9 个数字不重复地填入式（2.1）左

边的 9 个□中 （约定数字“1”“0”不出现在式左边的一位数中,且“0”不为各数的首位），使得该综合运算式成立

$$□\hat{}□+□□\div□-□□□\times□=f \quad (2.1)$$

满足上述要求的式（2.1）称为完美综合运算式。

输入非负整数 $f\,(0\leqslant f\leqslant 9)$，输出所有综合运算式。

数式中所涉 5 种运算的优先次序为：先乘方（^）,然后乘除（×，÷），最后加减（+，-）。以下给出两种不同的枚举设计。

1．按双精度型设计

（1）双精度探索设计要点

设置 a,b,c,d,e,z 变量，所求的综合运算式为

$$a\hat{}b+z/c-d\times e=f \quad (2.2)$$

注意到 $a\hat{}b$ 属双精度计算，可把变量设计为 double 型。

同时设置 a,b,c,z,d,e 枚举循环，所有变量设置在整数范围内枚举。式（2.2）右边的数字 f 从键盘输入。

注意到式中有 z/c,即式中两位数 z 必须是 c 的整数倍，z 循环可设置为

for(z=2×c;z<=98;z=z+c)

1）若等式不成立，即 pow(a,b)+z/c!=d×e+f, 则返回继续。

2）检测式中 10 个数字是否存在相同数字：

对 7 个整数共 10 个数字进行分离，分别赋值给数组 $g[0]\sim g[9]$，共 10 个数字在二重循环中逐个比较：

若存在相同数字，t=1，不作输出。

若不存在相同，即式中 10 个数字为 0 ~ 9 不重复，保持标记 t=0，则输出所得的完美综合运算式，并设置 n 统计解的个数。

（2）双精度探索程序设计

```
// 按双精度探索程序设计
#include <math.h>
#include <stdio.h>
void main()
{ double a,b,c,d,e,f,z,g[10];
  int j,k,t,n;
  printf("请输入式右非负数字 f:"); scanf("%lf",&f);
  n=0;
  for(a=2;a<=9;a++)
  for(b=2;b<=9;b++)
  for(c=2;c<=9;c++)
  for(z=2*c;z<=98;z=z+c)                    // 各数实施枚举，确保 z 为 c 的倍数
  for(d=102;d<=987;d++)
  for(e=2;e<=9;e++)
    { if(pow(a,b)+z/c!=d*e+f) continue;     // 检验等式是否成立
      t=0;
      g[0]=f;g[1]=a;g[2]=b;g[3]=c;g[4]=e;   // 10 个数字赋给 g 数组
      g[5]=fmod(d,10);g[6]=fmod(floor(d/10),10);
      g[7]=floor(d/100);
      g[8]=fmod(z,10);g[9]=floor(z/10);
```

```
        for(k=0;k<=8;k++)
        for(j=k+1;j<=9;j++)
          if(g[k]==g[j])
              {t=1; break;}                          //  检验数字是否有重复
        if(t==0)
          { n++;                                     //  统计并输出一个解
            printf("%2d: %.0f^%.0f+%.0f ÷ %.0f",n,a,b,z,c);
            printf("-%.0f × %.0f=%.0f   \n",d,e,f);
          }
      }
  }
```

（3）运行程序示例与说明

```
请输入式右非负数字 f:0
  1: 4^6+72÷9-513×8=0
  2: 5^4+78÷6-319×2=0
```

该题只限于 10 个数字处理，算法的运行流畅。

2. 按整形改进设计

（1）按整形探索设计要点

尽管式中有 a^b 乘方运算，可改进为整形处理，a^b 用 a 自乘 b 次实现。

同时设置 a,b,c,d,e 循环，所有量设置在整数范围内枚举，式（2.2）右边的数字 f 从键盘输入。

把运算式（2.2）变形为

$$z=(d\times e+f-a\hat{}b)\times c \tag{2.3}$$

对每一组 f,a,b,c,d,e，按式（2.3）计算 z。

检测 z 是否为两位数。若计算所得 z 非两位数，则返回。

然后分别对 7 个整数进行数字分离，设置 g 数组对 7 个整数分离的共 10 个数字进行统计，$g(x)$ 即为数字 $x(0\sim9)$的个数。

若某一 $g(x)$不为 1，不满足数字 0,1,2,…,9 这 10 个数字都出现一次且只出现一次，标记 t=1。

若所有 $g(x)$全为 1，满足数字不重复，保持标记 t=0，则输出所得的完美综合运算式。

（2）按整型探索程序设计

```
//  □^□+□□ ÷ □-□□□ × □=f
//  按整形改进探索程序设计
#include <math.h>
#include <stdio.h>
void   main()
{int a,b,c,d,e,f,k,t,m,n,x,z,g[10];
  n=0;
  printf("   请输入式右非负数字 f:");scanf("%d",&f);
  for(a=2;a<=9;a++)
  for(b=2;b<=9;b++)
  for(c=2;c<=9;c++)
  for(d=102;d<=987;d++)                              //  实施枚举
  for(e=2;e<=9;e++)
    { for(t=1,k=1;k<=b;k++) t=t*a;                   //  计算乘方 a^b
      z=(d*e+f-t)*c;
        if(z<10 || z>98)   continue;
```

```
    for(x=0;x<=9;x++) g[x]=0;
      g[a]++;g[b]++;g[c]++;g[e]++;g[f]++;                    // g 数组统计
      g[d%10]++;g[d/100]++;m=(d/10)%10;g[m]++;
      g[z%10]++;g[z/10]++;
    for(t=0,x=0;x<=9;x++)
      if(g[x]!=1) {t=1;break;}                               // 检验数字 0-9 各出现一次
    if(t==0)
      { n++;                                                 // 统计并输出一个解
        printf("%2d: %d^%d+%d ÷ %d",n,a,b,z,c);
        printf("-%d × %d=%d    \n",d,e,f);
      }
    }
}
```

（3）程序设计运行示例

```
请输入式右非负数字 f:5
 1: 2^9+78÷6-130×4=5
 2: 9^3+64÷2-108×7=5
```

3. 两种设计的比较与变通

不要局限于 a^b 是双精度计算就必须设置双精度变量处理，第 2 个设计应用 a 自乘 b 次计算 a^b 是可取的，也是简便的。

为了检测是否存在相同数字，两个设计中都设置了 g 数组，但两个设计中的 g 数组的意义并不相同：

前一个设计中每一个 g 数组元素存储一个数字，例如 $g[0]=f$，$g[1]=a$，…；然后通过二重循环比较不同的元素是否存在相同。

而后一个设计中，10 个数字分别作为 g 数组的下标进行统计，只要通过一重循环检测 g 数组元素是否都为 1 即可。例如 g[f]++;g[a]++…；如果 f=5，a=5，则 $g[5]=2$，说明数字“5”有重复。

同样是枚举设计，按整形改进设计可省略 z 循环，同时省略 z 是否能被 c 整除，省略等式是否成立的检测，显然枚举效率会高一些。

变通：把数字 0,1,2,…,9 这 10 个数字分别填入以下含加、减、乘、除与乘方(^)的综合运算式中的 10 个□中，使得式(2.4)成立

$$□\text{^}□+□□ \div □□-□□ \times □=□ \qquad (2.4)$$

要求数字 0,1,2,…,9 这 9 个数字在式中出现一次且只出现一次，且约定数字“0”与“1”不出现在式左的一位数中，数字“0”不能为高位数字。

2.6.2 构建对称数式

对称数式是含有指定运算且左右对称的数学式，构建对称数式是程序设计一项新颖而有趣的课题，可以揭示人工所无法实现的数学美。

本节讲述含一个运算的“对称乘积式”与含三个运算的“对称乘方积和式”这两个典型的对称数式的程序设计构建。

1. 对称乘积式

把以下含乘积运算“×”的等式

$$a \times b=b_1 \times a_1 \qquad (2.5)$$

称为 $m+n$ 位对称乘积式，其中 a 是一个 m 位整数，b 是一个 n 位整数，且 a,b 的 $m+n$ 个数字中没有重复数字；式（2.5）右边的 a_1 是 a 的逆序数，b_1 是 b 的逆序数。

例如，408×62913=31926×804 是一个 3+5 位对称乘积式，数式等号“=”两边的所有数字与运算符号都是对称的。

输入正整数 m,n（$2\leqslant m\leqslant n, m+n\leqslant 10$），搜索并输出所有 $m+n$ 位对称乘积式（约定 a 是数式中 4 个整数中的最小整数）。

（1）枚举设计要点

注意到 4×3=3×4 是平凡情形下的对称乘积式，这里要求 $2\leqslant m\leqslant n$；而十进制只有十个数字，自然有 $m+n\leqslant 10$ 的限制。

为便于比较是否存在重复数字，设置 f 数组存储式中的 $m+n$ 个数字。

1）设置枚举循环

根据输入的整数 m,n 通过相乘求得最小的 m 位整数 t_1 与最小的 n 位整数 t_2，分别以 t_1,t_2 作为枚举 a，b 循环的初始值。

通过取整与求余运算分离出 a 的 m 个数字存放到 f 数组的 $f[1]\sim f[m]$，其中 $f[m]$ 是 a 的高位数字，$f[1]$ 是 a 的个位数字；并利用这些分离数字计算出 a 的逆序数 a_1。

同样，分离出 b 的 n 个数字存放到 f 数组的 $f[m+1]\sim f[m+n]$，其中 $f[m+n]$ 是 b 的高位数字，$f[m+1]$ 是 b 的个位数字，并计算出 b 的逆序数 b_1。

2）条件检测

根据题意，若 $a\times b\neq a_1\times b_1$ 或 a 不是式中 4 个整数中最小整数，直接返回试下一组。

否则，应用 i,j 二重循环比较分离的 $m+n$ 个数字是否有相同数字：

若存在相同，则标注 t=1，不作打印，直接返回试下一组。

若不存在相同，保持原有的 t=0，作打印输出。

同时，为确保 a 是式中 4 个整数中最小者，需检验：

当 $m<n$ 时，满足 $f[m]<f[1]$（即 a 的高位数字要小于个位数字）。

当 $m=n$ 时，满足 $f[m]<f[1]$ and $f[m]<f[m+n]$ and $f[m]<f[m+1]$，才能确保 a 是式中 4 个整数中最小者。

打印时用变量 s 统计解的个数。若 s=0，输出“没有找到相应对称式”。

（2）对称乘积式枚举程序设计

```
// 搜索 m+n 位对称乘积式
#include <math.h>
#include <stdio.h>
void main()
{ long a,b,d,a1,b1,t1,t2,f[11];
  int i,j,k,m,n,s,t;
  printf("    确定 m+n 位,请输入 m,n(m<=n): ");
  scanf("%d,%d",&m,&n);
  if(m==1 || n==1 || m+n>10)
     { printf("    请重新输入 m,n! ");return; }
  s=0;
  for(t1=1,j=1;j<=m-1;j++) t1*=10;
  for(t2=1,j=1;j<=n-1;j++) t2*=10;
  for(a=t1;a<=t1*10-1;a++)
```

```
  { if(a%10==0) continue;                              // a 个位为零时返回
    d=a;a1=0;k=0;
    while(d>0)                                         // 分解 a 的 m 个数字,生成 a 的逆序数 a1
      { k++;f[k]=d%10;d=d/10;a1=a1*10+f[k];}
    if(f[m]>=f[1]) continue;                           // 首数字小于尾数字时返回
    for(t=0,i=1;i<=m-1;i++)
    for(j=i+1;j<=m;j++)
      if(f[i]==f[j]) { t=1;break;}
    if(t==1) continue;                                 // a 有相同数字时返回
    for(b=t2;b<=t2*10-1;b++)
      { if(b%10==0) continue;                          // b 个位数为零时返回
        d=b;t=k;b1=0;
        while(d>0)                                     // 分解 b 的 n 个数字,生成 b 的逆序数 b1
          { t++;f[t]=d%10;d=d/10;b1=b1*10+f[t];}
        if(a*b!=a1*b1) continue;                       // 积不等时返回
        if(m==n && (f[m]>=f[m+n] || f[m]>=f[m+1]))
          continue;                                    // 式的第 1 个数字非最小时返回
        for(t=0,i=1;i<=m+n-1;i++)
        for(j=i+1;j<=m+n;j++)
          if(f[i]==f[j]) { t=1;break;}
        if(t==0)                                       // 检测没有相同数字时输出一式
          { s++;
            printf("   %2d: %ld × %ld=%ld × %ld \n",s,a,b,b1,a1);
          }
      }
  }
 if(s==0) printf("   没有找到相应对称式。");
}
```

（3）程序运行示例与分析

```
确定 m+n 位,请输入 m,n(m<=n): 4,5
1: 1572×86394=49368×2751
2: 3516×48972=27984×6153
3: 3809×65472=27456×9083
4: 4608×27951=15972×8064
```

因十进制有 10 个数字，输入的对数 $m+n$ 可以等于 10，只是搜索速度比较慢。例如输入 $m=4,n=6$ 搜索积式，可得唯一 4+6 位对称积式：6 509 × 381 472=274 183 × 9 056。

枚举循环涉 $m+n$ 位数，复杂度为 $O(10^{m+n})$。

2. 对称乘方积和式

定义：把以下含乘方(^)，乘(×)，和(+)这 3 个运算的十进制等式

$$a\hat{}b\times c+d=d_1+c_1\times b\hat{}a \tag{2.6}$$

称为 2+m+n 位对称乘方积和式。其中 a,b（$a<b$）是两个大于 1 的一位正整数，c 是一个 m 位整数，d 是一个 n 位整数，且 a,b,c,d 的 2+m+n 个数字中没有重复数字；式右边 c_1 是 c 的逆序数，d_1 是 d 的逆序数。

例如，2^3 × 54+69=96+45 × 3^2 是一个 2+2+2 位对称乘方积和式。

输入正整数 m,n（$1<m,n,2+m+n\leq 10$），搜索输出所有指定的 2+m+n 位对称乘方积和式。

（1）枚举探索设计要点

为便于比较是否存在重复数字，设置 f 数组存储式中的 $2+m+n$ 个数字。

1）设置枚举循环，分离数字并计算逆序数

根据输入的整数 m,n 通过相乘求得最小的 m 位整数 t_1、最小的 n 位整数 t_2，分别以 t_1,t_2 作为枚举 c,d 循环的初始值。

同时建立枚举一位正整数的 a,b 循环，并赋值：$f[1]=a;f[2]=b$;通过取整与求余运算分离出 c 的 m 个数字存放到 f 数组的 $f[3]\sim f[m+2]$，其中 $f[m+2]$ 是 c 的高位数字，$f[3]$ 是 c 的个位数字；并利用分离数字计算出 c 的逆序数 c_1。

同样，分离出 d 的 n 个数字存放到 f 数组的 $f[m+3]\sim f[2+m+n]$，其中 $f[2+m+n]$ 是 d 的高位数字，$f[m+3]$ 是 d 的个位数字，利用分离数字计算出 d 的逆序数 d_1。

2）条件检测

若 $c\%10=0$，或 $d\%10=0$，因造成与逆序数不对称，直接返回，试下一组。

为方便乘方计算，应用循环相乘计算：$a_2=a\hat{}b;b_2=b\hat{}a$。

若 $a_2\times c+d\neq d_1+c_1\times b_2$，直接返回试下一组。

否则，应用 i,j 二重循环比较分离的 $2+m+n$ 个数字是否有相同数字。

若存在相同，则标注 $t=1$，不作打印。

若不存在相同，保持原有的 $t=0$，作打印输出，并用变量 s 统计解的个数。

最后，若 $s=0$ 则输出“没有找到相应对称乘方积和式”。

（2）枚举探索程序设计

```
// 搜索对称乘方积和式程序设计
#include <math.h>
#include <stdio.h>
void main()
{ long c,d,c1,d1,e,a2,b2,t1,t2;
  int a,b,i,j,k,k1,k2,t,m,n,s,f[11];
  printf("   请输入 m,n(m+n<9): "); scanf("%d,%d",&m,&n);
  s=0;
  for(t1=1,j=1;j<=m-1;j++) t1=t1*10;                    // 计算最小 m 位整数 t1
  for(t2=1,j=1;j<=n-1;j++) t2=t2*10;                    // 计算最小 n 位整数 t2
  for(a=2;a<=8;a++)                                     // 设置 4 重枚举
  for(b=a+1;b<=9;b++)                                   // 确保 a<b
  for(c=t1+1;c<=t1*10-1;c++)
  for(d=t2+1;d<=t2*10-1;d++)
  { if(c%10==0 || d%10==0) continue;                    // 筛除个位为 0 的 c,d
    e=c;c1=0;f[1]=a;f[2]=b;k1=2;
    while(e>0)                                          // 分解 c 的 m 个数字,c1 为 c 逆序数
      { k1++;f[k1]=e%10;e=e/10;c1=c1*10+f[k1];}
    k2=k1;e=d;d1=0;
    while(e>0)                                          // 分解 d 的 n 个数字,d1 为 d 逆序数
      { k2++;f[k2]=e%10;e=e/10;d1=d1*10+f[k2];}
    a2=a;for(j=1;j<=b-1;j++) a2=a2*a;                   // 计算 a2=a^b
    b2=b;for(j=1;j<=a-1;j++) b2=b2*b;                   // 计算 b2=b^a
    if(a2*c+d!=d1+c1*b2 || f[3]<f[m+2])
      continue;                                         // 检验是否满足等式
    for(t=0,i=1;i<=m+n+1;i++)
```

```
        for(j=i+1;j<=2+m+n;j++)                    // 检验 2+m+n 个数字是否存在重复数字
          if(f[i]==f[j]) { t=1;break;}
        if(t==0)                                    // 满足条件时输出数式
          { printf("   %d: %d^%d × %ld+%ld",++s,a,b,c,d);
            printf("=%ld+%ld × %d^%d \n",d1,c1,b,a);
          }
      }
    if(s==0) printf("   没有找到相应对称乘方积和式。\n");
    else    printf("   共以上%d 个 2+%d+%d 位对称乘方积和式。\n",s,m,n);
  }
```

（3）程序运行示例与说明

```
请输入 m,n(m+n<9): 2,4
  1: 2^5×18+7946=6497+81×5^2
  2: 2^8×36+1907=7091+63×8^2
  3: 3^6×29+7148=8417+92×6^3
共以上 3 个 2+2+4 位对称乘方积和式。
```

示例搜索输出 2+2+4 位对称乘方积和式，没有重复数字，简洁明快，左右对称，揭示出人工难以实现的数学美，显示出计算机程序设计的功能与神奇。

枚举循环涉 2+*m*+*n* 位数，复杂度为 $O(10^{2+m+n})$。因十进制只有 10 个数字，通常搜索速度还是可以接受的。

2.7 数阵与图形

搜索与探究某些有着特殊要求的数列、数阵（矩阵与方阵）与数形，是枚举设计颇有难度的应用课题之一。

本节设计求解 3 阶素数方阵与和积三角形两个典型案例。

2.7.1 探求 3 阶素数幻方

试在指定区间$[m,n]$寻找 9 个素数，构建一个 3 阶素数幻方：该方阵中 3 行、3 列、两对角线上的各素数之和均相等。

输入区间 m,n，输出基于该区间素数构建的所有 3 阶素数幻方。

首先应用数学建模探索 3 阶幻方各元素之间的规律，再通过枚举循环设计求解。

1. 数学建模

设方阵正中数为 d，由每行、每列与每对角线之和为 s，注意到

$$(\text{中间一行})+(\text{中间一列})+(\text{两对角线})=4s$$

$$\text{方阵所有 9 个数之和}=3s$$

两式相减即得：

$$3d=s \rightarrow d=s/3$$

这意味着方阵中凡含 d 的行、列或对角线的 3 个数中，除正中数 d 之外的另两个数与 d 相差等距，这一性质称为“等距特性”。

为此，根据等距特性设方阵为：

$$\begin{matrix} d-x & d+w & d-y \\ d-z & d & d+z \\ d+y & d-w & d+x \end{matrix}$$

为避免解的重复，仿照经典 3 阶幻方约定，两对角线两端大数在下，即 $x,y>0$，下底行两端大数在左，即 $y>x$。

显见，上述 3×3 方阵的中间一行、中间一列与两对角线上 3 数之和均为 $3d$。要使左右两列、上下两行的 3 数之和也为 $3d$，当且仅当

$$z=y-x \quad (x<y)$$

$$w=x+y$$

同时易知 9 个素数中不能有偶素数 2，因而 x、y、z、w 都只能是正偶数。

2. 枚举设计要点

（1）应用试商法检测素数

为方便检测，设置 a 数组存储区间$[m,n]$中的整数，2 维 b 数组存储 3 阶方阵元素。

首先枚举区间$[m,n]$中的奇数 k，判别一个大于 1 的奇数 k 是否为素数，最简单的试商法是根据素数的定义展开的,即用奇数 j（3 ~ sqrt(k)）逐个对 k 进行试商。

若 j 能整除 k，即 $k\%j=0$，说明 j 是 1 与 k 本身以外的一个因数，k 不是素数。

若以上所有 j 都不能整除 k，说明 k 不能被 1 与本身以外的其他整数整除，k 是素数。

若应用试商法找出素数 k，则赋值 $a[k]=1$。

（2）设置 d 枚举循环

建立方阵正中数 d 循环，枚举$[m,n]$中的奇数，若 d 非素数（$a[d]=0$），则返回。

（3）设置 x,y 枚举循环

对于每一个素数 d，枚举 x，y，并按上述两式计算得 z，w。

若出现 $y=2x$，将导致 $z=y-x=x$，方阵中出现两对相同的数，显然应予排除。

显然 $d-w$ 是 9 个数中最小的，$d+w$ 是 9 个数中最大的。若 $d-w<m$ 或 $d+w>n$，已超出所指定区间$[m,n]$界限，应予以排除。

（4）素数检测

检测方阵中其他 8 个数 $d-x$，$d+w$，$d-y$，$d+z$，$d-z$，$d+y$，$d-w$，$d+x$ 是否同时为素数，引用变量 t_1,t_2：

$$t_1=a[d-w]\times a[d+w]\times a[d-z]\times a[d+z];$$

$$t_2=a[d-x]\times a[d+x]\times a[d-y]\times a[d+y];$$

若 $t_1\times t_2=1$，即 8 个数全部为素数，说明已找到一个 3 阶素数幻方解，按方阵格式赋值给二维 b 数组后，输出该 3 阶素数幻方并用变量 c 统计解的个数。

这样处理，能较快地找出所有解，既无重复，也没有遗漏。

3. 构建 3 阶素数幻方程序设计

```
// 指定区间素数构建 3 阶素数幻方
#include<stdio.h>
#include<math.h>
void main()
{ int c,d,j,k,m,n,t,t1,t2,w,x,y,z;
  int a[3000],b[4][4];
```

```
    c=0;
    printf("    请确定区间 m,n: "); scanf("%d,%d",&m,&n);
    if(m%2==0) m++;
  if(m<3) m=3;
    for(k=m;k<=n;k++) a[k]=0;
    for(k=m;k<=n;k+=2)
      { for(t=0,j=3;j<=sqrt(k);j+=2)
          if(k%j==0) {t=1;break;}
        if(t==0) a[k]=1;                         // 若[m,n]中的奇数 k 为素数，标注 a[k]=1
      }
    for(d=m;d<=n-8;d=d+2)
    { if(a[d]==0) continue;                      // 排除正中数 d 为非素数
      for(x=2;x<=d-3;x+=2)
      for(y=x+2;y<=d-1;y+=2)
        { z=y-x;w=x+y;
          if(y==2*x || d-w<m || d+w>n)
            continue;                            // 控制幻方的素数范围
          b[1][1]=d-x;b[1][2]=d+w;b[1][3]=d-y;
          b[2][1]=d-z;b[2][2]=d;b[2][3]=d+z;
          b[3][1]=d+y;b[3][2]=d-w;b[3][3]=d+x;
          t1=a[d-w]*a[d+w]*a[d-z]*a[d+z];
          t2=a[d-x]*a[d+x]*a[d-y]*a[d+y];
          if(t1*t2==1)                           // 检测其余 8 个均为素数
            { printf("    NO %d:\n",++c);        // 统计并输出三阶素数幻方
              for(k=1;k<=3;k++)                  // 控制输出幻方 3 行
                { for(j=1;j<=3;j++)              // 输出每一行的 3 个元素
                    printf("%3d ",b[k][j]);
                  printf("\n");
                }
              printf("    素数幻方幻和：%d\n",3*d);
            }
        }
    }
  printf("    共可建 %d 个素数幻方.\n",c);
}
```

4. 程序运行示例与说明

```
请确定区间 m,n: 3,120                NO 2:
NO 1:                                 59  113   41
 47  113   17                         53   71   89
 29   59   89                        101   29   83
101    5   71                        素数幻方幻和：213
素数幻方幻和：177                    共可建 2 个素数幻方.
```

运行程序，可得指定区间内素数所能构建的所有素数幻方解。以上示例的第 1 个幻方的幻和为 177，无疑是幻和最小的 3 阶素数幻方。

指定区间的上限为 n，程序设置关于 n 的三重循环，算法的时间复杂度为 $O(n^3)$。

对于 n<3 000，程序运行速度还是可接受的。例如，输入区间[3,2 018]，可快捷得到该区间的素数共可建 661 个 3 阶素数幻方。

2.7.2　构建和积三角形

给定的正整数 s（$s \geqslant 45$）分解为 9 个互不相等的正整数，把这 9 个整数不重复填入 9 数字三角形（如图 2-1 所示）中的圆圈，若三角形三边上的 4 个数字之和相等（s_1）且三边上的 4 个数字之积也相等（s_2），该三角形称为基于 s 的和积三角形。

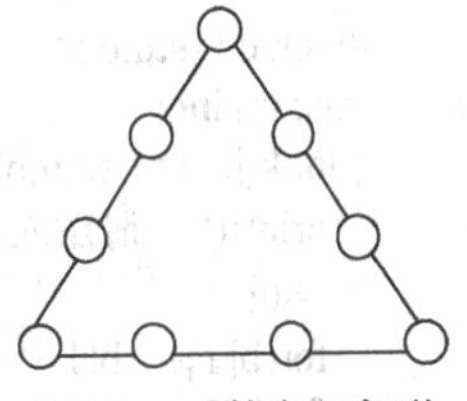

图 2-1　9 数字三角形

对于指定正整数 s，探索并构建基于 s 的所有和积三角形。

1．枚举设计要点

把和为 s 的 9 个正整数存储于 b 数组 $b(1),\cdots,b(9)$中，分布如图 2-2 所示。为避免重复，不妨约定三角形的三边中数字“下小上大、左小右大”，即三顶角数 $b(1)<b(7)<b(4)$，三边的中间二数 $b(2)<b(3)$，$b(6)<b(5)$，$b(9)<b(8)$。

b4

b3　b5

b2　b6

b1　b9　b8　b7

图 2-2　b 数组分布示意图

（1）三顶角数枚举探索

根据约定对 $b(1)$、$b(7)$和 $b(4)$的大小关系进行枚举探索。

$b(1)$的取值范围：$1 \sim (s-21)/3$（因其他 6 个数之和至少为 21）。

$b(7)$的取值范围：$b(1)+1 \sim (s-b(1)-21)/2$。

$b(4)$的取值范围：$b(7)+1 \sim (s-b(1)-b(7)-21)$。

（2）判断 s_1

注意到计算三边和时三顶角数各重复了一次，即有关系式

$$s+b(1)+b(7)+b(4)=3 \times s_1$$

若$(s+b(1)+b(7)+b(4))\%3 \neq 0$，则返回探索。

否则，记 $s_1=(s+b(1)+b(7)+b(4))/3$。

（3）各边中间数枚举探索

根据各边 4 数之和为 s_1，对 $b(3)$、$b(5)$和 $b(8)$的值进行枚举探索。

$b(3)$的取值范围：（$s_1-b(1)-b(4))/2+1 \sim s_1-b(1)-b(4)$）。

$b(5)$的取值范围：（$s_1-b(4)-b(7))/2+1 \sim s_1-b(4)-b(7)$）。

$b(8)$的取值范围：（$s_1-b(1)-b(7))/2+1 \sim s_1-b(1)-b(7)$）。

然后计算出 $b(2)$、$b(6)$和 $b(9)$：

$$b(2)=s_1-b(1)-b(4)-b(3)$$
$$b(6)=s_1-b(4)-b(5)-b(7)$$
$$b(9)=s_1-b(1)-b(7)-b(8)$$

（4）检测 b 数组

设计二重循环检测 b 数组是否存在相同数，若 b 数组存在相同正整数，则返回探索。

若不存在相同数，继续以下检测。

（5）检测三边之积

设 $s_2=b(1) \times b(2) \times b(3) \times b(4)$，若另两边 4 数之积不为 s_2，则返回探索。

否则探索成功，打印输出一个结果。

所有枚举循环完成，基于 s 的和积三角形探索完毕。

2. 基于 s 的数字三角形程序设计

```
// 构建基于 s 的数字三角形
#include<stdio.h>
void main()
{ int k,j,t,s,s1,s2,n,b[10];
  printf("  请输入正整数 s: ");   scanf("%d",&s);
  n=0;
  for(b[1]=1;b[1]<=(s-21)/3;b[1]++)
  for(b[7]=b[1]+1;b[7]<=(s-b[1]-21)/2;b[7]++)
  for(b[4]=b[7]+1;b[4]<=s-b[1]-b[7]-21;b[4]++)
  {
    if((s+b[1]+b[4]+b[7])%3!=0) continue;
    s1=(s+b[1]+b[4]+b[7])/3;
    for(b[3]=(s1-b[1]-b[4])/2+1;b[3]<s1-b[1]-b[4];b[3]++)
    for(b[5]=(s1-b[4]-b[7])/2+1;b[5]<s1-b[4]-b[7];b[5]++)
    for(b[8]=(s1-b[1]-b[7])/2+1;b[8]<s1-b[1]-b[7];b[8]++)
     {
       b[2]=s1-b[1]-b[4]-b[3];
       b[6]=s1-b[4]-b[7]-b[5];
       b[9]=s1-b[1]-b[7]-b[8];
       t=0;
       for(k=1;k<=8;k++)
       for(j=k+1;j<=9;j++)
         if(b[k]==b[j]) {t=1;k=8;break;}
         if(t==1) continue;
         s2=b[1]*b[2]*b[3]*b[4];
         if(b[4]*b[5]*b[6]*b[7]!=s2) continue;
         if(b[1]*b[9]*b[8]*b[7]!=s2) continue;
         printf(" %3d: %2d",++n,b[1]);
         for(k=2;k<=9;k++)
           printf(", %2d",b[k]);
         printf(" ;  边和为%d, 边积为%d \n",s1,s2);
     }
  }
  printf("  共%d 个解。\n",n);
}
```

3. 程序运行示例与分析

```
请输入正整数 s: 73
  1:  3,  4, 14, 10, 12,  2,  7, 16,  5 ;  边和为 31, 边积为 1680
共 1 个解。
```

输入小于 73 的整数无解输出，说明存在基于 73 的和积三角形是最小的和积三角形。解的图示如图 2-3 所示。

该算法设计了 6 重枚举循环，算法设计中判定“s+b[1]+b[4]+b[7]是否为 3 的倍数”是一个缩减无效循环的优化处理，比简单的 6 重循环要快捷得多。尽管如此，算法的时间复杂度为 $O(n^6)$，因而难以胜任 s 数量较大的和积三角形探索。

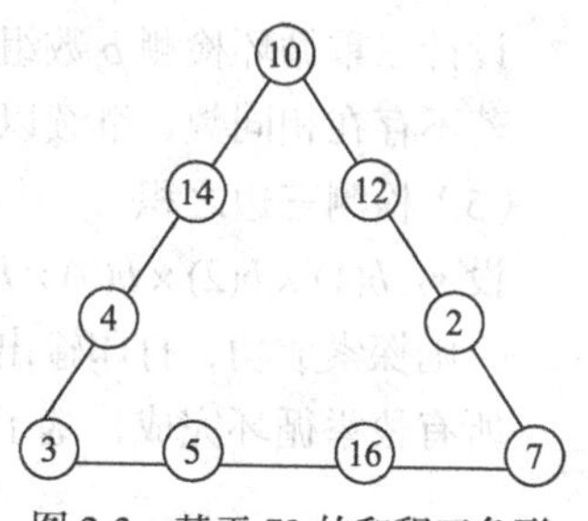

图 2-3 基于 73 的和积三角形

继续思考：类似探索 8 数字的和积三角形（一边 3 个数，两边各 4 个数）。

2.8 枚举设计优化

本章应用枚举设计简明地解决诸如统计求和、整数搜索、解方程与不等式、构建数式等常规问题，同时通过枚举设计探求数阵与图形等有一定难度的实际案例，可见枚举设计的应用领域是广阔的。

本章所列举的各枚举案例，有些是因为问题本身限制了数量不会太大，例如“完美综合运算式”中，十进制数字最多 10 个。有些是因为问题比较简单，例如“解不等式”，通过简单的一重循环即可求解，其时间复杂度为 $O(n)$。对于需应用多重循环枚举求解的案例，在数 n 规模不是太大的范围内，以上各案例的枚举所需的时间是可以接受的。

求解这些较为简单的案例，应该说设计高效率算法的价值不大，就是有时想设计高效率的算法也并不容易实现。

应用枚举求解，在设计上比较简单，不存在太多难点，但决不可太随意。从本章的枚举设计可以看出，枚举结构的设置与枚举参量的确定，都有一定的技巧，自然也存在许多改进与优化的空间。

2.8.1 优化枚举结构

应用枚举设计求解实际案例，往往存在有若干不同的枚举策略。在慎密审题的基础上，根据求解实例的具体实际确定合适的枚举路线，精简枚举结构，是减少重复操作，降低枚举时间复杂度的重要一环。

例 2-1 全排列数中的平方数。

统计由 1,2,3,4,5,6,7,8,9 这 9 个数字全排列的 9!个 9 位数中平方数的个数，并输出其中最大的平方数。

解：设全排列的 9 位平方数 $d=a\times a$，显然存在两个不同的枚举策略。

（1）枚举 9 位数 d

在区间[123456789，987654321]枚举 d，对 d 实施以下两步检测。

1）检测 d 是不是平方数，如果不是平方数，则返回。

2）检测 d 是否存在重复数字，是否存在数字“0”，若存在则返回。

设置 f 数组统计 d 中各个数字的个数。如果 $f[3]=2$，即平方数 d 中有 2 个“3”。

检测若 $f[k]\neq 1(k=1\sim 9)$，说明 d 中存在重复数字或存在数字“0”。

经以上两步检测后，d 满足题意要求，统计并通过赋值求最大的平方数。

```
// 枚举 9 位数 d 程序设计
#include<stdio.h>
#include<math.h>
void main()
{ int k,m,n,t,f[10];long a,b,c,d,w;
  n=0;
  for(d=123456789;d<=987654321;d++)
    { a=(int)sqrt(d);
      if(a*a!=d) continue;                      // 确保 d 为平方数
      for(k=0;k<=9;k++) f[k]=0;
```

```
        w=d;
        while(w>0)
          { m=w%10;f[m]++;w=w/10;}
        for(t=0,k=1;k<=9;k++)
          if(f[k]!=1) {t=1;break;}              // 测试平方数是否有重复数字
        if(t==0) {n++;b=a;c=d;}
        }
    printf("   排列数中共有%d 个平方数.\n",n);
    printf("   其中最大者为%ld=%ld^2.\n",c,b);
}
```

程序运行结果：

```
排列数中共有 30 个平方数.
其中最大者为 923187456=30384^2.
```

（2）枚举整数 a

求出相应最小9位数的平方根 b，最大9位数的平方根 c。

用变量 a 枚举 $[b,c]$ 中的所有整数，计算 $d=a\times a$，以确保 d 为平方数。

检测 d 是否存在有重复数字或存在数字“0”后，作相应处理。

```
// 枚举整数 a 程序设计
#include<stdio.h>
#include<math.h>
void main()
{ int k,m,n,t,f[10]; long a,b,c,d,e1,e2,w;
  n=0;
  e1=sqrt(123456789);e2=sqrt(987654321);
  for(a=e1;a<=e2;a++)
    { d=a*a; w=d;                                   // 确保 d 为平方数
      for(k=0;k<=9;k++) f[k]=0;
      while(w>0)
        { m=w%10;f[m]++;w=w/10;}
      for(t=0,k=1;k<=9;k++)
        if(f[k]!=1) {t=1;break;}                    // 测试平方数是否有重复数字或 0
      if(t==0)   { n++;b=a;c=d;}
    }
  printf("   排列数中共有%d 个平方数.\n",n);
  printf("   其中最大者为%ld=%ld^2.\n",c,b);
}
```

（3）两个枚举策略比较

全排列数的涉及9位数，前一个枚举设计的枚举数量级为 10^9，而后者的枚举数量级仅为前者的平方根级，而且可省去了 d 是否为平方数的检测。

这两个枚举路线相比较，显然后者的枚举结构较为简练，选用后者是合适的。

2.8.2 精简枚举参数

在枚举结构确定后，枚举循环的参数设置是否合适，直接关系到算法效率的高低。

例 2-2 求解四元二次不定方程

$$x^2+y^2+z^2=w^2$$

在指定区间[*a*,*b*]的正整数解。

输入正整数 *a*,*b*（1≤*a*<*b*<10 000），输出方程在该区间[*a*,*b*]内的正整数解 *x*，*y*，*z*，*w*（约定 *a*≤*x*<*y*<*z*<*w*≤*b*）。

解：输入指定区间[*a*,*b*]，一般设置 4 重循环在指定区间内枚举 *x*、*y*、*z*、*w*（*x*<*y*<*z*<*w*），若满足方程式则输出方程的解。

（1）基本枚举设计

```
//  基本枚举程序设计
#include<stdio.h>
void main()
  { long a,b,n,x,y,z,w;
    printf("  请输入区间[a,b]的上下限 a,b: "); scanf("%ld,%ld",&a,&b);
    n=0;
    for(x=a;x<=b-3;x++)                              // 4 重循环枚举
    for(y=x+1;y<=b-2;y++)
    for(z=y+1;z<=b-1;z++)
    for(w=z+1;w<=b;w++)
      if(x*x+y*y+z*z==w*w)                           // 满足不定方程式时统计输出
        printf("  %ld: %ld,%ld,%ld,%ld  \n",++n,x,y,z,w);
    if(n==0)  printf("  方程在该区间内没有解。\n");
    else  printf("  共有%ld 组解。 \n",n);
}
```

（2）优化循环参数设计

注意到 *x*<*y*<*z*<*w*≤*b*，而 *x* 为最小的，显然 x<sqrt(b*b/3)。

当 *x* 选取之后，*y* 为次小的，显然 y<sqrt((b*b-x*x)/2)。

当 *x*,*y* 选取之后，显然 z<=sqrt(b*b-x*x-y*y)。

优化循环参数后枚举描述。

```
//  优化循环参数设计
#include<stdio.h>
#include<math.h>
void main()
{ long a,b,n,x,y,z,w;
  printf("  请输入区间[a,b]的上下限 a,b: "); scanf("%ld,%ld",&a,&b);
  n=0;
  for(x=a;x<sqrt(b*b/3);x++)
  for(y=x+1;y<sqrt((b*b-x*x)/2);y++)
  for(z=y+1;z<=sqrt(b*b-x*x-y*y);z++)
  for(w=z+1;w<=b;w++)
    if(x*x+y*y+z*z==w*w)                           // 满足不定方程式时统计
      printf("  %ld: %ld,%ld,%ld,%ld  \n",++n,x,y,z,w);
  if(n==0)  printf("  方程在该区间内没有解。\n");
  else  printf("  共有%ld 组解。 \n",n);
}
```

（3）枚举结构与参数综合优化设计

设指定区间为[*a*,*b*]，精简 *w* 循环，设置 3 重循环在指定区间内枚举 *x*，*y*，*z*（*x*<*y*<*z*），应用方程式计算 *d*=*x*×*x*+*y*×*y*+*z*×*z*；然后，给 *w* 赋值，w=sqrt(d)。

若 *w*>*b* 或 *w*×*w*≠*d*，即不满足方程，返回。

否则用 n 统计并输出解。

```
// 结构与参数综合优化枚举设计
#include<stdio.h>
#include<math.h>
void main()
{ long a,b,d,n,x,y,z,w;
  printf("  请输入区间[a,b]的上下限 a,b: "); scanf("%ld,%ld",&a,&b);
  n=0;
  for(x=a;x<sqrt(b*b/3);x++)
  for(y=x+1;y<sqrt((b*b-x*x)/2);y++)
  for(z=y+1;z<=sqrt(b*b-x*x-y*y);z++)
    { d=x*x+y*y+z*z; w=(long)sqrt(d);                // w 为 x,y,z 的平方和开平方
      if(w>b || w*w!=d) continue;
      printf("  %ld: %ld,%ld,%ld,%ld  \n",++n,x,y,z,w);
    }
  if(n==0)  printf("  方程在该区间内没有解。\n");
  else  printf("  共有%ld 组解。 \n",n);
}
```

（4）三个枚举设计比较

设区间$[a,b]$中的整数规模为 n，对以上三个枚举设计的时间复杂度作粗略分析。

基本设计 1 的时间复杂度显然为 $O(n^4)$。

优化参数的设计 2 仍设置了 4 重循环，时间复杂度仍为 $O(n^4)$，其系数已大大缩减。

综合优化设计 3 只需 3 重循环实现，其时间复杂度优化为 $O(n^3)$。

为了比较以上三个枚举设计的优劣，建议用同一组数据对以上三个设计进行现场测试比较。例如 a=1 000,b=2 018，以上三个枚举设计都能探索输出 660 组解，但程序运行实际用时差异非常明显。

由此可见，即使是最基础的枚举算法，也有其改进与优化的空间。

习题 2

2-1 设 n 为正整数，求和

$$s(n)=1-\frac{1}{1+1/2}+\frac{1}{1+1/2+1/3}-\cdots\pm\frac{1}{1+1/2+\cdots+1/n}$$

（和式中各项符号一正一负）。

2-2 奇因数代数和。

定义正整数 m 的奇因数 $f(m)$:

（1）若 m 为奇数时，$f(m)=m$；

（2）若 m 为偶数时，$f(m)$为 m 去除其所有偶因数后的奇因数。

例如，$f(6)=3$；$f(7)=7$；$f(8)=1$。

试求奇因数代数和

$$s(n)=\sum_{m=1}^{n}(-1)^{m-1}f(m)$$

键盘输入正整数 $n(n<10\ 000)$，输出奇因数代数和 $s(n)$。

2-3 探索和积3元3组。

设n为正整数，试把整数$3\times n$分解为9个互不相同的正整数a,b,c,d,e,f,g,h,i，然后把这9个正整数分成(a,b,c)、(d,e,f)与(g,h,i)共3个3元组，若这3个3元组具有和相等且积也相等的两个相等特性

$$a+b+c=d+e+f=g+h+i=n$$
$$a\times b\times c=d\times e\times f=g\times h\times i$$

则把(a,b,c)、(d,e,f)与(g,h,i)（约定$a<b<c,d<e<f,g<h<i,a<d<g$）称为一个基于n的和积3元3组。

例如，给定n=45，探索到基于45 的和积3元3组(4,20,21),(5,12,28),(7,8,30)：

4+20+21=5+12+28=7+8+30=45

4×20×21=5×12×28=7×8×30=1 680

输入正整数$n(n\leqslant100)$，搜索基于n的所有和积3元3组。若没有探索到相应的和积3元3组，则输出“无解”。

2-4 搜索整数对。

设b是正整数a去掉一个数字后的正整数，对于给出的正整数n，寻求满足和式$a+b=n$的所有正整数对$a,b(a>b)$。

例如，n=34，满足和式$a+b=n$的正整数对有3对：(27,7),(31,3),(32,2)。

输入正整数n（n>10），输出满足要求的所有正整数对a,b（若没有，则输出“0”）。

2-5 概率计算。

在标注编号分别为$1,2,\cdots,n$的n张牌中抽取3张，试求抽出3张牌编号之和为素数的概率。

输入整数n（$3<n\leqslant3\,000$），输出对应的概率（四舍五入到小数点后第3位。）

2-6 特定数字组成的平方数。

用数字2,3,5,6,7,8,9可组成多少个没有重复数字的7位平方数？

2-7 完美综合式。

把数字$1,2,\cdots,9$这9个数字分别填入以下含加、减、乘、除与乘方的综合运算式中的9个□中，使得该式成立

□^□+□□÷□□-□□×□=0

要求数字$1,2,\cdots,9$这9个数字在式中出现一次且只出现一次，且约定数字“1”不出现在乘、乘方的一位数中（即排除式中的各个1位数为1这一平凡情形）。

2-8 最小连续n个合数。

试求出最小的连续n个合数。（其中n是键盘输入的任意正整数。）

2-9 试把一个正整数n拆分为若干个(不少于2个)连续正整数之和。

例如，n=15，有3种拆分：15=1+2+3+4+5，15=4+5+6，15=7+8。

对于给定的正整数n，求出所有符合这种拆分要求的连续正整数序列的个数。

例如：对于n=15，有以上3个解，输出3；对于n=16，无解，输出0。

2-10 等幂和3元组。

把正整数$2s$分解为6个互不相等的正整数a、b、c、d、e、f，把分解的6个整数分成两个组(a,b,c)与(d,e,f)，若这两个数组具有以下两个相等特性：

$$a+b+c=d+e+f=s$$
$$a^2+b^2+c^2=d^2+e^2+f^2=s_2$$

把这两数组(a,b,c)与(d,e,f)(约定$a<b<c$，$d<e<f$，$a<d$)称为和为s的等幂和3元组。

输入正整数s，探求和为s_2的所有等幂和3元组。

第3章 递 推

递推（recurrence algorithm）是一种应用广泛的常用算法，与第 4 章的递归有着非常密切的联系，是动态规划设计中常用于得到最优值的手段。

本章探讨递推在整数搜索、数列与数阵求解方面的诸多应用。

3.1 递推概述

在纷繁变幻的多彩世界，所有事物都随时间的流逝发生变化。许多现象的变化是有规律可循的，这种规律往往呈现出前因后果的关系。某种现象的变化结果与紧靠它前面的某些变化结果紧密关联，递推的思想正是这一变化规律的体现。

递推算法的基本思想是把一个复杂的庞大的计算过程转化为简单过程的多次重复，该算法充分利用了计算机的运算速度快和重复操作的特点，从头开始一步步地推出问题最终的结果。使用递推算法，既可使算法描述简练，又可节省算法运行时间。

递推是利用问题本身所具有的递推关系来求解的一种方法。所谓递推，是在命题归纳时，可以由数量分别为 $n-k,\cdots,n-1$ 的情形推得数量为 n 的情形，或反过来由数量分别为 $i+k,\cdots,i+1$ 的情形推得数量为 i 的情形。

一个线性递推可以形式地写成

$$a_n=c_1a_{n-1}+\cdots+c_ka_{n-k}+f(n)$$

其中 $f(n)=0$ 时递推是齐次的，否则是非齐次的。线性递推的一般解法要用到 n 次方程的求根。

设要求问题规模为 n 的解，当 $n=1$ 时，其解或为已知，或能非常方便地得到；若能从已求得的规模为 $1,2,\cdots,i-1$ 的一系列解，构造出问题规模为 i 的解，那么我们可从 $n=1,2,\cdots,i-1$ 出发，由已知至 $i-1$ 规模的解，通过递推，获得规模为 i 的解，直至得到指定规模为 n 的解。

对于一个序列来说，如果已知它的通项公式，那么要求出数列第 n 项或求数列的前 n 项之和是简单的。但是，在许多情况下，要得到数列的通项公式是困难的，有时甚至无法得到。然而，一个有规律的数列的相邻位置上的数据项之间通常存在着一定的依存关系，可以借助已知的项，利用特定的关系逐项推算出它的后继项的值，直到找到所需的那一项为止。递推算法避开了求通项公式的麻烦，把一个复杂问题的求解，分解成若干步简单的递推运算。

1. 递推关系

递推算法的首要问题是得到相邻的数据项之间的关系，即递推关系。它针对这样一类问题：问题的解决可以分为若干步骤，每个步骤都产生一个子解（部分结果），每个子解都是由前面若干子解生成的。我们把这种由前面的子解得出后面的子解的规则称为递推关系。

递推关系是一种高效的数学模型，是组合数学中的一个重要解题方法，在组合计数中有着广泛的应用。在对多项式的求解过程中，很多情况可以使用递推算法来实现。在行列式方面，某些 n 阶行列式只用初等变换难以解决，但如果采用递推求解则显得较为容易。递推关系不仅在各数学分支中发挥着重要的作用，由它所体现出来的递推思想在各学科领域中更显示出其独特的魅力。

我们在设计求解问题前，要通过细心地观察，丰富地联想，不断尝试推理，尽可能归纳总结其内在规律，然后再把这种规律抽象成递推模型。

利用递推求解问题，需要掌握递推关系的具体描述及其实施步骤。

2. 实施递推的步骤

（1）确定递推变量

应用递推算法解决问题，要根据问题的具体实际设置递推变量。递推变量可以是简单变量，也可以是一维或多维数组。

（2）建立递推关系

递推关系是指如何从变量的前一些值推出其后一个值，或从变量的后一些值推出其前一个值的公式或关系式。

递推关系是递推的依据，是解决递推问题的关键。

有些问题，其递推关系是明确的，而大多数实际问题并没有现成的、明确的递推关系，需根据问题的具体实际，不断尝试推理归纳，才能确定问题的递推关系。

（3）确定初始（边界）条件

对所确定的递推变量，要根据问题最简单情形的数据确定递推变量的初始（边界）值，这是递推的基础。

（4）递推过程的控制

递推过程不能无休止地执行下去，递推过程在什么时候结束，满足什么条件结束，这是递推算法必须确定的递推过程控制问题。

递推过程的控制通常可分为两种情形：一种是所需的递推次数是确定的值，可以计算出来；另一种是所需的递推次数无法确定。对于前一种情况，可以构建一个固定次数的循环来实现对递推过程的控制；对于后一种情况，需要进一步根据问题的具体实际归纳出用来终止递推过程的条件。

3. 递推常用模式

递推通常由循环来实现，一般在循环外确定初始（边界）条件，在设置的循环中实施递推。

下面归纳常用的递推模式并作简要的框架描述。

首先，从递推流向可分为顺推与逆推。

（1）简单顺推算法

顺推即从前往后推，从已求得的规模为 $1,2,\cdots,i-1$ 的一系列解，推出问题规模为 i 的解，直至得到规模为 n 的解。

简单顺推算法框架描述：

```
f(1 ~ i-1)=<初始值>;                    // 确定初始值
for(k=i;k<=n;k++)
    f(k)=<递推关系式>;                   // 根据递推关系实施顺推
print(f(n));                            // 输出目标值 f(n)
```

（2）简单逆推算法

逆推即从后往前推，从已求得的规模为 $n,n-1,\cdots,i+1$ 的一系列解，推出问题规模为 i 的解，直至得到规模为 1 的解。

简单逆推算法框架描述：

```
f(n ~ i+1)=<初始值>;                    // 确定初始值
for(k=i;k>=1;k--)
    f(k)=<递推关系式>;                  // 根据递推关系实施逆推
print(f(1));                            // 输出目标值 f(1)
```

（3）二维数组顺推算法

简单递推问题设置一维数组实现，较复杂的递推问题需设置二维或二维以上数组。

设递推的二维数组为 $f(k,j)$，$1\leqslant k\leqslant n,1\leqslant j\leqslant m$，由初始条件分别求得 $f(1,1),f(1,2),\cdots,f(1,m)$，则据给定的递推关系由初始条件依次顺推得 $f(2,1),f(2,2),\cdots,f(2,m)$；$f(3,1),f(3,2),\cdots,f(3,m)$；…，直至得到目标值 $f(n,m)$。

二维数组顺推算法框架描述：

```
f(1,1 ~ m)=<初始值>;                    // 赋初始值
for(k=2;k<=n;k++)
for(j=1;j<=m;j++)
    f(k,j)=<递推关系式>;                // 根据递推关系实施递推
print(f(n,m));                          // 输出目标值 f(n,m)
```

（4）多关系分级递推算法

当递推关系包含两个或两个以上关系式时，通常应用多关系分级递推求解。

```
f(1 ~ i-1)=<初始值>;                    // 赋初始值
for(k=i;k<=n;k++)
  { if(<条件 1>)
        f(k)=<递推关系式 1>;            // 根据递推关系 1 实施递推
    ……
    if(<条件 m>)
        f(k)=<递推关系式 m>;            // 根据递推关系 m 实施递推
  }
print(f(n));                            // 输出目标值 f(n)
```

4. 递推算法的时间复杂度

一般来说，递推算法是一个高效而直接的常用算法。

如果能在一重循环中完成递推，无论是顺推还是逆推，通常其相应的时间复杂度是线性的，即为 $O(n)$。

在实际应用中，由于递推关系的不同，往往需要应用二重或更复杂的循环结构才能完成递推，其相应的时间复杂度为 $O(n^2)$或更高。

3.2 超级素数搜索

定义 n（n>1）位超级素数：

（1）n 位超级素数本身为素数。

（2）从高位开始，去掉高 1 位后为 n-1 位素数；去掉高 2 位后为 n-2 位素数；…；去掉高 n-1 位后为 1 位素数。

例如 137 是一个 3 位超级素数：137 是素数；去掉高 1 位得 37 是一个 2 位素数，去掉高 2 位得 7 是一个 1 位素数。

而素数 107 不是超级素数，因去掉高 1 位得 7 不是一个 2 位素数。也就是说，超级素数中不能含有数字“0”。

输入整数 $n(1<n\leqslant 10)$，搜索 n 位超级素数，统计 n 位超级素数的个数，并输出其中最大的 n 位超级素数。

以下应用枚举与递推两种算法分别设计求解。

1. 枚举设计

为了方便判别素数，应用试商法产生素数判别函数 $p(k)$：若 k 为素数，$p(k)$返回 1；否则，$p(k)$返回 0。

（1）枚举设计要点

1）为枚举 n 位数需要，通过自乘 10（即 $c=c\times 10$），计算 n 位数的起始数 c。

2）设置枚举 n 位奇数的 f 循环：

① 若 f 不是素数，或 f 的个位数字不是 3 或 7（超级素数的个位数字必然是 3 或 7），则返回。

② 若 f 的其他各位数字出现“0”，显然应予排除。

③ 除 n 位数 f 本身及其个位数已检验外，从高位开始去掉 1 位，2 位，…，n-2 位可得 n-2 个数（$f\%k,k=100,1\,000,\cdots,10^{n-1}$），这 n-2 个数的 p 函数值相乘为 t：

若 t=0，说明 n-2 个数中至少有一个非素数，则返回。

若 t=1，说明 n-2 个数全为素数，应用变量作统计个数。

3）为输出最大的 n 位超级素数，在统计的同时，作赋值：e=f;最后输出的 e 则为最大 m 位超级素数。

（2）枚举程序设计

```
// 枚举探求指定 n 位超级素数
#include <stdio.h>
#include <math.h>
void  main()
 {int i,n;
  long c,d,e,f,k,s,t;
  int p(long f);
  printf("  请确定 n(n>1): "); scanf("%d",&n);
  for(c=1,i=1;i<=n-1;i++) c=c*10;                    // 确定最小的 n 位数 c
  s=0;
  for(f=c+1;f<=10*c-1;f=f+2)                         // 设置枚举循环,f 为 n 位奇数
     { if(!(f%10==3 || f%10==7) || p(f)==0) continue;
       for(t=1,d=f/10,i=1;i<=n-2;i++)
          { if(d%10==0) {t=0; break;}                 // 如果包含 0 数字,标记 t=0
            d=d/10;
          }
     if(t==0) continue;
     for(k=10,i=1;i<=n-2;i++)                         // 枚举 n-2 次去位操作
        { k=k*10;
```

```
            if(p(f%k)==0) break;                     // 若其中任一数不是素数则退出循环
        }
        if(i>n-2) { s++;e=f;}                        // 统计并赋值
    }
    printf("    共%ld 个%d 位超级素数.\n",s,n);
    printf("    其中最大数为%ld.\n",e);
}
int p(long k)                                        // 设计素数检测函数
{ int j,h,z=0;
    if(k==2) z=1;
    if(k>=3 && k%2==1)
        { for(h=0,j=3;j<=sqrt(k);j+=2)
              if(k%j==0) {h=1;break;}
          if(h==0) z=1;                              //k 为素数返回 1,否则返回 0
        }
    return z;
}
```

（3）程序运行示例与说明

```
请确定 n(n>1): 7
共 429 个 7 位超级素数.
其中最大数为 9986113.
```

程序搜索并统计共有 429 个 7 位超级素数，其中 7 位最大超级素数 9 986 113 本身是素数，从高位“去位”后所得 986 113，86 113，6 113，113，13，3 分别为 6，5，4，3，2，1 位素数。

2. 递推设计

应用试商法产生素数判别函数 $p(k)$：若 k 为素数，$p(k)$返回 1；否则，$p(k)$返回 0。

（1）递推设计要点

根据超级素数的定义，n 位超级素数去掉高位数字后是 $n-1$ 位超级素数。一般地 $k(k=2,3,\cdots,n)$ 位超级素数去掉高位数字后是 $k-1$ 位超级素数。

那么，在已求得 g 个 $k-1$ 位超级素数 $a[i](i=1,2,\cdots,g)$时，在 $a[i]$的高位加上一个数字 $j(j=1,2,\cdots,9)$，得到 $9g$ 个 k 位候选数 $f=j\times e[k]+a[i],(e[k]=10^{k-1})$，只要对这 $9g$ 个 k 位候选数检测即可。这就是从 $k-1$ 递推到 k 的递推关系。

注意到超级 n（$n>1$）位素数的个位数字必然是 3 或 7，则得递推的初始（边界）条件：

$$a[1]=3，a[2]=7，g=2。$$

（2）递推程序设计

```
// 递推探求指定 n 位超级素数
#include <stdio.h>
#include <math.h>
void main()
 {int g,i,j,k,n,t,s;
  double d,f,a[20000],b[20000],e[20];
  int p(double f);
  printf("    请确定 n(n>1): ");
  scanf("%d",&n);
  g=2;s=0;
  a[1]=3;a[2]=7;e[1]=1;                          // 递推的初始条件
```

```
    for(k=2;k<=n;k++)
      { e[k]=e[k-1]*10;t=0;
        for(j=1;j<=9;j++)
        for(i=1;i<=g;i++)
          { f=j*e[k]+a[i];                        // 产生 9 g 个候选数 f
            if(p(f)==1)
              { t++;b[t]=f;
                if(k==n) {s++;d=f;}               // 统计并记录最大超级素数
              }
          }
        g=t;
        for(i=1;i<=g;i++) a[i]=b[i];              // g 个 k 位 b[i]赋值给 a[i]
      }
    printf("   共%d 个%d 位超级素数.\n",s,n);
    printf("   其中最大数为%.0f.\n",d);
}
int p(double k)
  {int h,z; double j;long t;
   z=0;
   t=(int)pow(k,0.5);
   for(h=0,j=3;j<=t;j+=2)
      if(fmod(k,j)==0) {h=1;break;}
   if(h==0) z=1;                                  // k 为素数返回 1 ,否则返回 0
   return z;
}
```

（3）程序运行示例与说明

```
请确定 n(n>1): 9
共 545 个 9 位超级素数.
其中最大数为 999962683.
```

程序搜索并统计共有 545 个 9 位超级素数，其中最大超级素数 999 962 683 本身是素数，从高位“去位”后所得 99 962 683,9 962 683,962 683,62 683,2 683,683,83,3 分别为 8,7,6,5,4,3,2,1 位素数。

3. 两个算法时间复杂度比较

枚举设计，需对 n 位奇数进行检测，枚举数量级为 10^n。考虑到试商检验素数，即枚举设计的时间复杂度为 $O(10^{3n/2})$，当 $n>7$ 时搜索运行时间就比较长。

应用递推设计，只需检测 $9g(k-1)$个($g(k-1)$为 $k-1$ 位超级素数的个数),$k=2,3,\cdots,n$,因而求 n 位超级素数共检测的次数为

$$s(n)=9\cdot\sum_{k=1}^{n-1}g(k)$$

这里 $s(n)$是对递推设计中调用素数检验函数 $p(k)$次数的定量计算，显然远低于枚举的调用次数。

具体来看，例如当 $n=7$ 时，程序中添加计数器可得枚举设计需调用检测函数 $p(k)$次数为 334 457，而应用递推设计调用 $p(k)$函数次数仅为 $9\times(2+11+39+99+192+326)=6\ 021$，远低于枚举调用次数的数量级。

近似以 $g(k)$约为 $g(k-1)$的 3 倍估算，递推的数量级为 3^n。考虑到试商检验素数，即递推设计的时间复杂度为 $O(3^n10^{n/2})$，比枚举设计的复杂度 $O(10^{3n/2})$低得多。

3.3 裴波那契序列与卢卡斯序列

裴波那契数列是由这一“兔子生崽”引入的一个著名的递推数列。裴波那契数列的应用相当广泛，国际上已有许多关于裴波那契数列的专著与学术期刊。

1. 问题提出

十三世纪初，意大利数学家裴波那契（Fibonacci）在所著《算盘书》中提出“兔子生崽”的趣题：假设兔子出生后两个月就能生小兔，且每月一次，每次不多不少恰好一对（一雌一雄）。若开始时有初生的小兔一对，问一年后共有多少对兔子。

裴波那契数列定义为：

$$F_1 = F_2 = 1$$

$$F_n = F_{n-1} + F_{n-2} \qquad (n > 2)$$

卢卡斯（Lucas）数列是与裴波那契数列密切相关的另一个著名的递推数列，卢卡斯数列定义为：

$$L_1 = 1, L_2 = 3$$

$$L_n = L_{n-1} + L_{n-2} \qquad (n > 2)$$

试求解裴波那契数列或卢卡斯数列的第 n 项与前 n 项之和（n 从键盘输入）。

2. 递推设计要点

递推关系已明确，只需设计循环实施递推即可。

（1）两序列一并处理

注意到 F 数列与 L 数列的递推关系相同，可一并处理这两个数列。

设置一维数组 $f(n)$，数列的递推关系为：

$$f(k)=f(k-1)+f(k-2) \qquad (k \geqslant 3)$$

注意到 F 与 L 两个数列初始值不同，在输入整数 p 选择数列（p=1 时为 F 数列，p=2 时为 L 数列）后，初始条件可统一为：

$$f(1)=1，f(2)=2 \times p-1$$

（2）设置循环实施递推

设置 $k(3 \sim n)$循环，循环前赋上述初值。

从已知前 2 项这一初始条件出发，在循环中实现递推，逐步推出第 3 项，第 4 项，…，以至推出指定的第 n 项。

为实现求和，在 k 循环外给和变量 s 赋初值：$s=f(1)+f(2)$；在 k 循环内，每计算一项 $f(k)$，即累加到和变量 s 中：s=s+f(k)。

（3）分别输出结果

按前面输入 p 值所选数列，分别输出两序列的递推结果：p=1 时注明为 F 数列；p=2 时注明为 L 数列。

3. 递推程序设计

```
//  裴波那契数列与卢卡斯数列递推程序设计
#include <stdio.h>
void main()
```

```
{ int k,n,p; long s,f[50];
  printf("请选择 1 为裴波那契数列；2 为卢卡斯数列 ：");
  scanf("%d",&p);                                    // 选定数列
  printf("求数列的第 n 项与前 n 项和,请输入 n：");
  scanf("%d",&n);
  f[1]=1;f[2]=2*p-1;
  s=f[1]+f[2];                                       // 数组元素与和变量赋初值
  for(k=3;k<=n;k++)
    { f[k]=f[k-1]+f[k-2];                            // 实施递推
      s+=f[k];                                       // 实施求和
    }
  if(p==1)                                           // 分选择项输出结果
    printf("F 数列");
  else
    printf("L 数列");
  printf("第%d 项为:%ld,   ",n,f[n]);
  printf("前%d 项之和为:%ld \n",n,s);
}
```

4. 运行程序示例与分析

```
请选择 1 为裴波那契数列；2 为卢卡斯数列：1
求数列的第 n 项与前 n 项和，请输入 n：40
F 数列第 40 项为：102334155，前 40 项之和为：267914295
```

利用相同的递推关系，设计一个程序处理两个序列。

递推设计在一重循环中完成，显然复杂度为 $O(n)$。

3.4　多关系递推

上面介绍的裴波那契数列只有一个递推关系：$f(k)=f(k-1)+f(k-2)$，从已知的初始条件 $f(1)$，$f(2)$ 出发，根据递推关系依次递推出 $f(3)$，$f(4)$，…，以至最后推出所要求的 $f(n)$。

有些问题有两个甚至多个递推关系，其递推设计自然要复杂一些。

3.4.1　双幂序列

设 x,y 为非负整数，集合

$$M=\{2^x,3^y|x\geqslant 0,y\geqslant 0\}$$

试计算集合 M 的元素在指定区间 $[c,d]$ 中的个数，把该区间中的元素从小到大排序，以带指数的幂形式输出其中指定的第 m 项。

1. 递推设计要点

集合由 2 的幂与 3 的幂组成，实际上是给出两个递推关系。

（1）数据结构

设置一维 f 数组，$f[k]$ 存储双幂序列在区间 $[c,d]$ 的第 k 项。

为了实现从小到大排序，设置 *a*,*b* 两个递推变量，*a* 为 2 的幂，*b* 为 3 的幂，显然 $a \neq b$。引入中间变量 *e* 存储集合中的元素。

设置条件循环(e<=d)，在循环外赋初值：e=1;a=2;b=3。

（2）在循环中通过比较选择赋值

若 $a<b$，由赋值 e=a 确定为集合中的数；然后 a=a*2，即 *a* 按递推规律乘 2，为后一轮比较作准备。

若 $a>b$，由赋值 e=b 确定为集合中的数；然后 b=b*3，即 *b* 按递推规律乘 3，为后一轮比较作准备。

（3）递推过程描述

```
e=1;a=2;b=3;                        // 为递推变量 a,b 赋初值
while(e<=d)
{ if(a<b){ e=a;a=a*2;}              // e 为 2 的幂
  else { e=b;b=b*3;}                // e 为 3 的幂
}
```

在这一算法中，变量 *a*,*b* 是变化的，分别代表 2 的幂与 3 的幂。

每次递推比较，若所得 *e* 在指定区间[*c*,*d*]，则给 *f* 数组赋值：f [++k]=e;即为集合在区间中序列的第 *k* 项。

循环结束，最后所得 *f*[*k*]>*d*，超出指定区间[*c*,*d*]，因而区间中的项数为 *k*−1。

（4）规范输出

为标注第 *n* 项为幂的形式，设置指数变量 *p*：

当 *f*[*n*]为偶数时，为 2 的幂，应用反复除 2 得指数 *p*。

当 *f*[*n*]为奇数时，为 3 的幂，应用反复除 3 得指数 *p*。

2. 双幂序列程序设计

```
// 双幂序列递推程序设计
#include <stdio.h>
void main()
{int k,n,p; long   a,b,c,d,e,f[100];
 printf("  输入区间 c,d:   "); scanf("%ld,%ld",&c,&d);
 printf("  求区间中的第 n 项,请输入 n:   "); scanf("%d",&n);
 k=0;
 if(c==1) k=1;                                  // 当 c=1 时首项为 1
 a=2;b=3;e=0;
 while(e<=d)
     { if(a<b) { e=a;a=a*2; }                   // e 为 2 的幂
       else   { e=b;b=b*3; }                    // e 为 3 的幂
       if(e>=c) f[++k]=e;                       // 区间中的数赋值
     }
 printf("  集合在区间[%ld,%ld]中共有%d 项。\n",c,d,k-1);
 if(n<=k-1)                                     // 注意：f[k]>d 在区间外
     { printf("  区间中的第%d 项为：   %ld ",n,f[n]);
       e=f[n];p=0;
       if(f[n]%2==0)
           { while(e>1){e=e/2;p++;}
             printf("(2^%d)\n",p);              // 为 f[n]注以幂的形式
```

```
            }
        else
            { while(e>1){e=e/3;p++;}
              printf("(3^%d)\n",p);
            }
        }
    else
        printf("   区间中的项数不足%d 项。 \n",n);
}
```

3. 程序运行示例与分析

```
输入区间 c,d:  2017,20172018
求区间中的第 n 项,请输入 n:  20
集合在区间[2017,20172018]中共有 23 项。
区间中的第 20 项为:  4782969 (3^14)
```

尽管只区间统计指定区间中的项，递推还得从最前面也就是从 2，3 开始实施。

为了统计区间中的项，循环条件设置为 $e \leqslant d$，这里 e 所递推得到的项，d 为区间上限；统计的条件设置为 $e \geqslant c$，小于 c 的项不统计。

这一递推设计在一重条件循环中完成，设 $d=2^p$，实际上操作频数为 $p=\log_2 d$，即递推算法的时间复杂度为 $O(\log_2 n)$。

变通：如果序列由 3 项幂或更多项幂组成，递推应如何实施？

3.4.2 双关系递推数列

设集合 M 定义如下：

（1）$1 \in M$。

（2）$x \in M \Rightarrow 2x+1 \in M$，$5x-1 \in M$。

（3）再无其他的数属于 M。

试求集合 M 元素从小到大排列所得序列的第 n（n<10 000）项与前 n 项之和。

我们试应用枚举与递推两种算法设计求解。

1. 枚举设计

（1）枚举设计要点

设递推序列的第 i 项为 $m(i)$，显然 $m(1)=1$。

设置枚举变量 k: k 从 2 开始递增 1 取值，若 k 可由已有的项 $m(j)$（$j<i$）用两个递推关系之一推得，即满足条件 $k=2 \times m(j)+1$ 或 $k=5 \times m(j)-1$，说明整数 k 是 m 序列中的一项，赋值给 $m(i)$，并累加到和 s 中。

（2）枚举程序设计

```
// 双关系序列枚举设计
#include <stdio.h>
void main()
{ int n,i,j; long k,s,m[10000];
  printf("   请输入 n: "); scanf("%d",&n);
  m[1]=1;s=1;
  k=1;i=1;                                    // 确定初始值
  while(i<n)
```

```
        { k++;
          for(j=1;j<=i;j++)
           if(k==2*m[j]+1 || k==5*m[j]-1)
              { i++;m[i]=k;                              // 判断 k 为递推项，给 m 数组赋值
                s=s+k;
                break;
              }
        }
    printf("    m(%d)=%ld,s=%ld \n",n,m[n],s);
}
```

2. 递推设计

（1）递推设计要点

该题有 $2x+1, 5x-1$ 两个递推关系，设置数组 $m(i)$ 存储 M 元素从小到大排列序列的第 i 项，显然 $m(1)=1$，这是递推的初始条件。

同时设置两个队列：

$$2\times m(p2)+1,\ p2=1,2,3,\cdots$$

$$5\times m(p5)-1,\ p5=1,2,3,\cdots$$

这里用 $p2$ 表示 $2x+1$ 这一队列的下标，用 $p5$ 表示 $5x-1$ 这一队列的下标。

从两队列中选一排头，通过比较选数值较小者送入数组 m 中。所谓“排头”就是队列中尚未选入 m 的最小下标。

若 $2\times m(p2)+1<5\times m(p5)-1$，则 $m(i)=2\times m(p2)+1$;下标 $p2$ 增 1。

若 $2\times m(p2)+1>5\times m(p5)-1$，则 $m(i)=5\times m(p5)-1$;下标 $p5$ 增 1。

若 $2\times m(p2)+1=5\times m(p5)-1$，则 $m(i)=5\times m(p5)-1$;下标 $p2$ 与 $p5$ 同时增 1。

（2）递推程序设计

```
// 双关系序列递推设计
#include <stdio.h>
void main()
{ long n,p2,p5,i,s,m[10000];
    printf("    请输入 n：");  scanf("%ld",&n);
    m[1]=1;s=1;
    p2=1;p5=1;                                          // 排头 p2,p5 赋初值
    for(i=2;i<=n;i++)
      { if(2*m[p2]+1<5*m[p5]-1)
            { m[i]=2*m[p2]+1;p2++;}
        else
          { m[i]=5*m[p5]-1;
            if(2*m[p2]+1==5*m[p5]-1) p2++;              // 为避免重复项，p2 须增 1
            p5++;
          }
       s+=m[i];                                         // 实现求和
      }
    printf("    m(%ld)=%ld,s=%ld\n",n,m[n],s);
}
```

3. 程序运行示例与分析

```
请输入 n：2018
  m(2018)=157969,s=128905799
```

说明：事实上，这两个队列完全有可能出现相等，因此设计有相等判别行

if(2*m[p2]+1==5*m[p5]-1) p2++;

设计中若忽略了两队列相等情形的判别处理，必然导致数组 m 中出现一些重复项（例如出现两项 19 等），这与集合元素的互异性相违，必将导致所求的第 n 项与前 n 项之和出错。

枚举算法设置二重循环实现，外循环 $k(k>n)$次，内循环 n 次，其时间复杂度为 $O(kn)$,显然要高于 $O(n^2)$。

递推算法设置一重循环实现，其时间复杂度为 $O(n)$。显然递推算法的效率高于枚举。

3.4.3 威佐夫数对序列

数对序列

$$(1,2), (3,5), (4,7), (6,10), (8,13), \cdots$$

称为威佐夫（Wythoff）数对序列，其中第 i 数对（c_i,d_i）中的 c_i 为前 i−1 组数对中未曾出现的最小正整数，$d_i=c_i+i$。

试求出该数对序列的第 $n(n<10\ 000)$项。

1. 递推设计要点

注意到递推需用到前面的所有项，设置 c,d 数组：$c[i],d[i]$为数对序列中的第 i 数对。

（1）循环外赋初值

循环外赋初始值：$c[1]=1$，$d[1]=2$；$c[2]=3$，$d[2]=5$。

初始值是递推的基础，这一步骤不可忽略。

已知前 $i-1$ 项时，如何确定 $c[i]$呢？

（2）设置多重循环实施递推

首先设置 $i(3\sim n)$，即依次递推出第 3 数对，直至第 n 数对。

整数 $c[i]$不是由该项的前一项或前二项决定的，而是由该项前面的所有项决定的，这也是递推的难点所在。

显然 $c[i]>c[i-1]$，同时可证当 $i>2$ 时，$c[i]<d[i-1]$。

于是，设置 $k(c[i-1],d[i-1])$循环，k 递增取值。

设置 j 循环（$2\leqslant j\leqslant i-1$），$k$ 分别与 $d[j]$比较：

1）若存在相同，即 $k=d[j]$，显然 k 不符合要求，则 k 增 1 后再比较；

2）若不存在相同，即 $k\neq d[j](2\leqslant j\leqslant i-1)$，则产生第 i 组: $c[i]=k$，$d[i]=k+i$。

当 $i=n$ 时输出$(c[n],d[n])$即为该数对序列的第 n 项。

2. 递推程序设计

```
// 威佐夫数对序列递推设计
#include <stdio.h>
void main()
  { int i,j,k, n,t;
    long c[10000],d[10000];
    printf("  请输入整数 n: "); scanf("%d",&n);
    c[1]=1;d[1]=2;
    c[2]=3;d[2]=5;                              // 递推前赋初值
    for(i=3;i<=n;i++)
      {for(k=c[i-1]+1;k<d[i-1];k++)
        { t=0;                                  // k 枚举探求第 i 项的 c[i]
```

```
            for(j=2;j<i-1;j++)
              if(k==d[j]) {t=1;break;}
            if(t==0)
              { c[i]=k;d[i]=k+i;                    // 第 i 项 c[i],d[i]赋值
                break;
              }
          }
      }
   printf("  序列第%d 项数对为(%ld,%ld)。\n",n,c[n],d[n]);
 }
```

3. 程序运行示例与分析

```
请输入整数 n：2018
序列第 2018 项数对为(3265,5283)。
```

威佐夫数对序列在数论与对策论中有着广泛的应用。

本递推问题的递推关系较为复杂，每一项的确立都要与前面的项比较，算法通过 i,k,j 共 3 重循环实现，时间复杂度低于 $O(n^3)$。

3.5 数阵与网格

本节应用递推与迭代设计探求数阵中的古典杨辉三角，并给出有趣的“方格网交通线路”的递推设计，以展示递推算法在数阵与网格统计方面的应用。

3.5.1 构建杨辉三角

1. 问题背景

杨辉三角，历史悠久，是我国古代数学家杨辉揭示二项展开式各项系数的数字三角形。

我国北宋数学家贾宪约 1050 年首先使用“贾宪三角”进行高次开方运算，南宋数学家杨辉在《详解九章算法》中记载并保存了“贾宪三角”，故称杨辉三角。元朝数学家朱世杰在《四元玉鉴》中扩充了“贾宪三角”。在欧洲直到 1623 年以后，法国数学家帕斯卡才发现了与杨辉三角类似的“帕斯卡三角”。

杨辉三角构建规律主要包括横行各数之间的大小关系以及不同横行数字之间的联系，奥妙无穷：每一行的首尾两数均为 1；第 k 行共 k 个数，除首尾两数外，其余各数均为上一行的肩上两数的和。图 3-1 所示为 5 行杨辉三角形。

```
        1
      1   1
    1   2   1
  1   3   3   1
1   4   6   4   1
```

图 3-1 5 行杨辉三角形

试应用递推与迭代两种算法构造并输出杨辉三角形的前 n 行(n 从键盘输入)。

2. 递推设计

（1）递推设计要点

考察杨辉三角形的构建规律，三角形的第 i 行有 i 个数，其中第 1 个数与第 i 个数都是 1，其余各项为它的两肩上数之和(即上一行中相应项及其前一项之和)。

设置二维数组 $a(n,n)$，根据构成规律实施递推。

递推关系：$a(i,j)=a(i-1,j-1)+a(i-1,j)$ $(i=3,\cdots,n;j=2,\cdots,i-1)$。

初始值：$a(i,1)=a(i,i)=1$ ($i=1,2,\cdots,n$)。

为了输出左右对称的等腰数字三角形，设置二重循环：设置 i 循环控制打印 n 行；每一行开始换行，打印 $40-3i$ 个前导空格后，设置 j 循环控制打印第 i 行的各数组元素 $a(i,j)$。

（2）递推程序设计

```
// 递推构建杨辉三角形
#include <stdio.h>
void main()
{int n,i,j,k,a[20][20];
 printf("  请输入行数 n: "); scanf("%d",&n);
 for(i=1;i<=n;i++)
    {a[i][1]=1;a[i][i]=1;}                    //  确定初始条件
 for(i=3;i<=n;i++)
 for(j=2;j<=i-1;j++)                          //  递推实施
    a[i][j]=a[i-1][j-1]+a[i-1][j];
  for(i=1;i<=n;i++)                           //  控制输出 n 行
    { for(k=1;k<=40-3*i;k++)
         printf(" ");                         //  控制输出第 i 行的前导空格
      for(j=1;j<=i;j++)
         printf("%6d",a[i][j]);               //  控制输出第 i 行的 i 个元素
      printf("\n");
    }
}
```

3. 迭代设计

（1）迭代设计要点

杨辉三角形实际上是二项展开式各项的系数，即第 $n+1$ 行的 $n+1$ 个数分别是从 n 个元素中取 $0,1,\cdots,n$ 个元素的组合数 $c(n,0),c(n,1),\cdots,c(n,n)$。注意到组合公式

$$c(n,0)=1$$

$$c(n,k)=(n-k+1)/k\times c(n,k-1)\quad (k=1,2,\cdots,n)$$

这一公式即递推关系，可不用数组，直接应用变量迭代求解。

（2）迭代程序设计

```
// 迭代构建杨辉三角形
#include <stdio.h>
void main()
{int m,n,cnm,k;
  printf("  请输入行数 n: ");
  scanf("%d",&n);
  for(k=1;k<=40;k++) printf(" ");
  printf("%6d \n",1);                         // 输出第 1 行的"1"
  for(m=1;m<=n-1;m++)
    {for(k=1;k<=40-3*m;k++)
        printf(" ");
     cnm=1;
     printf("%6d",cnm);                       // 输出每行开始的"1"
     for(k=1;k<=m;k++)
        {cnm=cnm*(m-k+1)/k;                   // 计算第 m 行的第 k 个数
```

```
            printf("%6d",cnm);
          }
        printf("\n");
      }
  }
```

4. 程序运行示例与分析

输入 n=10，上述两设计都输出 10 行杨辉三角形如图 3-2 所示。

```
                           1
                         1   1
                       1   2   1
                     1   3   3   1
                   1   4   6   4   1
                 1   5  10  10   5   1
               1   6  15  20  15   6   1
             1   7  21  35  35  21   7   1
           1   8  28  56  70  56  28   8   1
         1   9  36  84 126 126  84  36   9   1
```

图 3-2　10 行的杨辉三角形

由以上两个不同设计实现杨辉三角形可以看到，构建方式并不是一成不变的，往往有多种方式可供选择。

本案例的递推设计与迭代设计的时间复杂度均为 $O(n^2)$。

3.5.2　方格网交通线路

某城区的方格交通网如图 3-3 所示，城区有 A 段从（0,3）至（0,4）与 B 段从（5,3）至（6,3）两条打“×”路段正在维护，禁止通行；同时有十字路口 C(3,2)正在改造，所有需经 C 的横向与纵向车辆不能通行。

试统计从始点(0,0)到终点(m,n)的不同最短路线(路线中各段只能从左至右、从下至上)的条数。

输入正整数 m,n（$6<m,n<20$），输出从始点(0,0)到终点(m,n)的最短路线的条数。

(m,n)

A　B　C

(0,0)

图 3-3　交通网格示意图

1. 递推设计要点

如果没有障碍的方格交通网，每一条路线共 $m+n$ 段，其中横向 m 段，纵向 n 段，每一条不同路线对应从 $m+n$ 个元素中取 m 个元素（以放置横向段）的组合数。

因而不同路线条数为：

$$C_{m+n}^{m}=\frac{n+1}{1}\cdot\frac{n+2}{2}\cdots\cdots\frac{n+m}{m}$$

今设置了诸多障碍，可应用递推设计求解。

设 $f(x,y)$($0<x\leqslant m,0<y\leqslant n$)为从始点(0,0)到点($x,y$)的不同最短路线的条数。注意到最短路线的要求，到点（x,y）的前两点只能为（$x-1,y$）与（$x,y-1$），因而有

（1）递推关系

$$f(x,y)=f(x-1,y)+f(x,y-1)$$

（2）边界条件

$$f(x,0)=1(0<x\leqslant m)$$

注意到 A 段从（0,3）至（0,4）段禁止通行，即(0,4),⋯,(0,n)诸点均不能经过，则 $f(0,4),\cdots,f(0,n)$ 均为 0，有

$$f(0,y)=1\ (0<y\leqslant 3)$$

$$f(0,y)=0\ (3<y\leqslant n)$$

（3）障碍处理

① 城区的十字路口 C (3,2)不能通行，可令 $f(3,2)=0$;

② B 段从（5,3）至（6,3）段禁止通行，则对 $f(6,3)$的赋值只有 $f(6,2)$，即

$$f(6,3)=f(6,2);$$

设置 x,y 二重循环实施递推，注意障碍处进行特殊处理即可。

2. 递推程序设计

```
// 带障碍的方格网交通路线递推设计
#include <stdio.h>
void main()
{ int m,n,x,y; long f[30][30];
  printf("  请输入正整数 m,n: ");
  scanf("%d,%d",&m,&n);
  for(x=1;x<=m;x++) f[x][0]=1;
  for(y=1;y<=n;y++)                          // 确定边界条件
    if(y<=3) f[0][y]=1;
    else   f[0][y]=0;                        // A 段初始条件处理
  for(x=1;x<=m;x++)
  for(y=1;y<=n;y++)                          // 二重循环实施递推
    if(x==3 && y==2) f[x][y]=0;              // C 十字路口处理
    else if(x==6 && y==3)
      f[x][y]=f[x][y-1];                     // B 段维护路段处理
    else
      f[x][y]=f[x-1][y]+f[x][y-1];           // 其他点递推
  printf("  最短路线条数为: %ld \n",f[m][n]);
}
```

3. 程序运行示例与分析

```
请输入正整数 m,n: 15,16
最短路线条数为: 173646415
```

本问题的难点在于网格中的障碍处理，三类障碍分别设置不同和处理，其中“维修段” A 段需在初始条件中赋值处理，而 B 段处理只影响 $f(6,3)$一个点的赋值。

递推算法在二重循环中实现，循环频数为 mn，时间复杂度为 $O(n^2)$。

3.6 水手分椰子

本节应用递推与迭代求解著名的“水手分椰子”案例，并予以适当拓展。

3.6.1 5 个水手分椰子

1. 案例背景

5 个水手来到一个岛上，采了一堆椰子后，因为疲劳都睡着了。一段时间后，第一个水手醒来，悄悄地将椰子等分成 5 份，多出一个椰子，便给了旁边的猴子，然后自己藏起一份，再将剩下的椰子重新合在一起，继续睡觉。不久，第二名水手醒来，同样将椰子等分成 5 份，恰好也多出一个，也给了猴子。然后自己也藏起一份，再将剩下的椰子重新合在一起。以后每个水手都如此分了一次并都藏起一份，也恰好都把多出的一个给了猴子。第二天，5 个水手醒来，发现椰子少了许多，心照不宣，便把剩下的椰子分成 5 份，恰好又多出一个，给了猴子。

问原来这堆椰子至少有多少个?

“水手分椰子”这一个趣题见趣题大师 M.加德纳最早发表在《科学的美国人》1958 年第 4 期上的《数学游戏》一文。该题曾在美国《星期六晚邮报》上介绍后更是广为流传。

“水手分椰子”的求解是“条件递推”的范例。以下试应用传统的迭代法与递推法分别进行求解。

2. 迭代设计

（1）确定迭代式

首先根据相邻两人所藏椰子数确定迭代方程

$$4 \times y=5 \times y+1 \quad (i=1,2,\cdots,5) \tag{3.1}$$

迭代方程即相邻两水手所藏椰子数的关系，公式左端的 y 是相邻的前一个水手藏椰子数，式右端的 y 是相邻后一个水手藏椰子数。

根据以上迭代方程变形，得从前往后迭代的迭代式为

$$y=(4 \times y-1)/5 \quad (i=1,2,\cdots,5) \tag{3.2}$$

如果经 5 次迭代保持 y 都是整数，即完成迭代。

（2）迭代程序设计

```
// 5 个水手分椰子迭代设计
#include <math.h>
#include <stdio.h>
void main()
  {int i; double k,x,y;
   i=1;k=1.0;y=k;
   while(i<=5)
      { i++;y=(4*y-1)/5;                          //  递推求后一个水手时的椰子 y
        if(y!=floor(y))
           { k=k+1.0;y=k;i=1;}                    //  若 y 不是整数,k 增 1 从头重试
      }
   x=5*k+1;                                       //  此处 k 为第 1 个水手所藏椰子数
   printf("%d 个水手分椰子，原有椰子至少有：%6.0f 个.\n",5,x);
  }
```

3. 递推设计

（1）确定递推关系

设置 y 数组，第 i 个水手藏椰子数为 $y(i)(i=1,2,\cdots,5)$个，第二天 5 个水手醒来后各分得椰子为 $y(6)$个，依题意原来这堆椰子数为

$$x=5\times y(1)+1$$

为了求取 $y(1)$，实施递推。相邻两人所藏椰子数 $y(i)$与 $y(i+1)$之间的关系为

$$4\times y(i)=5\times y(i+1)+1 \quad (i=1,2,\cdots,5) \tag{3.3}$$

习惯按时间顺序递推，递推式变形为从 $y(i)$推出 $y(i+1)$的形式，即

$$y(i+1)=(4\times y(i)-1)/5 \quad (i=1,2,\cdots,5) \tag{3.4}$$

第二个问题，递推的初始（边界）值如何确定？

问题本身没有初始（边界）条件限制，只要求上面 5 个递推方程所涉及的 6 个量 $y(i)$都是正整数。也就是说，若有 6 个整数 $y(i)$满足 5 个方程 $4\times y(i)=5\times y(i+1)+1$，$(i=1,2,\cdots,5)$即为所求的一个解。

首先 $y(1)$赋初值 k（取值从 1 开始递增）后推出 $y(2)$，由 $y(2)$推出 $y(3)$，…，依此经 5 次递推得 $y(6)$。如果某一次推出的不是整数，则中止继续往后推，返回 k 增 1 后赋值给 $y(1)$，从头开始。如果 5 次递推都是整数，则输出原有椰子数 $5\times y(1)+1$ 后结束。

（2）递推程序设计

```
// 5 个水手分椰子递推设计
#include <math.h>
#include <stdio.h>
void main()
  {int i; double k,x,y[7];
   i=1;k=1.0;y[1]=k;
   while(i<=5)
       { i++;y[i]=(4*y[i-1]-1)/5;                    //  递推求后一个水手时的椰子 y(i)
         if(y[i]!=floor(y[i]))
            { k=k+1.0;y[1]=k;i=1;}                   //  若 y(i)不是整数,k 增 1 重试
       }
   x=5*y[1]+1;
   printf("%d 个水手分椰子，原有椰子至少有：%6.0f 个.\n",5,x);
  }
```

（3）程序运行结果与讨论

运行以上迭代程序与递推程序,输出

```
5 个水手分椰子,原有椰子至少为: 15621 个.
```

这一结果是否可靠？我们稍作讨论：

据 $x=5\times y(1)+1$，由 $x=15\,621$ 可推得第 1 个水手藏有 $y(1)=3\,124$ 个。

由递推式 $y(i+1)=(4\times y(i)-1)/5$ 依次可得：

$$y(2)=2\,499,\ y(3)=1\,999,\ y(4)=1\,599,\ y(5)=1\,279,\ y(6)=1\,023$$

所求结果之所以加上“至少有”，是因为 5 个水手分椰子除了以上结果 15 621 个外，还可以有其他许多结果。例如改变搜索范围，可得原有椰子为 31 246，或 46 871 等，这些都是满足要求的解。

4. 算法改进与程序优化

（1）递推方向改进

上述递推方向是“由前向后”递推，即“由大向小”递推，显然是舍近求远。试把递推方向“由前向后”改进为“由后向前”，即改进为 $y(6)$赋初值 k 后递推出 $y(5)$，由 $y(5)$递推出 $y(4)$，依此经 5 次递推得 $y(1)$，实际上是“由小向大”递推，可精简试探的次数。

“由后向前”递推式为

$$y(i)=(5\times y(i+1)+1)/4 \quad (i=1,2,\cdots,5) \tag{3.5}$$

（2）参量 k 取值改进

上述程序从 k=1 开始，以后由“k=k+1”使 k 递增 1 取值，这样做显然产生了大量无效操作。按“由后往前”递推时，表征 y(6)的参量 k 的取值可以改进：为确保从 y(6)推出整数 y(5)，显然 y(6)（即参量 k）只能取 3,7,11,…，即取 mod(k,4)=3。因而可改进为 k=3 赋初值，“k=k+4”增大取值步长。

（3）改进输出结果

为使输出结果更为直观，在输出所求原堆椰子个数的基础上，可设置循环详细揭示每一个水手所面临的椰子数与所藏的椰子数。

（4）改进后的优化程序设计

```
// 5 个水手分椰子从后往前优化递推设计
#include <math.h>
#include <stdio.h>
void main()
{int i;
 double k,x,y[7];
 i=6;k=3.0;y[6]=k;
 while(i>1)
       {i--;
        y[i]=(y[i+1]*5+1)/4;                    //  递推求前一个水手时的椰子
        if(y[i]!=floor(y[i]))
           {k=k+4.0;y[6]=k;i=6;}                //  若 y(i)不是整数，k 增 4 重试
        }
  x=5*y[1]+1;
  printf("原有椰子至少为：%5.0f 个.\n",x);
  for(i=1;i<=5;i++)
     {printf("第%2d 个水手面临椰子：%5.0f=5*%5.0f+1 个,",i,5*y[i]+1,y[i]);
      printf("藏%5.0f 个.\n",y[i]);
      }
  printf("最后一起分时有椰子：%5.0f=5*%5.0f+1 个.",5*y[6]+1,y[6]);
  printf("每人分得%5.0f 个.\n",y[6]);
}
```

（5）程序运行示例与说明

```
原有椰子至少为：15621 个.
    第  1 个水手面临椰子：15621=5* 3124+1 个,藏  3124 个.
    第  2 个水手面临椰子：12496=5* 2499+1 个,藏  2499 个.
    第  3 个水手面临椰子：  9996=5* 1999+1 个,藏  1999 个.
    第  4 个水手面临椰子：  7996=5* 1599+1 个,藏  1599 个.
    第  5 个水手面临椰子：  6396=5* 1279+1 个,藏  1279 个.
    最后一起分时有椰子：  5116=5* 1023+1 个.每人分得  1023 个.
```

从以上运行结果来看，从前往后推，即从大往小推，最后要试到 k=15 621 才能得到结果。而从后往前推，即从小往大推，只要试到 k=1 023 即可完成。可见，在应用递推时，注意选用合适的递推方向直接关系到递推的效率。

3.6.2 探求 *n* 个水手分椰子

我们把问题从5个水手分椰子拓广到探求一般的 *n* 个水手分椰子，并把每次给猴子的椰子数由1个一般化为 *m* 个。

（1）案例表述

n 个水手来到一个岛上，采了一堆椰子后，因为疲劳都睡着了。一段时间后，第一个水手醒来，悄悄地将椰子等分成 *n* 份，多出 *m* 个椰子，便给了旁边的猴子，然后自己藏起一份，再将剩下的椰子重新合在一起，继续睡觉。不久，第二名水手醒来，同样将椰子了等分成 *n* 份，恰好也多出 *m* 个，也给了猴子。然而自己也藏起一份，再将剩下的椰子重新合在一起。以后每个水手都如此分了一次并都藏起一份，也恰好都把多出的 *m* 个给了猴子。第二天，*n* 个水手醒来，发现椰子少了许多，心照不宣，便把剩下的椰子分成 *n* 份，恰好又多出 *m* 个，给了猴子。

对于给定的整数 n,m（约定 $0<m<n<9$ 从键盘输入），试求原来这堆椰子至少有多少个？

（2）递推设计要点

求解思路选择从后往前递推 *n* 次，递推式为

$$y(i)=(n\times y(i+1)+m)/(n-1) \qquad (i=1,2,\cdots,n) \tag{3.6}$$

为精简试验的次数,确保从 $y(n+1)$ 递推出整数 $y(n)$，显然 $y(n+1)$ 的试验取值 k 只能取 $k\%(n-1)=n-m-1$。因而在循环前 k 赋初值 $k=n-m-1$，以后 k 按 $n-1$ 增值。

（3）递推程序设计

```
// n 个水手分椰子递推设计
#include <math.h>
#include <stdio.h>
void main()
{int i,m,n;
 double k,x,y[20];
 printf("请输入人数 n(1<n<9): ");   scanf("%d",&n);
 printf("请输入每次所剩椰子数 m(0<m<n): "); scanf("%d",&m);
 i=n+1;k=n-m-1;y[n+1]=k;
 while(i>1)
    {i--;
     y[i]=(y[i+1]*n+m)/(n-1);                    //  递推求前一个水手时的椰子
     if(y[i]!=floor(y[i]))
        {k=k+n-1;y[n+1]=k;i=n+1;}                //  若 y(i)不是整数，k 增 n-1 重试
    }
  x=n*y[1]+m;
  printf("原有椰子至少为：%8.0f 个.\n",x);
  for(i=1;i<=n;i++)
     {printf("第%2d 个水手面临椰子：",i);
      printf("%8.0f=%d*%8.0f+%d 个,",n*y[i]+m,n,y[i],m);
      printf("藏%8.0f 个.\n",y[i]);
     }
  printf("最后一起分时有椰子：");
  printf("%8.0f=%d*%8.0f+%d 个.",n*y[n+1]+m,n,y[n+1],m);
  printf("每人分得%8.0f 个.\n",y[n+1]);
}
```

（4）程序运行示例与说明

```
请输入人数 n(1<n<9): 7
请输入每次所剩椰子数 m(0<m<n): 3
原有椰子至少为:  5764783 个.
第 1 个水手面临椰子:  5764783=7*  823540+3 个,藏  823540 个.
第 2 个水手面临椰子:  4941240=7*  705891+3 个,藏  705891 个.
第 3 个水手面临椰子:  4235346=7*  605049+3 个,藏  605049 个.
第 4 个水手面临椰子:  3630294=7*  518613+3 个,藏  518613 个.
第 5 个水手面临椰子:  3111678=7*  444525+3 个,藏  444525 个.
第 6 个水手面临椰子:  2667150=7*  381021+3 个,藏  381021 个.
第 7 个水手面临椰子:  2286126=7*  326589+3 个,藏  326589 个.
最后一起分时有椰子:  1959534=7*  279933+3 个.每人分得  279933 个.
```

当输入 *n* 的值比较小时，输出的数值相应较小，可加强我们对递推的直观理解。

若运行程序输入 *n* 的值比较大时，例如 *n*=8，输出的结果达 9 位数，大数值可提高我们对程序设计处理能力的认识。

3.7 整币兑零

整币兑零是一个特殊的分解统计案例，其不同的兑零种数与零币的种数及各零币的具体数值密切相关。

本节从探讨特定的 6 种零币兑零入手，拓展到一般从键盘输入的 *m* 种零币兑零。

3.7.1 特定零币兑零

把一张 1 元整币兑换成 1 分、2 分、5 分、1 角、2 角和 5 角共 6 种零币，共有多少种不同兑换种数？

一般地，把一张 2 元整币、5 元整币或一张 *n* 元整币兑换成 1 分、2 分、5 分、1 角、2 角和 5 角共 6 种零币，共有多少种不同兑换种数？

（1）枚举设计思路

一般地设整币的面值为 *n* 个单位，面值为 1、2、5、10、20、50 单位零币的个数分别为 $p_1, p_2, p_3, p_4, p_5, p_6$。显然需要解一次不定方程

$$p_1+2\times p_2+5\times p_3+10\times p_4+20\times p_5+50\times p_6=n$$

其中 $p_1, p_2, p_3, p_4, p_5, p_6$ 为非负整数。

对这 6 个变量实施枚举，确定枚举范围为：

$$0\leqslant p_1\leqslant n,\ 0\leqslant p_2\leqslant n/2,\ 0\leqslant p_3\leqslant n/5,\ 0\leqslant p_4\leqslant n/10,\ 0\leqslant p_5\leqslant n/20,\ 0\leqslant p_6\leqslant n/50$$

在以上枚举的 6 重循环中，若满足条件 $p_1+2\times p_2+5\times p_3+10\times p_4+20\times p_5+50\times p_6=n$，则为一种兑零方法，输出结果并通过变量 *m* 统计不同的兑换种数。

（2）枚举程序设计

```
// 特定兑零枚举设计
#include <stdio.h>
```

```
void main()
{ int p1,p2,p3,p4,p5,p6,n;
   long m=0;
   printf("   请输入整币量  n: ");scanf("%d",&n);
   printf("     1 分   2 分   5 分   1 角   2 角   5 角 \n");
   for(p1=0;p1<=n;p1++)
   for(p2=0;p2<=n/2;p2++)
   for(p3=0;p3<=n/5;p3++)
   for(p4=0;p4<=n/10;p4++)
   for(p5=0;p5<=n/20;p5++)
   for(p6=0;p6<=n/50;p6++)
      if(p1+2*p2+5*p3+10*p4+20*p5+50*p6==n)          // 根据条件检验
         { m++; printf(" %5d%5d%5d",p1,p2,p3);
            printf("%5d%5d%5d\n",p4,p5,p6);
         }
      printf(" %d(1,2,5,10,20,50)=%ld \n",n,m);
}
```

运行程序，输入 100，即得 1 元整币兑换成 1 分、2 分、5 分、1 角、2 角、5 角共 6 种零币的不同兑换方法及种数为：

```
请输入整币量  n: 100
1 分   2 分    5 分   1 角   2 角    5 角
0      0       0      0      0       2
0      0       0      0      5       0
0      0       0      1      2       1
……
100(1,2,5,10,20,50)=4562
```

共有 4 562 个解，即有 4 562 种不同的兑换种数。

（3）精简枚举循环设计

在上述程序的 6 重循环中，我们可精简 p_1 循环，在循环内应用

$$p_1=n-(2\times p_2+5\times p_3+10\times p_4+20\times p_5+50\times p_6)$$

给 p_1 赋值。如果 p_1 为非负数，对应一种兑换法。

当 n 较大时程序运行时间较长，主要是每一个解都要打印。如果只需计算兑换种数，可省略打印语句，这样可大大缩减程序的运行时间。

```
// 特定兑零精简循环设计
#include <stdio.h>
void main()
{ int p1,p2,p3,p4,p5,p6,n; long m=0;
   printf("   请输入整币量 n: ");scanf("%d",&n);
   for(p2=0;p2<=n/2;p2++)                                    // 已省略了 p1 循环
   for(p3=0;p3<=n/5;p3++)
   for(p4=0;p4<=n/10;p4++)
   for(p5=0;p5<=n/20;p5++)
   for(p6=0;p6<=n/50;p6++)
      { p1=n-(2*p2+5*p3+10*p4+20*p5+50*p6);                   // p1 为一分币的个数
         if(p1>=0) m++;                                       // 用 m 统计兑换种数
      }
   printf(" %d(1,2,5,10,20,50)=%ld \n",n,m);
}
```

运行程序，输入 n=200，即得 2 元整币兑换成 1 分、2 分、5 分、1 角、2 角、5 角共 6 种零币的不同兑换种数为：

```
请输入整币量 n: 200
200(1,2,5,10,20,50)=69118
```

（4）进一步优化枚举设计

以上程序的循环次数已经大大精简了。进一步分析，我们看到在程序的循环设置中，p_3 循环可从 $0\sim n/5$ 改进为 $0\sim(n-2\times p_2)/5$，因为在 n 中 p_2 已占去了 $2\times p_2$。依此类推，对 p_4、p_5、p_6 的循环可作类似的循环参量优化。

```
// 特定兑零进一步优化设计
#include <stdio.h>
void main()
{ int p1,p2,p3,p4,p5,p6,n; long m=0;
  printf("   请输入整币量 n: ");scanf("%d",&n);
  for(p2=0;p2<=n/2;p2++)
  for(p3=0;p3<=(n-2*p2)/5;p3++)                          // 缩减 p3、p4、p5、p6 循环范围
  for(p4=0;p4<=(n-2*p2-5*p3)/10;p4++)
  for(p5=0;p5<=(n-2*p2-5*p3-10*p4)/20;p5++)
  for(p6=0;p6<=(n-2*p2-5*p3-10*p4-20*p5)/50;p6++)
     { p1=n-(2*p2+5*p3+10*p4+20*p5+50*p6);
       if(p1>=0) m++;                                    // 用 m 统计兑换种数
     }
  printf("   %d(1,2,5,10,20,50)=%ld \n",n,m);
}
```

运行程序，输入 n=500，即得 5 元整币兑换成 1 分、2 分、5 分、1 角、2 角、5 角共 6 种零币的不同兑换种数为：

```
请输入整币量 n: 500
500(1,2,5,10,20,50)=3937256
```

以上 3 个设计尽管都是枚举，但循环的设置与循环参量的改进可精简一些不必要的比较操作，可大大缩减程序的运行时间。

3.7.2 一般零币兑零

以上特定零币兑零的零币限定为 1,2,5,10,20,50 共 6 种。下面将进行拓展，把整币兑零的零币一般化为 m 种，每一种零币值从键盘输入。

1. 递推设计要点

因为零币的种数较多时，应用枚举显然不能胜任，考虑应用递推求解。应用递推求解的关键在于寻求递推关系。

（1）确立递推关系

设整币为 n 个单位，m 种指定零币从小至大分别为 $x_1,x_2,\cdots,x_m$ 个单位。整币兑零实际上是一个整体数无序可重复化零问题。

记 $a(j,i)$为整体数是 i，最大零数是 x_j 的化零种数。当去掉一个 x_j 后，整体数变为 $p=i-x_j$，最大零数可为 x_1，或 x_2，…，或 x_j（因可重复），于是有递推式：

$$a(j,i)=a(1,p)+a(2,p)+\cdots+a(j,p) \quad （其中\ p=i-x_j）$$

可据整体数 i 能否被 x_1 整除确定初始条件：

$a(1,i)=1$　　（当 i 能被 x_1 整除时）

$a(1,i)=0$　　（当 i 不能被 x_1 整除时）

（2）计算兑零种数

作以上函数递推，分别计算得 $a(1,n),a(2,n),\cdots,a(m,n)$，求和即得所求的整币兑零种数：

$$n(x_1,x_2,\cdots,x_m)=a(1,n)+a(2,n)+\cdots+a(m,n)$$

应用函数递推简化了化零的难度。

2. 递推程序设计

```
// 一般零币兑零递推程序设计
#include<stdio.h>
void main()
{ int p,i,j,n,m,k;
  static int x[12];
  static long int a[12][1001];
  long b,s;
  printf("  请输入整币值（单位数）：");
  scanf("%d",&n);                                    // 输入处理数据
  printf("  请输入零币种数：");
  scanf("%d",&m);
  printf("（从小至大依次输入每种零币值）\n");
  for(i=1;i<=m;i++)
     { printf("  第%d 种零币值（单位数）：",i);
       scanf("%d",&x[i]);
     }
  for(i=0;i<=n;i++)                                   // 确定初始条件
      if(i%x[1]==0) a[1][i]=1;
      else a[1][i]=0;
  for(s=a[1][n],j=2;j<=m;j++)                         // 递推计算 a(2,n),a(3,n)……
     { for(i=x[j];i<=n;i++)
          { p=i-x[j];b=0;
            for(k=1;k<=j;k++)
               b+=a[k][p];
            a[j][i]=b;
          }
       s+=a[j][n];                                    // 累加 a(1,n),a(2,n)……
     }
  printf("  整币兑零种数为：%ld\n",s);                  // 输出兑零种数
}
```

3. 程序运行示例与说明

```
请输入整币值（单位数）：1000
请输入零币种数:9
（从小至大依次输入每种零币值）：1,2,5,10,20,50,100,200,500
整币兑零种数为: 327631321
```

这一问题如果应用前面的枚举设计求解，显然难以胜任。可见，递推设计的时间复杂度大大低于枚举设计。

本程序是求解整币兑零，事实上输入的整币值并不限于实际的 100,500,200,1 000 等，可输入 234,5 017 等任意整数“整币值”。输入的零币值也不受实际约束，只要小于整币值的任意整数均可。

3.8 递推小结

本章应用递推简捷地设计求解了一些有难度的数列与数阵问题。在超级素数的搜索设计中，我们领略了递推设计相对于枚举设计的优越性。在整币兑零等实际案例的求解中，也看到了递推的魅力。

应用递推设计求解，关键在于根据问题的具体实际进行归纳与探索，寻求符合实际的递推关系，这既是重点，也是难点。

与递推紧密关联的是迭代(iteration)。在“杨辉三角”与“水手分椰子”的设计求解中，我们既应用了递推设计，也应用了迭代设计。

迭代是一种不断用变量的旧值推出新值的过程，在数学中出现过各种各样技巧性很强的迭代法。

在迭代过程中，至少存在一个直接或间接地不断由旧值推出新值的变量，这个变量就是迭代变量。如何从变量的前一个值推出其下一个值的公式(或关系)称为迭代关系式。在什么时候结束迭代过程？对迭代过程的控制往往要根据求解的具体实际来决定。

在前面许多实例求解的算法设计中常用到迭代。

例如计数：n=n+1(n+=1;或 n++;)

再如求和：s=s+k(或 s+=k;)

这些都是用变量 n、s 的新值取代旧值的过程，这些操作都是迭代。

从以上“杨辉三角”与“水手分椰子”的设计求解可见,递推常使用数组来完成，而传统迭代使用简单变量来完成。

递推也是根据递推关系式不断推出新值的过程。我们知道，数组是由具有同名同属性的数据所组成的数据结构，从这个意义上说，递推的实质就是迭代，或者说递推可归纳为一种广义的迭代，而传统迭代则可视为一种应用简单变量的递推。

在实际案例处理中，很多迭代过程可以应用递推来实现，反过来，很多递推过程也可以应用迭代来解决。

例 3-1 裴波那契数列的迭代设计。

前面应用递推设计求解裴波那契数列的第 n 项与前 n 项之和，事实上应用迭代设计也可以设计求解。

（1）迭代设计要点

设 a,b 是数列的相邻两项，s 是前 k 项之和。

循环前给 a,b,s 赋初值，进入 k 循环(k=3,4,⋯,n)，a=a+b;实施迭代求得数列的第 k 项；s=s+a; 实施迭代求得数列的前 k 项之和；然后借助 c 把新得到的一项 a 作为 b，把原有 b 作为 a，为下一次迭代作准备。

（2）迭代程序设计

```
// 裴波那契数列迭代设计
#include <stdio.h>
void main()
  { int k,n; long a,b,c,s;
    printf("    请输入整数 n: "); scanf("%d",&n);
    a=1;b=1;s=a+b;                   // 迭代变量 a,b,s 赋初值
    for(k=3;k<=n;k++)                // 控制迭代次数
      { a=a+b;                       // 推出 a 是 f 数列的第 k 项
        s=s+a;                       // 推出 s 是 f 数列的前 k 项之和
        c=b;b=a;a=c;             // a,b 交换，为下次迭代作准备
      }
    printf("    %ld,%ld \n",b,s);
  }
```

这里输出的 b 为最后一次循环中的 a，即数列的第 n 项，s 即为 F 数列的前 n 项之和。

由此可知，很多计数问题，应用递推设计可以求解，应用迭代设计也可以求解。

比较递推与迭代，两者的时间复杂度是相同的。所不同的是，递推往往设置数组，而传统迭代设置迭代的简单变量。

递推过程中数组变量带有下标，推出过程比传统迭代更为清晰。

正因为递推中应用了数组，因而保留了递推过程中的中间数据。例如求 F 数列的第 40 项后，数列的第 20 项保留在 $f(20)$ 中，随时可以输出查看。而传统迭代求解中并不保留迭代过程中的中间数据。

习题 3

3-1　求解递推数列。

已知 b 数列定义：

$$b_1 = 1, b_2 = 2, \quad b_n = 3b_{n-1} - b_{n-2} \ (n > 2)$$

递推求 b 数列的第 20 项与前 20 项之和。

3-2　双关系递推数列。

集合 M 定义如下：

（1）$1 \in M$。

（2）$x \in M \Rightarrow 2x+1 \in M, 3x+1 \in M$。

（3）再无别的数属于 M。

试求集合 M 元素处于指定区间 $[c,d]$ 中的元素个数，并求区间内元素从小到大排序的第 n 项。

写出 c=1 000，d=2 018，n=100 的输出结果。

3-3　多幂序列。

设 x,y,z 为非负整数，试计算集合

$$M=\{2^x,3^y,5^z|x\geqslant 0,y\geqslant 0,z\geqslant 0\}$$

的元素由小到大排列的多幂序列第 n 项与前 n 项之和。

3-4 双幂积序列的和。

由集合 $M=\{2^x3^y|x\geqslant 0,y\geqslant 0\}$元素组成的复合幂序列，求复合幂序列的指数和 $x+y\leqslant n$（正整数 n 从键盘输入）的各项之和

$$s=\sum_{x+y=0}^{n}2^x3^y, x\geqslant 0, y\geqslant 0$$

3-5 粒子裂变。

核反应堆中有 α 和 β 两种粒子，每秒内一个 α 粒子可以裂变为 3 个 β 粒子，而一个 β 粒子可以裂变为 1 个 α 粒子和 2 个 β 粒子。若在 $t=0$ 时刻的反应堆中只有一个 α 粒子，求在 t 秒时反应堆裂变产生的 α 粒子和 β 粒子数。

3-6 振动数列。

已知递推数列：

$$a(1)=1，a(2\times i)=a(i)+2，a(2\times i+1)=a(i+1)-a(i)，（i=1,2,\cdots）$$

数列平台定义：数列中相连两项或相连两项以上相等，则称为一个平台。

数列波峰定义：

（1）若某项同时大于其前、后相邻项；

（2）若存在相连若干项相等，这些项同时大于其相邻前项与后项。

例如相连的某 3 项为 4,7,5,则为一个波峰；相连的某 4 项为-1,3,3,2,也为一个波峰，其中 3,3 为一个平台。

对指定的正整数 m,n（$m<n$），统计该数列从第 m 项至第 n 项这一段中的数列平台与数列波峰个数。

3-7 猴子吃桃。

有一猴子第 1 天摘下若干个桃子，当即吃了一半，还不过瘾，又多吃了 1 个。第 2 天早上又将剩下的桃子吃掉一半，又多吃了 1 个。以后每天早上都吃了前一天剩下的一半后又多吃 1 个。到第 10 天早上想再吃时，见只剩下 1 个桃子了。

求第 1 天共摘了多少个桃子。

3-8 猴子爬山。

一个顽猴在一座有 n 级台阶的小山上爬山跳跃，猴子上山一步可跳 1 级，或跳 3 级，试求上山的 n 级台阶有多少种不同的爬法。

3-9 一般猴子爬山情形的分级递推。

把猴子爬山问题引申为爬山 n 级台阶，一步有 m 种跨法，每一种跨法分别为多少级均从键盘输入。

输入总台阶数 n 与一步有 m 种跳法的整数 m，同时从小到大输入一步跳几级；输出共有不同的跳法种数。

第 4 章 递 归

递归（recursion）是算法设计中的基本算法。递归方法通过函数或过程调用自身将问题转化为本质相同但规模较小的子问题，是分治策略的具体体现。

递归方法易于描述、直观简单，是许多复杂算法的基础，在实现动态规划、实施回溯设计方面有着广泛的应用。

4.1 递归概述

应用计算机求解问题所需的时间都与问题的规模相关，求解问题的规模小，求解所需的时间就少；求解问题的规模越大，求解所需的时间就越长。

例如对 n 个数排序，当 n=1 时，无需排序；当 n=2 时，两个数通过一次比较即可；当 n=3 时，要进行 3 次比较才能完成排序；…，如果 n 相当大，对这 n 个数排序就变得很困难。

当求解一个规模很大的问题时，可以考虑实施分解，即把原问题分解为若干个规模较小的问题处理，以便各个击破，分而治之，这就是分治的设计思想。

如果求解的问题可分解为 k 个子问题，且这些子问题都可解，并可利用这些子问题的解求出原问题的解，则这种分治是可行的。

递归是一个过程或函数在其定义中直接或间接调用自身的一种方法。递归算法设计，就是把一个大型的问题层层转化为一个与原问题相似的规模较小的问题，在逐步求解规模较小的问题后，再返回（回溯）得到原问题的解，是分治策略的具体体现。

递归策略只需少量的语句就可描述出解题过程所需要的多次重复计算，大大地减少了描述的代码量。用递归写出的程序往往十分简洁易懂。

一般来说，递归包含有边界条件、递归前进段和递归返回段。当边界条件不满足时，递归前进；当边界条件满足时，递归返回。

使用递归要注意以下几点：

（1）递归就是在过程或函数里调用自身；

（2）在使用递归时，必须有一个明确的递归结束条件，称为递归出口。

例如函数 p：

```
int p(int a)
  { b=p(a-1)+a;
    return b;
  }
```

这个函数在定义中调用自身，运行该函数将无休止地调用，没有控制结束的“出口”，显然是不可行的。为了防止递归调用无终止地进行，必须在函数内有终止递归调用的手段。常用的办法是加条件判断，满足某种条件后就不再作递归调用，然后逐层返回。

例 4-1 用递归法计算 $n!$。

计算正整数 n 的阶乘 $n!$是一个典型的递归问题。

（1）建立递归关系

注意到，当 $n>1$ 时，$n!=n\times(n-1)!$，这就是一种递归关系。对于某一参数 k，$k!$的值只与 k 和 $(k-1)!$有关。

（2）确定递归边界

递归边界为：$n=1$ 时，$n!=1$。对于任意给定的 n，程序将最终求解到 1!。

（3）建立 $n!$的递归函数

```
long f(int x)
  { long g;
    if(x==1) g=1;
    else g=x*f(x-1);
    return(g);
  }
```

（4）设计调用递归函数的主程序

递归函数设计已经完成，需设计主程序调用递归函数。

```
#include <stdio.h>
void main()
{ int n;long y;
  printf("  计算 n!，请输入 n: "); scanf("%d",&n);
  y=f(n);                              // 调用函数 f(n)
  printf("  %d!=%ld \n",n,y);
}
```

（5）递归调用剖析

主函数调用 $f(n)$后即进入递归函数 $f(x)$执行。

设执行本程序时输入为 $n=5$，即求 5!。在主函数中的调用语句即为“y=f(5)”，执行 $f(x)$函数，由于 $n=5$，不等于 1，故应执行“g=n*f(n−1)”，即“g=5*f(4)”。该语句调用“f(4)”……

进行 4 次递归调用后，$f(x)$函数参数值 x 变为 1，故不再继续递归调用而开始逐层返回主调函数。

$f(1)$的函数返回值为 1;

$f(2)$的返回值为 $2\times f(1)=2\times 1=2$;

$f(3)$的返回值为 $3\times f(2)=3\times 2=6$;

$f(4)$的返回值为 $4\times f(3)=4\times 6=24$;

最后返回值 $f(5)$为 $5\times f(4)=5\times 24=120$。

这一运行过程如下：

$f(5)$——$f(4)$——$f(3)$——$f(2)$——$f(1)$——$f(2)$——$f(3)$——$f(4)$——$f(5)$

————————————> 递归　　————————————> 回溯

综上所述，得出构造一个递归方法的基本步骤：构建递归关系、确定递归边界、写出递归函数，最后设计主函数调用递归函数。

顺便指出，如果把递归函数与主程序写在一个程序中，而主程序放在递归函数前面，需要在主程序中说明递归函数。

例 4-2　计算阿克曼函数。

阿克曼(Ackerman)函数 $a(n,m)$递归定义如下：

$$a(m,n)=\begin{cases} n+1 & m=0 \\ a(m-1,1) & n=0 \\ a(m-1,a(m,n-1)) & m,n\geqslant 1 \end{cases}$$

试输出阿克曼函数的（$m\leqslant 3$，$n\leqslant 10$）的值。

解：$a(n,m)$函数是一个双变量递归函数，其定义用 3 段函数实现，是函数值随着变量 m,n 变化的递归函数。

（1）递归分析

当 m=0 时，$a(0,n)=n+1$，这是递归终止条件；

当 n=0 时，$a(m,0)=a(m-1,1)$；这是 n=0 时的递归表达式；

当 $m,n\geqslant 1$ 时，$a(m,n)=a(m-1,a(m,n-1))$，这是 $n\geqslant 1$ 时的递归表达式。

试以 $a(1,3)$为例说明函数的递归过程：

$$\begin{aligned} a(1,3)&=a(0,a(1,2))=a(0,a(0,a(1,1)))=a(0,a(0,a(0,a(1,0)))) \\ &=a(0,a(0,a(0,a(0,1))))=a(0,a(0,a(0,2))) \\ &=a(0,a(0,3))=a(0,4)=5 \end{aligned}$$

（2）实现递归函数 $a(m,n)$程序设计

```
// 输出阿克曼函数的(m≤3,n≤10)的值
int a(int m,int n)                              // 定义递归函数 a(m,n)
{  if(m==0)  return n+1;
   else if(n==0) return a(m-1,1);
   else return a(m-1,a(m,n-1));
}
#include <stdio.h>
void main()                                     // 设计调用递归函数的主程序
{ int m,n;
  printf("a(m,n)");
  for(n=0;n<=10;n++)
     printf(" n=%1d ",n);
  printf("\n");
  for(m=0;m<=3;m++)
    { printf(" m=%d",m);
      for(n=0;n<=10;n++)
        printf("%5d",a(m,n));                   // 调用递归函数 a(m,n)
      printf("\n");
    }
  printf("\n");
}
```

（3）递归运行示例与说明

a(m,n)	n=0	n=1	n=2	n=3	n=4	n=5	n=6	n=7	n=8	n=9	n=10
m=0	1	2	3	4	5	6	7	8	9	10	11
m=1	2	3	4	5	6	7	8	9	10	11	12
m=2	3	5	7	9	11	13	15	17	19	21	23
m=3	5	13	29	61	125	253	509	1021	2045	4093	8189

若采用递推求 $a(3,10)$，由上表可知 $a(3,9)=4\,093$，则

$$a(3,10)=a(2,a(3,9))=a(2,4\,093)$$

若 n 的取值非常大，可见递推完成的难度。

4.2 购票排队

一场球赛开始前，售票工作正在紧张进行中。每张球票为 50 元，现有 30 个人排队等待购票，其中有 20 个人手持 50 元的钞票，另外 10 个人手持 100 元的钞票。

假设开始售票时售票处没有零钱，求出这 30 个人排队购票，使售票处不至出现找不开钱的局面的不同排队种数。（约定：排队只认钞票不认人，即拿同样面值钞票的人对换位置为同一种排队。）

1．递归设计要点

我们考虑一般情形：有 $m+n$ 个人排队等待购票，其中有 m 个人手持 50 元的钞票，另外 n 个人手持 100 元的钞票。求出这 $m+n$ 个人排队购票，使售票处不至出现找不开钱的局面的不同排队种数。

这是一道典型的组合计数问题，可以应用递推求解，也可以应用递归求解。

令 $f(m,n)$ 表示有 m 个人手持 50 元的钞票，n 个人手持 100 元的钞票时的排队总数。我们分以下 3 种情况来讨论。

（1）当 $n=0$ 时

$n=0$ 意味着排队购票的所有人手中拿的都是 50 元的钞票，注意到拿同样面值钞票的人对换位置为同一种排队，那么这 m 个人的排队总数为 1，即 $f(m,0)=1$。

（2）当 $m<n$ 时

当 $m<n$ 时，即排队购票的人中持 50 元的人数小于持 100 元的钞票，即使把 m 张 50 元的钞票全都找出去，仍会出现找不开钱的局面，所以这时排队总数为 0，即 $f(m,n)=0$。

（3）其他情况

我们思考 $m+n$ 个人排队购票，第 $m+n$ 个人站在第 $m+n-1$ 个人的后面，则第 $m+n$ 个人的排队方式可由下列两种情况获得：

1）第 $m+n$ 个人手持 100 元的钞票，则在他之前的 $m+n-1$ 个人中有 m 个人手持 50 元的钞票，有 $n-1$ 个人手持 100 元的钞票，此种情况共有 $f(m,n-1)$。

2）第 $m+n$ 个人手持 50 元的钞票，则在他之前的 $m+n-1$ 个人中有 $m-1$ 个人手持 50 元的钞票，有 n 个人手持 100 元的钞票，此种情况共有 $f(m-1,n)$。

由加法原理得到 $f(m,n)$ 的递归关系：

$$f(m,n)=f(m,n-1)+f(m-1,n)$$

初始条件：

当 $m<n$ 时，$f(m,n)=0$

当 $n=0$ 时，$f(m,n)=1$

2. 购票排队递归程序设计

```
// 购票排队递归程序设计
long f(int j,int i)                                    // 定义递归函数
  { long y;
    if(i==0) y=1;
    else if(j<i) y=0;                                  // 确定初始条件
    else y=f(j-1,i)+f(j,i-1);                          //  实施递归
    return(y);
  }
#include<stdio.h>
void main()                                            // 设计调用递归函数的主程序
  { int m,n;
    printf("   请输入参数  m,n: "); scanf("%d,%d",&m,&n);
    printf("   f(%d,%d)=%ld.\n",m,n,f(m,n));           // 调用递归函数
  }
```

3. 购票排队递推程序设计

以上的递归关系即递推关系，为便于对照，写出递推程序如下：

```
// 购票排队递推程序设计
#include<stdio.h>
void main()
  { int m,n,i,j;
    long f[100][100];
    printf("   请输入参数  m,n: "); scanf("%d,%d",&m,&n);
    for(j=1;j<=m;j++)
       f[j][0]=1;
    for(j=0;j<=m;j++)                                  // 确定初始条件
    for(i=j+1;i<=n;i++)
       f[j][i]=0;
    for(i=1;i<=n;i++)
    for(j=i;j<=m;j++)
       f[j][i]=f[j-1][i]+f[j][i-1];                    // 循环中实施递推
    printf("   f(%d,%d)=%ld.\n",m,n,f[m][n]);
  }
```

4. 程序运行示例与分析

```
请输入参数 m,n: 15,12
f(15,12)=4345965.
```

比较以上递归与递推的程序，对输入同样的参数都能得到相同的结果。但两个算法的复杂度差异较大：在递推设计中，双循环次数为 *mn*，因而递推设计的复杂度为 $O(n^2)$；注意到递归有回溯过程的存在，显然递归的复杂度要高于递推。

4.3 汉诺塔游戏

汉诺塔（Hanoi）问题，又称河内塔问题，是印度的一个古老传说。开天辟地的神勃拉玛在一个庙里留下了三根金刚石的棒，第一根上面套着 64 个圆的金片，最大的一个在底下，其余一个比

一个小，依次叠上去。庙里的众僧不倦地把它们一个个地从这根棒搬到另一根棒上，规定可利用中间的一根棒作为帮助，但每次只能搬一个，而且大片不能放在小片上面。

后来，这个传说就演变为汉诺塔游戏：

（1）有三根桩子 A、B、C。A 桩上有 n 个圆盘，最大的一个在底下，其余一个比一个小，依次叠上去。

（2）每次移动一块圆盘，小盘的只能叠在大盘的上面。

（3）把所有圆盘从 A 桩全部移到 C 桩上，如图 4-1 所示。

试求解 n 个圆盘从 A 桩全部移到 C 桩上的移动次数，并展示 n 个圆盘的移动过程。

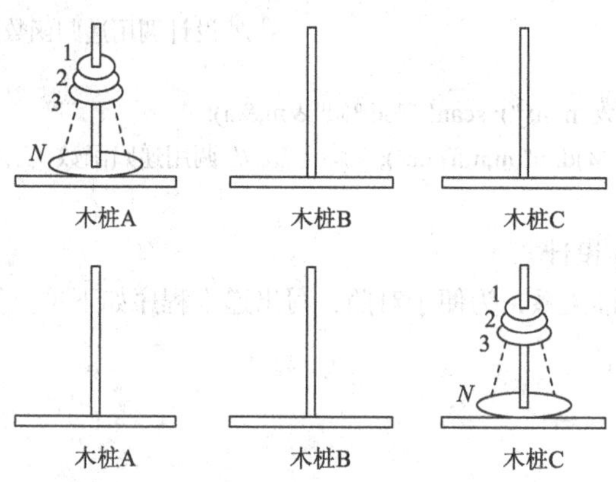

图 4-1　汉诺塔游戏示意图

4.3.1　计算移动次数

试用递归设计求 n 个圆盘从 A 桩全部移到 C 桩上的移动次数。

1. 递归关系与出口

当 n=1 时，只一个盘，移动一次即完成。

当 n=2 时，由于条件是一次只能移动一个盘，且不允许大盘放在小盘上面，首先把小盘从 A 桩移到 B 桩；然后把大盘从 A 桩移到 C 桩；最后把小盘从 B 桩移到 C 桩，移动 3 次完成。

设移动 n 个盘的汉诺塔需 $g(n)$次完成。分以下三个步骤：

（1）首先将 n 个盘上面的 $n-1$ 个盘子借助 C 桩从 A 桩移到 B 桩上，需 $g(n-1)$次。

（2）然后将 A 桩上第 n 个盘子（即最大的盘）移到 C 桩上（1 次）。

（3）最后将 B 桩上的 $n-1$ 个盘子借助 A 桩移到 C 桩上，需 $g(n-1)$次。

因而有递归关系：

$$g(n)=2\times g(n-1)+1$$

初始条件（递归出口）：

$$g(1)=1$$

2. 递归程序设计

```
//  汉诺塔移动次数递归设计
#include<stdio.h>
void main()
  { double g(int m);                          // 说明后面定义的递归函数 g(m)
    int n;
```

```
    printf("  请输入盘片数 n: ");
    scanf("%d",&n);
    if(n<=40)                                    // 在输出语句中调用递归函数
      printf("  %d 盘的移动次数为：%.0f\n",n,g(n));
    else
      printf("  %d 盘的移动次数为：%.4e\n",n,g(n));
  }
  // 求移动次数的递归函数
  double g(int m)
  { double s;
    if(m==1)  s=1;                               // 确定初始条件
    else  s=2*g(m-1)+1;                          // 实施递归
    return s;
  }
```

3. **程序运行示例**

```
请输入盘片数 n: 40
40 盘的移动次数为：1099511627775
请输入盘片数 n: 64
64 盘的移动次数为：1.8447e+019
```

这 64 盘的移动次数是一个很大的天文数字，若每一秒移动一次，那么需要数亿个世纪才能完成这 64 个盘的移动。

4.3.2 展示移动过程

同样应用递归设计展示 *n* 个圆盘从 A 桩全部移到 C 桩上的移动过程。

1. **递归设计要点**

设递归函数 *hn*(*n*,*a*,*b*,*c*)展示把 *n* 个盘从 A 桩借助 B 桩移到 C 桩的过程，函数 *mv*(*a*,*c*)输出从 A 桩到 C 桩的过程：A-->C。

完成 *hn*(*n*,*a*,*b*,*c*)，当 *n*=1 时，即 *mv*(*a*,*c*)。

当 *n*>1 时，分以下三步：

（1）将 A 桩上面的 *n*−1 个盘子借助 C 桩移到 B 桩上，即 *hn*(*n*−1,*a*,*c*,*b*)。

（2）将 A 桩上第 *n* 个盘子移到 C 桩上，即 *mv*(*a*,*c*)。

（3）将 B 桩上的 *n*−1 个盘子借助 A 桩移到 C 桩上，即 *hn*(*n*−1,*b*,*a*,*c*)。

在主程序中，用 *hn*(*m*,1,2,3)带实参 *m*,1,2,3 调用 *hn*(*n*,*a*,*b*,*c*)，这里 *m* 为具体移动盘子的个数。同时设置变量 *k* 统计移动的次数。

2. **展示移动过程程序设计**

函数 *mv*(*x*,*y*)输出从 *x* 桩到 *y* 桩的过程，这里 *x*,*y* 分不同情况取“A”或“B”或“C”，主函数调用 *hn*(*m*,'A','B','C')。

```
// 展示汉诺塔移动过程递归设计
#include <stdio.h>
int k=0;
void mv(char x,char y)                                    // 输出函数
  { printf(" %c-->%c   ",x,y);
```

```
        k++;                                          // 统计移动次数
        if(k%5==0) printf("\n");
    }
void hn(int m,char a,char b,char c)                   // 定义递归函数
    { if(m==1) mv(a,c);
      else
        { hn(m-1,a,c,b);                              // 实施三步骤调用
          mv(a,c);
          hn(m-1,b,a,c);
        }
    }
void main()                                           // 调用递归函数的主函数
    { int n;
      printf("  请输入盘的个数 n: "); scanf("%d",&n);
      hn(n,'A','B','C');
      printf("\n  共移动%d 次。\n",k);                    // 输出移动次数
    }
```

3. 程序运行示例与说明

```
请输入盘的个数 n: 4
  A-->B   A-->C   B-->C   A-->B   C-->A
  C-->B   A-->B   A-->C   B-->C   B-->A
  C-->A   B-->C   A-->B   A-->C   B-->C
共移动 15 次。
```

（1）上面的运行结果是实现函数 *hn*(4,A,B,C)的过程，可分解为以下 3 个步骤。

1）A-->B　A-->C　B-->C　A-->B　C-->A　C-->B　A-->B，这前 7 步是实施 *hn*(3,A,C,B)，即完成把上面 3 个盘从 A 桩借助 C 移到 B 桩。

2）A-->C　这 1 步是实施着 *mv*(A,C)，即把最下面的盘从 A 桩移到 C 桩。

3）B-->C　B-->A　C-->A　B-->C　A-->B　A-->C　B-->C，这后 7 步是实施 *hn*(3,B,A,C)，即完成把 B 桩的 3 个盘借助 A 移到 C 桩。

（2）其中实现 *hn*(3,A,C,B)的过程，可分解为以下 3 个步骤。

1）A-->B　A-->C　B-->C，这前 3 步是实施 *hn*(2,A,B,C)，即完成把上面两个盘从 A 桩借助 B 移到 C 桩。

2）A-->B，这 1 步是实施 *mv*(A,B)，即把第 3 个盘从 A 桩移到 B 桩。

3）C-->A　C-->B　A-->B，这后 3 步是实施 *hn*(2,C,A,B)，即完成把 C 桩的两个盘借助 A 移到 B 桩。

从以上的结果分析可进一步帮助对递归的理解。

4.4 双转向旋转方阵

数阵通常包括方阵与矩阵等形态，涉及二维构建。数阵加上旋转的要求，更增添了构建的难度。

把前 n^2 个正整数 1,2,⋯,n^2 从左上角开始，由外层至中心按顺时针方向螺旋排列所成的数字方阵，称 *n* 阶顺转方阵；按逆时针方向螺旋排列所成的称 *n* 阶逆转方阵。

图 4-2 所示即为 5 阶顺转方阵与 5 阶逆转方阵。

设计程序选择转向分别构造并输出这二种 n 阶旋转方阵。

1	2	3	4	5
16	17	18	19	6
15	24	25	20	7
14	23	22	21	8
13	12	11	10	9

5阶顺转方阵

1	16	15	14	13
2	17	24	23	12
3	18	25	22	11
4	19	20	21	10
5	6	7	8	9

5阶逆转方阵

图 4-2 5 阶顺转与逆转方阵

1. 递归设计要点

本案例涉及双转向，可设计参数 p，在一个程序中通过选择 p，完成规定方阵的顺时针旋转或逆时针旋转这两个转向。

设计以顺转方阵展开，设置二维数组 $a[h][v]$存放方阵中第 h 行第 v 列元素。

（1）递归设计

把 n 阶方阵从外到内分圈，外圈内是一个 $n-2$ 阶顺转方阵，除起始数不同外，具有与原问题相同的特性属性。

因此，设置旋转方阵递归函数 $t(b,s,d)$，其中 b 为每个方阵的起始位置；s 是方阵的阶数；d 是为 a 数组赋值的整数。

$s>1$ 时，在函数 $t(b,s,d)$中还需调用 $t(b+1,s-2,d)$。

b 赋初值 0，因方阵的起始位置为(0,0)。以后每完成一圈赋值后进入下一内方阵，起始位置 b 需增 1。

d 从 1 开始递增 1 取值，分别赋值给数组的各元素，至 n^2 为止。

s 从方阵的阶数 n 开始，以后每完成一圈赋值后进入下一内方阵，s 减 2。

$s=0$ 时返回，作为递归的出口。

若 n 为奇数，递减 2 至 $s=1$ 时，此时方阵只有一个数，显然为 $a[b][b]=d$，返回。

（2）方阵元素赋值

递归函数 $t(b,s,d)$中对方阵的每一圈的各边中各个元素赋值。

1）一圈的上行从左至右递增

```
for(j=1;j<s;j++)
    {a[h][v]=d;v++;d++;}  // 行号 h 不变，列号 v 递增，数 d 递增
```

2）一圈的右列从上至下递增

```
for(j=1;j<s;j++)
    {a[h][v]=d;h++;d++;}  // 列号 v 不变，行号 h 递增，数 d 递增
```

3）一圈的下行从右至左递增

```
for(j=1;j<s;j++)
    {a[h][v]=d;v--;d++;}  // 行号 h 不变，列号 v 递减，数 d 递增
```

4）一圈的左列从下至上递增

```
for(j=1;j<s;j++)
    {a[h][v]=d;h--;d++;}  // 列号 v 不变，行号 h 递减，数 d 递增
```

经以上 4 步，完成一圈的赋值。

（3）主程序调用

在主程序中，只要带实参调用递归函数 $t(0,n,1)$即可。

方阵按所选的转向以二维形式输出：

$p=1$ 为顺转，输出 $a[h][v]$；$p=2$ 为逆转，输出 $a[v][h]$。

2. 递归程序设计

```
// 双转向旋转方阵递归设计
#include <stdio.h>
int n,a[20][20]={0};
void main()
{ int h,v,b,p,s,d;
  void t(int b,int s,int d);                // 必须说明后面定义的递归函数
  printf("   请选择方阵阶数 n：");
  scanf("%d",&n);
  printf("   请选择转向，顺转 1，逆转 2：");
  scanf("%d",&p);
  b=1;s=n;d=1;
  t(b,s,d);                                 // 带实参调用递归函数
  if(p==1)                                  // 按要求输出旋转方阵
    printf("    %d 阶顺转方阵: \n",n);
  else
    printf("    %d 阶逆转方阵: \n",n);
  for(h=1;h<=n;h++)
    { for(v=1;v<=n;v++)
      if(p==1)
          printf(" %3d",a[h][v]);
      else
          printf(" %3d",a[v][h]);
      printf("\n");
    }
  return;
  }
void t(int b,int s,int d)                   // 定义递归函数
  { int j,h=b,v=b;
    if(s==0) return;                        // s=0,1 时为递归出口
    if(s==1)
      { a[b][b]=d;return;}
    for(j=1;j<s;j++)                        // 一圈的上行从左至右递增
      { a[h][v]=d;v++;d++;}
    for(j=1;j<s;j++)                        // 一圈的右列从上至下递增
      { a[h][v]=d;h++;d++;}
    for(j=1;j<s;j++)                        // 一圈的下行从右至左递增
      { a[h][v]=d;v--;d++;}
    for(j=1;j<s;j++)                        // 一圈的左列从下至上递增
      { a[h][v]=d;h--;d++;}
    t(b+1,s-2,d);                           // 调用内圈递归函数
  }
```

3. 程序运行示例与变通

```
请选择方阵阶数 n：8
请选择转向，顺转 1，逆转 2：2
```

```
8 阶逆转方阵:
1  28  27  26  25  24  23  22
2  29  48  47  46  45  44  21
3  30  49  60  59  58  43  20
4  31  50  61  64  57  42  19
5  32  51  62  63  56  41  18
6  33  52  53  54  55  40  17
7  34  35  36  37  38  39  16
8   9  10  11  12  13  14  15
```

程序变通：把以上程序中方阵的输出元素作以下修改

a[h][v] 修改为：n*n+1-a[h][v]

a[v][h] 修改为：n*n+1-a[v][h]

则输出从中心开始往外递增的旋转数字方阵。

4.5 分区交换排序与选择

排序就是将一组数据按指定顺序排列成一个有序序列，是数据处理中的重要运算。

排序的方法非常多，寻求时间复杂度较低的排序算法是我们追求的目标。

排序分为升序与降序。通常把待排序的 n 个数据存放在一个数组，排序后的 n 个数据仍存放在这一数组中。

最简单的排序是把存放在数组的 n 个数据逐个比较，必要时进行数据交换。

逐项比较排序进行升序排序的算法描述如下：

```
for(i=1;i<=n-1;i++)
for(j=i+1;j<=n;j++)
    if(r[i]>r[j])
       {t=r[i];r[i]=r[j];r[j]=t;}
```

当 i=1 时，r[1]分别与其余 n−1 个数据 r[j](j=2,3,⋯,n)比较，若 r[1]>r[j]，借助临时变量 t 实施交换，确保 r[1]最小。

然后，i=2 时，r[2]分别与其余 n−2 个数据 r[j](j=3,4,⋯,n)比较，若 r[2]>r[j]，借助变量 t 实施交换，确保 r[2]次小。

依此类推，最后当 i=n−1 时，r[n−1]与 r[n]比较，若 r[n−1]>r[n]实施交换，确保 r[n]最大。

显然，数据比较的次数为

$$s=1+2+\cdots+(n-1)=\frac{n(n-1)}{2}$$

可见逐个比较排序的时间复杂度为 $O(n^2)$。当 n 非常大时，排序所需时间会比较长。注意到逐个比较排序设计直观简单，当 n 不是很大时也常使用。

当排序的数量规模很大时，排序的时间也就相应地大。为了缩减排序的时间，降低排序的时间复杂度，出现了很多新颖而有特色的排序算法，下面介绍的分区交换排序就应用递归的快速排序法。

4.5.1 分区交换排序

1. 分区交换排序概述

分区交换排序，其基本思想是分治，即分而治之：在待排序的 n 个数据 r[1 ~ n]中任取一个数

（例如 $r[1]$）作为基准，把其余 $n-1$ 个数据分为两个区，小于基准的数放在左边，大于基准的数放在右边。

这样分成的两个区实际上是待排序数据的两个子列。然后对这两个子列分别重复上述分区过程，直到所有子列只有一个元素，即所有元素排到位后，输出排序结果。

2. 分区交换描述

```
while(i!=j)
    { while(r[j]>=r[0] && j>i)                // 从右至左逐个检查是否大于基准
          j=j-1;
      if(i<j) {r[i]=r[j];i=i+1;}              // 把小于基准的一个数赋给 r(i)
      while(r[i]<=r[0] && j>i)                // 从左至右逐个检查是否小于基准
          i=i+1;
      if(i<j) {r[j]=r[i];j=j-1;}              // 把大于基准的一个数赋给 r(j)
    }
```

3. 分区交换实施剖析

设递归函数 $qk(i,j)$实施从第 i 个至第 j 个的分区交换，为清晰了解分区交换的实施，以具体数据稍加剖析如下。

对 n=12，若参与排序的 12 个整数为：

$$r[1]=25,45,40,13,30,27,56,23,34,41,46,r[12]=52$$

（1）调用 $qk(1,12)$。

$i=1,j=12$，选用 $r[1]=25$ 为基准，并赋给 $r[0]$，即 $r[0]=25$，进入 1～12 实施分区交换的 while 循环：

从右至左逐个检查各大于基准 25 的数，至 $j=8,r[8]=23$ 小于基准，则 $r[1]=23,i=2$；

从左至右逐个检查各小于基准 25 的数，至 $i=2,r[2]=45$ 大于基准，则 $r[8]=45,j=7$；

$i=2,j=7,i\neq j$，继续 while 循环：

从右至左逐个检查各大于基准 25 的数，至 $j=4,r[4]=13$ 小于基准，则 $r[2]=13,i=3$；

从左至右逐个检查各小于基准 25 的数，至 $i=3,r[3]=40$ 大于基准，则 $r[4]=40,j=3$；

$i=3,j=3,i=j$，结束 while 循环，由 $r[i]=r[0]$定位基准为 $r[3]=25$。

至此，完成 $qk(1,12)$的分区，即为：

$$r[1]=23,13,25,40,30,27,56,45,34,41,46, r[12]=52$$

（2）进一步调用 $qk(1,2)$与 $qk(4,12)$，继续细化分区。

例如调用 $qk(1,2)$：

$i=1,j=2$，选用 $r[1]=23$ 为基准，并赋给 $r[0]$，即 $r[0]=23$，进入 1～2 实施分区交换的 while 循环：

从右至左逐个检查各大于基准 23 的数，至 $j=2,r[2]=13$ 小于基准，则 $r[1]=13,i=2$；

当从左至右检查时，由于 $i=2,j=2,i=j$，结束 while 内循环和 while 外循环，由 $r[i]=r[0]$定位基准为 $r[2]=23$。

至此，完成 $qk(1,2)$的分区，即为：

$$r[1]=13, r[2]=23$$

而调用 $qk(4,12)$，还需作多次分区。

所有分区完成，即升序排序完成，返回调用 $qk(1,12)$处，输出排序结果。

4. 递归实现分区交换排序设计

```
// 实现分区交换排序递归程序设计
#include <stdio.h>
#include <stdlib.h>
#include <time.h>
int r[20001];
void main()
{ int i,n,t;
   void qk(int m1,int m2);                          // 函数声明
   t=time(0)%1000;srand(t);                         // 随机数发生器初始化
   printf("  请确定参与排序数据个数 n:");
   scanf("%d",&n);
   printf("  参与排序的%d 个整数为：\n",n);
   for(i=1;i<=n;i++)
     { r[i]=rand()%(4*n)+10;                        // 随机产生并输出 n 个整数
       printf("%d ",r[i]);
     }
   qk(1,n);
   printf("  \n  以上%d 个整数从小到大排序为：\n",n);
   for(i=1;i<=n;i++)
     printf("%d ",r[i]);                            // 输出排序结果
   printf("\n");
}
void qk(int m1,int m2)                              // 快速排序递归函数
{ int i,j;
  if(m1<m2)
   { i=m1;j=m2;r[0]=r[i];                           // 定义第 i 个数作为分区基准
     while(i!=j)
      { while(r[j]>=r[0] && j>i)                    // 从右至左逐个检查是否大于基准
           j=j-1;
        if(i<j) {r[i]=r[j];i=i+1;}                  // 把小于基准的一个数赋给 r(i)
        while(r[i]<=r[0] && j>i)                    // 从左至右逐个检查是否小于基准
           i=i+1;
        if(i<j) {r[j]=r[i];j=j-1;}                  // 把大于基准的一个数赋给 r(j)
      }                                             // 通过循环完成分区
    r[i]=r[0];                                      // 分区的基准为 r(i)
    qk(m1,i-1); qk(i+1,m2);                         // 在两个区中继续分区
   }
  return;
}
```

5. 分区交换排序示例与分析

```
请确定参与排序数据个数 n:16
参与排序的 16 个整数为：
  24 18 37 27 28 32 43 50 23 47 67 34 30 12 15 20
以上 16 个整数从小到大排序为：
  12 15 18 20 23 24 27 28 30 32 34 37 43 47 50 67
```

设 $T(n)$表示对 n 个元素快速排序进行的时间，每次分区正好把待分区间分为长度相等（或相

近）的两个子区间。注意到每一次分区时对每一个元素者要扫描一遍，所需时间为 $O(n)$，于是

$$
\begin{aligned}
T(n) &= 2T(n/2)+n \\
&= 2(2T(n/4)+n/2)+n = 4T(n/4)+2n \\
&= 4(2T(n/8)+n/4)+2n = 8T(n/8)+3n \\
&\cdots \\
&= nT(1)+n\log_2 n \\
&= O(n\log_2 n)
\end{aligned}
$$

以上分区按每个区数的个数相等计算。如果每次分区时各区数的个数不一定相等，平均时间性能为 $O(n\log_2 n)$。

因而快速排序的时间复杂度 $O(n\log_2 n)$显然低于逐个比较排序的时间复杂度 $O(n^2)$。当数据个数 n 不大时，二者排序的时间差距并不明显；当数据个数 n 很大时，二者的时间差距就会比较大。

4.5.2 分区交换选择

在一个无序序列 $r(1),r(2),\cdots,r(n)$中，寻找第 k 小元素的问题称为选择。这里第 k 小元素是序列按升序排列后的第 k 个元素。

特别地，当 $k=n/2$ 时，即寻找位于 n 个元素中的中间元素，称为中值问题。

1. 分区交换设计要点

很自然的想法是把序列实施升序排列，第 k 个元素即为所寻找的第 k 小元素。上面的快速排序算法的时间是 $O(n\log_2 n)$，寻求比 $O(n\log_2 n)$更省时的选择算法是我们的目标。

参照上述分区交换的快速排序算法，在待选择的 n 个数据 $r[1,2,\cdots,n]$中任取一个数（例如 $r[1]$）作为基准，把其余 $n-1$ 个数据分为两个区，小于基准的数放在左边，大于基准的数放在右边，基准定位在 s，则

（1）若 $s=k$，基准数即为所寻求的第 k 小元素。

（2）若 $s>k$，可知左边小于该基准数的个数 $s-1\geqslant k$，则在左边的子区继续分区。

（3）若 $s<k$，可知所寻求的第 k 小元素在右边子区，则在右边的子区继续分区。

依此（2）（3）继续分区，直到出现（1）结束分区，输出结果。

2. 分区交换选择递归程序设计

```
// 分区交换选择递归程序设计
#include <stdio.h>
#include <stdlib.h>
#include <time.h>
int m1,m2,k,r[20001];
void main()
{ int i,j,n,t;
  int s(int m1,int m2,int k);                    // 函数声明
  t=time(0)%1000;srand(t);                       // 随机数发生器初始化
  printf("  请确定参与选择的个数 n: ");   scanf("%d",&n);
  printf("  选择第 k 小整数,请确定 k: "); scanf("%d",&k);
  printf("  参与选择的%d 个整数为：\n",n);
  for(i=1;i<=n;i++)
    { t=rand()%(4*n)+10;                          // 随机产生并输出 n 个整数
      for(j=1;j<i;j++)
        if(t==r[j]) break;
```

```
        if(j==i)
          {r[i]=t; printf("    %d",r[i]);}
        else {i--; continue;}
      }
    s(1,n,k);
    printf("   \n   以上%d 个整数中第%d 小整数为%d.\n",n,k,r[k]);
    }
int s(int m1,int m2,int k)                      // 快速选择递归函数
{ int i,j;
  if(m1<m2)
   { i=m1;j=m2;r[0]=r[i];                       // 定义第 i 个数作为分区基准
     while(i!=j)
      { while(r[j]>=r[0] && j>i)                // 从右至左逐个检查是否大于基准
           j=j-1;
        if(i<j) {r[i]=r[j];i=i+1;}              // 把小于基准的一个数赋给 r(i)
        while(r[i]<=r[0] && j>i)                // 从左至右逐个检查是否小于基准
           i=i+1;
        if(i<j)
           { r[j]=r[i];j=j-1;}                  // 把大于基准的一个数赋给 r(j)
      }                                         // 通过循环完成分区
    r[i]=r[0];                                  // 分区的基准为 r(i)
    if(i==k)   return r[k];
    else if(i>k) return s(m1,i-1,k);
    else return s(i+1,m2,k);                    // 选择继续分区
    }
}
```

3. 分区交换选择示例与分析

```
请确定参与选择的个数 n: 16
选择第 k 小整数,请确定 k: 3
参与选择的 16 个整数为:
  42  23  20  64  73  51  19  29  53  69  60  18  55  71  12  14
以上 16 个整数中第 3 小整数为 18.
```

设 $T(n)$为对 n 个元素分区选择所进行的时间，每次分区正好把待分区间分为长度相等的两个子区间。注意到每一次分区时对每一个元素都要扫描一遍，所需时间为 $O(n)$，于是

$$
\begin{aligned}
T(n) &= T(n/2)+n = T(n/4)+n/2+n \\
&= T(n/8)+n/4+n/2+n=\cdots \\
&= nT(1)+2n \\
&= O(n)
\end{aligned}
$$

以上分区按每个区数的个数相等计算。如果每次分区时各区的个数不相等，平均时间性能为 $O(n)$，显然低于快速排序的时间复杂度 $O(n\log_2 n)$。

4.6 排列组合实现

排列组合是组合数学的基础，从 n 个不同元素中任取 m 个(约定 $1<m\leq n$)，按任意一种次序

排成一列，称为排列，其排列种数记为 A(*n*,*m*)。

从 *n* 个不同元素中任取 *m* 个(约定 1 < *m* < *n*)成一组，称为一个组合，其组合种数记为 C(*n*,*m*)。

计算 A(*n*,*m*)与 C(*n*,*m*)只要简单进行乘运算即可，要具体展现出排列的每一排列与组合的每一组，决非轻而易举。

本节应用递归设计来具体实现排列与组合。

4.6.1 实现排列 A(*n*,*m*)

对指定的正整数 *m*,*n*，具体实现从 *n* 个不同元素中任取 *m* 个元素 A(*n*,*m*)的每一排列。

1. 递归设计要点

设置 *a* 数组存储 *n* 个整数 *a*[1 ~ *n*]。

递归函数 *p*(*k*)的变量 *k* 从 1 开始取值。当 *k*≤*m* 时，第 *k* 个数 *a*[*k*]取 *i*(1 ~ *n*)，并标志量 *u*=0。

（1）若 *a*[*k*]与其前面已取的数 *a*[*j*](*j*<*k*)比较，出现 *a*[*k*]=*a*[*j*]，即第 *k* 个数取 *i* 不成功，标志量 *u*=1。

（2）若 *a*[*k*]与所有前面已取的 *a*[*j*]比较，没有一个相等，则第 *k* 个数取 *i* 成功，标志量保持 *u*=0，然后判断：

1）若 *k*=*m*，即已取了 *m* 个数，输出这 *m* 个数即为一个排列，并用 *s* 统计排列的个数；输出一个排列后，*a*[*k*]继续从 *i*+1 开始，在余下的数中取一个数。直到全部取完，则返回上一次调用 *p*(*k*)处，即回溯到 *p*(*k*−1)，第 *k*−1 个数继续往下取值。

2）若 *k*<*m*，即还未取 *m* 个数，即在 *p*(*k*)状态下调用 *p*(*k*+1)继续探索下一个数，下一个数 *a*[*k*+1]又从 1 ~ *n* 中取数。

（3）若标志量 *u*=1，第 *k* 个数取 *i* 不成功，则接着从 *i*+1 开始中取下一个数。若在 1 ~ *n* 中的每一个数都取了，仍是 *u*=1，则返回上一次调用 *p*(*k*)处，即回溯到 *p*(*k*−1)，第 *k*−1 个数继续往下取值。

可见递归具有回溯的功能，即 *p*(*k*)在取所有 *n* 个数之后，自动返回调 *p*(*k*)的上一层，即回溯到 *p*(*k*−1)，第 *k*−1 个数继续往下取值。这也是递归能把所有排列一个不剩全部展示的原因所在。

在主程序，只要调用 *p*(1)即可，所有排列在递归函数中输出。最后返回 *p*(1)的 *a*[1]取完所有数，返回排列个数 *s*，输出排列的个数后结束。

（4）以上实现 A(*n*,*m*)的递归深度为 *m*，递归算法的时间复杂度为 *O*(*mn*)。

2. 递归实现排列 A(*n*,*m*)程序设计

```
// 实现排列 A(n,m)递归程序设计
#include <stdio.h>
int m,n,a[30]; long s=0;
void main()
   { int p(int k);
      printf(" 请输入整数 n,m(1<m<=n): ");
      scanf("%d,%d",&n,&m);
      p(1);                                        // 从第 1 个数开始
      printf("\n A(%d,%d)=%ld \n",n,m,s);          // 输出 A(n,m)的值
   }
// 排列递归函数 p(k)
int p(int k)
{ int i,j,u;
```

```
    if(k<=m)
      { for(i=1;i<=n;i++)
          { a[k]=i;                              // 探索第 k 个数赋值 i
            for(u=0,j=1;j<=k-1;j++)
              if(a[k]==a[j]) u=1;                //  若出现重复数字则 u=1
            if(u==0)                             // 若第 k 数可置 i,则检测是否到 m 个数
              { if(k==m)                         // 若已到 m 个数时，则打印出一个解
                  { s++; printf("    ");
                      for (j=1;j<=m;j++)
                          printf("%d",a[j]);
                      if(s%10==0) printf("\n");
                  }
                else    p(k+1);                  // 若没到 m 个数,则探索下一个数  p(k+1)
              }
          }
      }
  return s;
  }
```

3. **程序运行示例与回溯剖析**

```
请输入整数 n,m(1<m<=n): 3,2
  12   13   21   23   31   32
A(3,2)=6
```

下面以简单数据 n=3，m=2 为例说明递归中的回溯。

（1）主程序调用 p(1);

a[1]=1;u==0,k<m,调用 p(2);

a[2]=1;u==1；a[2]=2;u==0;k==m；输出排列 12。

继续，a[2]=3;u==0;k==m；输出排列 13。

继续 a[2]已无数可取，返回（即回溯）到 p(1);

（2）继续 a[1]=2;u==0,k<m,调用 p(2);

a[2]=1;u==0;k==m；输出排列 21。

继续 a[2]=2;u==1;

继续 a[2]=3;u==0;k==m；输出排列 23。

继续 a[2]已无数可取，返回（回溯）到 p(1);

（3）继续 a[1]=3;u==0,k<m,调用 p(2);

a[2]=1;u==0;k==m；输出排列 31。

继续 a[2]=2; u==0;k==m；输出排列 32。

继续 a[2]=3;u==1;

继续 a[2]已无数可取，返回（回溯）到 p(1);

（4）a[1]已无数可取，返回（回溯）到调用 p(1)的主程序，输出排列数 6 后结束。

可见，在执行 p(1)过程中，3 次调用 p(2)，3 次回溯到 p(1)。

4.6.2 实现组合 C(*n*,*m*)

注意到组合与组成元素的顺序无关，约定组合中的组成元素按递增排序。因而，把以上排序程序中的约束条件作简单修改：

“a[j]==a[i]”修改为：“ a[j]>=a[i]”

或（“a[k]==a[j]”）修改为 ：“a[k]>=a[j]”

即可实现从 n 个不同元素中取 m 个（约定 $1 < m < n$）的组合 C(n,m)。

这样修改可实现组合，但 a 数组的取值次数、判别次数均与实现排列相同，做了大量无效操作，实现效率太低。

1. 递归设计要点

考虑到组合中的组成元素按递增排序，对 a 数组元素取值的 i 循环设置修改为：

```
for(i=a[k-1]+1;i<=n+k-m;i++)
    a[k]=i;
```

循环起点为：$a[k-1]+1$，即 $a[k]$取值要比 $a[k-1]$大，避免了元素取相同值的判别。

循环终点为：$n+k-m$，即 $a[k]$最大只能取 $n+k-m$，为后面 $m-k$ 个元素 $a[k+1],\cdots,a[m]$留下取值空间。(后面的元素取值比 $a[k]$大，且最大只能到 n。)

显然 $a[1]$需从 1 开始取值，因而循环前设置 $a[0]=0$。

在递归函数 $c(k)$中，$a[k]$取值后，即调用 $c(k+1)$，$a[k+1]$取值……

当 $k=m$ 时，输出一个组合；然后 $a[m]$继续往后取值，继续输出组合；直到 $a[m]$取值结束，返回即回溯到前 $c(m-1)$状态，$a[m-1]$继续往后取值。

最后 $c(1)$状态中的 $a[1]$取值结束，即返回主程序，输出组合数 s。

2. 递归实现组合程序设计

```
// 实现组合 C(n,m)递归程序设计
#include <stdio.h>
int m,n,a[100]; long s=0;
void main()
{ int c(int k);
  printf("   请输入整数  n,m(1<m<=n): ");
  scanf("%d,%d",&n,&m);
  c(1);                                        // 从第 1 个数开始
  printf("\n C(%d,%d)=%ld \n",n,m,s);          // 输出 C(n,m)的值
}
// 组合递归函数 c(k)
int c(int k)
{ int i,j;
  if(k<=m)
    { a[0]=0;
      for(i=a[k-1]+1;i<=n+k-m;i++)
        { a[k]=i;                              // 探索第 k 个数赋值 i
          { if(k==m)                           // 若已到 m 个数时，则打印出一个解
              { s++; printf(" ");
                for (j=1;j<=m;j++)
                    printf("%d",a[j]);
                if(s%10==0) printf("\n");
              }
            else    c(k+1);                    // 若没到 m 个数,则探索下一个数  c(k+1)
          }
        }
    }
return s;
}
```

3. 运行程序示例

```
请输入整数 n,m(1<m<=n): 6,3
 123 124 125 126 134 135 136 145 146 156
 234 235 236 245 246 256 345 346 356 456
 C(6,3)=20
```

4. 实现可重复的组合

（1）根据可重复特点修改 *a* 数组的取值

注意到可重复的组合组成元素可以相同，因而，把以上递归函数中 *a*[*i*]的取值范围作简单修改：

```
a[0]=1;
for(i=a[k-1];i<=n;i++)
```

即后一个元素可与前面的元素取值相同，每一个元素都可取到 n。这样修改可实现从 n 个不同元素中取 m 个（约定 $1<m<n$）可重复的组合。在输出时注明“可重复”。

（2）修改组合输出

把以上实现排列（或组合）程序中的输出语句 printf("%d",a[j]);

修改为：printf("%c",a[j]+64);

排列(或组合)输出由前 n 个正整数改变为前 n 个大写英文字母输出。

（3）修改程序设计

```
// 实现可重复组合递归设计
#include <stdio.h>
int m,n,a[100]; long s=0;
void main()
  { int c(int k);
    printf("  请输入整数 n,m(1<m<=n): ");
    scanf("%d,%d",&n,&m);
    c(1);                                        // 从第 1 个数开始
    printf("\n 可重复 C(%d,%d)=%ld \n",n,m,s);   // 输出 C(n,m)的值
  }
// 组合递归函数 c(k)
int c(int k)
{ int i,j;
  if(k<=m)
    { a[0]=1;
      for(i=a[k-1];i<=n;i++)
        { a[k]=i;                                // 探索第 k 个数赋值 i
          { if(k==m)                             // 若已到 m 个数时，则打印出一个解
              { s++; printf("  ");
                for(j=1;j<=m;j++)
                  printf("%c",a[j]+64);
                if(s%10==0) printf("\n");
              }
            else c(k+1);                         // 若没到 m 个数,则探索下一个数 c(k+1)
          }
        }
    }
  return s;
}
```

（4）运行程序示例与说明

```
请输入整数 n,m(1<m<=n): 5,3
  AAA   AAB   AAC   AAD   AAE   ABB   ABC   ABD   ABE   ACC
  ACD   ACE   ADD   ADE   AEE   BBB   BBC   BBD   BBE   BCC
  BCD   BCE   BDD   BDE   BEE   CCC   CCD   CCE   CDD   CDE
  CEE   DDD   DDE   DEE   EEE
可重复 C(5,3)=35
```

本例把按数字输出转化为按大写字母，只需把数字 a[j]转变为字符 a[j]+64。如果把数字输出转化为按小写字母，只需把数字 a[j]转变为字符 a[j]+96 即可。

4.7 整数拆分

整数拆分是把一个整数（称为和数）分解为指定范围内的若干个数（称为零数）之和，要求零数不重复。

本节所探讨的整数拆分指定范围包括“零数取自某一连续区间”与“零数取自某些指定整数”两种情形。

4.7.1 零数取自指定区间

给定正整数 s（简称为和数），把 s 拆分为指定区间$[c,d]$（$d \leqslant s$）中的若干个整数（称为零数）之和，拆分式中不允许零数重复，且不记零数的次序。

试求 s 共有多少个不同的拆分式？展示出 s 的所有这些拆分式。

1. 递归设计要点

注意到拆分与式中各零数的排列顺序无关，我们考虑从指定区间$[c,d]$中取 m 个数的所有组合结果入手。

（1）确定零数个数范围

对于给定的和数 s 与区间$[c,d]$，首先计算拆分式中零数的最少个数 m_1 与零数的最多个数 m_2，显然，拆分式中零数的个数 m 取值在区间$[m_1,m_2]$中。

（2）实施组合构建拆分式

建立组合递归函数 $p(k)$，得到从区间$[c,d]$中取 $m(m_1 \leqslant m \leqslant m_2)$个数的所有组合$\{a[1],\cdots,a[m]\}$，当这 m 个数之和 $a[1]+\cdots+a[m]=s$ 时，输出 s 的一个拆分式，并用 n 统计拆分式的个数。

m 在区间$[m_1,m_2]$中全部取完，则 s 的所有拆分式全部找到。

2. 递归程序设计

```
// 零数取自区间[c,d]拆分程序设计
#include <stdio.h>
int c,d,k,m,n,s,a[100];
void  main()
 { int i,h,m1,m2;
   int p(int k);
   printf("  请输入和数 s：");scanf("%d",&s);
   printf("  请输入零数区间 c,d：");scanf("%d,%d",&c,&d);
   for(h=0,i=c;i<=d;i++)
```

```
        { h=h+i;                                    // 计算最多零数个数 m2
          if(h>s) {m2=i-c;break;}
          if(h==s){m2=i-c+1;break;}
        }
    if(i>d)                                         // 输入的区间数太小，程序返回
       { printf("   输入的区间数太小！ \n");return; }
    else
         printf("   %d 拆分为区间[%d,%d]中零数的拆分式：\n",s,c,d);
    for(h=0,i=d;i>=c;i--)
       { h=h+i;                                     // 计算最少零数个数 m1
         if(h>s) {m1=d-i;break;}
         if(h==s){m1=d-i+1;break;}
       }
 for(m=m1;m<=m2;m++)                                // 从[c,d]中取 m 个数
    p(1);
 if(n>0) printf("   共以上%d 个拆分式。\n",n);
 else   printf("   未找到拆分式！ \n");
 }
// 组合递归函数 p(k)                                 // 定义递归函数
int p(int k)
{ int i,j,t;
   if(k<=m)
     { a[0]=c-1;
       for(i=a[k-1]+1;i<=d+k-m;i++)
          { a[k]=i;                                 // 探索第 k 个数赋值 i
             { if(k==m)                             // 若已到 m 个数时，则检测其和
                 { for(t=0,j=m;j>0;j--)
                        t=t+a[j];
                   if(t==s)                         // 满足条件时输出一个拆分式
                      { n++;printf("    %d=",s);
                        for(j=1;j<m;j++) printf("%d+",a[j]);
                        printf("%d\n",a[m]);
                      }
                 }
               else    p(k+1);                      // 若没到 m 个数,则调用 p(k+1)
             }
          }
     }
 return n;
 }
```

3. 程序运行示例与分析

```
请输入和数 s：20
请输入零数区间 c,d：3,9
20 拆分为区间[3,9]中零数的拆分式：
  20=3+8+9
  20=4+7+9
  20=5+6+9
  20=5+7+8
  20=3+4+5+8
  20=3+4+6+7
共以上 6 个拆分式。
```

和数 s 及区间数量直接关系到 m 的取值范围与拆分式个数 n，因而影响递归深度与递归所需时间。对于一般数量级的拆分问题，可简便搜索并输出；而当 m 的取值范围与拆分式个数 n 规模很大时，递归变得非常困难。

4.7.2 零数取自指定整数集

把指定整数 s 拆分为 d 个指定互不相同的整数 $b(1\sim d)$之和，共有多少种不同的拆分法？展示出所有这些拆分式。

1. 递归设计要点

我们考虑从键盘输入的 d 个数中取 m 个数的所有组合结果入手。

设输入的 d 个数存放在 b 数组中，其下标用 a 数组的值替代。

（1）确定零数个数范围

对于从键盘输入的和数 s 与 d 个零数 $b[1],b[2],\cdots,b[d]$，首先计算拆分式中零数的最少个数 m_1 与零数的最多个数 m_2，显然，拆分式中零数的个数 m 取在区间$[m_1,m_2]$中。

（2）实施组合构建拆分式

建立组合递归函数 $p(k)$，得到从 1 ~ d 这 d 个数中取 $m(m_1\leqslant m\leqslant m_2)$个数的所有组合$\{a[1],\cdots,a[m]\}$，当这 m 个数之和 $b[a[1]]+\cdots+b[a[m]]=s$ 时，输出 s 的一个拆分式，并用 n 统计拆分式的个数。

2. 递归程序设计

```
// 零数取自指定整数集拆分程序设计
#include <stdio.h>
int k,m,n,d,s,a[100],b[100];
void main()
{ int i,h,m1,m2;
  int p(int k);
  printf("  输入和数 s：");  scanf("%d",&s);
  printf("  确定零数的个数 d：");scanf("%d",&d);
  printf("  依次由小到大输入各个零数：\n");
  for(i=1;i<=d;i++)
    { printf("  b[%d]=",i);
      scanf("%d",&b[i]);
    }
  for(h=0,i=1;i<=d;i++)
    { h=h+b[i];
      if(h>s) {m2=i-1;break;}                // 计算最多零数个数 m2
      if(h==s) {m2=i;break;}
    }
  if(i>d)                                     // 输入的零数组太小，返回
    { printf("  输入的零数太小！ \n"); return; }
  for(h=0,i=d;i>=1;i--)
    { h=h+b[i];
      if(h>s) {m1=d-i;break;}                 // 计算最少零数个数 m1
      if(h==s) {m1=d-i+1;break;}
    }
  for(m=m1;m<=m2;m++)                         // 从 d 个零数中取 m 个数
```

```
    p(1);
  if(n>0)                                    // 输出拆分种数 n
    printf("   共以上%d 个拆分式。\n",n);
  else   printf("   未找到拆分式！\n");
 }
// 组合递归函数 c(k)                          // 定义递归函数
int p(int k)
{ int i,j,t;
  if(k<=m)
   { a[0]=0;
     for(i=a[k-1]+1;i<=d+k-m;i++)
      { a[k]=i;                              // 探索第 k 个数赋值 i
        { if(k==m)                           // 若已到 m 个数时，检测 m 个数之和
           { for(t=0,j=m;j>0;j--)
                t=t+b[a[j]];
             if(t==s)                        // 若 m 个数之和为 ss,输出一个拆分式
               { n++;printf("   %d=",s);
                 for(j=1;j<m;j++)
                   printf("%d+",b[a[j]]);
                 printf("%d\n",b[a[m]]);
               }
           }
          else p(k+1);                       // 若没到 m 个数,则调用 c(k+1)
        }
      }
   }
 return n;
}
```

3. 程序运行示例与分析

```
输入和数 s：20
确定零数的个数：6
依次由小到大输入各个零数：
    1  2  4  6  7  9
20=4+7+9
20=1+4+6+9
20=1+2+4+6+7
共以上 3 个拆分式。
```

和数 *s* 及零数个数 *d* 直接关系到 *m* 的取值范围与拆分式个数 *n*，因而影响递归深度与递归所需时间。当 *m* 的取值范围与拆分式个数 *n* 规模很大时，递归变得非常困难。

4.8 递归小结

递归是计算机程序设计中的基本算法，其实质就是利用系统堆栈，实现函数自身调用或者相互调用的过程。在通往边界的过程中，都会把单步地址保存下来，再按照先进后出进行运算，递

归的数据传送也类似。

本章应用递归求解了排队购票计数问题，展示了汉诺塔的移动过程，构建了旋转方阵，实现了快速排序与选择。同时，利用递归的回溯功能实现排列组合与整数的拆分。

递归与递推相比较，可以概括为以下几点。

（1）某些计数问题求解，可以相互替换

一些计数应用案例可应用递推求解，也可应用递归求解。例如在“排队购票”案例求解时，我们用了递归与递推两种算法设计。

（2）在处理展示与构造性案例时，不能相互替代

展示与构造性案例求解，递推与递归难以相互替代。例如应用递归设计展示汉诺塔的移动过程，应用递推却难以实现。

（3）递归的求解效率低于递推

递归的运算方法，决定了它的效率较低，因为数据要不断地进栈出栈，且存在大量的重复计算。在应用递归时，只要递归深度 n 值稍大，递归求解就比较困难。

递推免除了数据进出栈的过程，即不需要函数不断地向边界值靠拢，而直接从边界出发，逐步推出函数值，避免了重复计算。因而从计算效率来说，递推远远高于递归。

例如，递归求 5!，递归所包含的递推和回溯过程。计算过程中同一个子问题每次遇到都要求解，显然做了大量的重复计算。

而递推从初始条件 1!=1 出发，按递推关系 $n!=n\times(n-1)!$一步步推出 5!，其执行过程简洁得多：

1!=1（初始条件）→2!=2×1!=2→3!=3×2!=6→4!=4×3!=24→5!=5×4!=120

又如计算裴波那契数列第 5 项 $f(5)$，应用递归计算 $f(5)$的过程如图 4-3 所示。

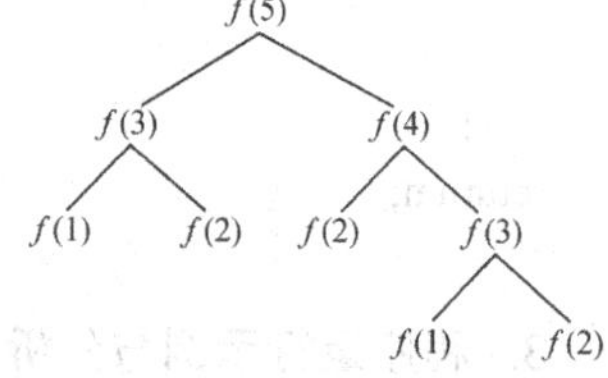

图 4-3　计算 $f(5)$的递归树

由图 4-3 可见 $f(1)$被调用了 2 次，$f(2)$被调用了 3 次，$f(3)$被调用了 2 次，作了很多重复工作。

递推计算 $f(5)$，从初始条件 $f(1)=f(2)=1$ 出发，依据递推关系 $f(n)=f(n-2)+f(n-1)$逐步推出 $f(5)$：

$f(1)=f(2)=1$→$f(3)=f(1)+f(2)=2$→$f(4)=f(2)+f(3)=3$→$f(5)=f(3)+f(4)=5$

递推过程简洁明了。

在有些情况下，递归可以转化为效率较高的递推。但是递归作为重要的基础算法，它的作用不可替代，在把握这两种算法的时候应该特别注意。

为了便于比较，我们看应用递归与递推分别求整数 s 的划分数的时间测试。

例 4–3　将正整数 s 表示成一系列正整数之和，$s=n_1+n_2+\cdots+n_k$，其中 $n_1\geqslant n_2\geqslant\cdots\geqslant n_k$，$k\geqslant 1$。正整数 s 的不同划分个数称为 s 的划分数，记为 $p(s)$。例如 6 有 11 种不同的划分，所以 $p(6)=11$，分别是：

6；5+1；4+2；4+1+1；3+3；3+2+1;3+1+1+1；

2+2+2；2+2+1+1；2+1+1+1+1；1+1+1+1+1+1。

应用递归与递推分别求整数 s 的划分数。

1. 递归设计

（1）确定递归关系

设 n 的“最大零数不超过 m”的划分式个数为 $q(n,m)$，则

$$q(n,m)=1+q(n,n-1)\qquad (n=m)$$

等式右边的“1”表示 n 只包含等于 n 本身；$q(n,n-1)$表示 n 的所有其他划分，即最大零数不超过 $n-1$ 的划分。

$$q(n,m)=q(n,m-1)+q(n-m,m) \qquad (1<m<n)$$

其中 $q(n,m-1)$表示零数中不包含 m 的划分式数目；$q(n-m,m)$表示零数中包含 m 的划分数目，因为如果确定了一个划分的零数中包含 m，则剩下的部分就是对 $n-m$ 进行不超过 m 的划分。

加入递归的停止条件。第一个停止条件：$q(n,1)=1$，表示当最大的零数是 1 时，该整数 n 只有一种划分，即 n 个 1 相加。第二个停止条件：$q(1,m)=1$，表示整数 $n=1$ 只有一个划分，不管上限 m 是多大。

（2）递归程序设计

```
// 整数划分递归程序设计
#include<stdio.h>
long q(int n,int m)                              // 定义递归函数 q(n,m)
 { if(n<1 || m<1)   return 0;
   if(n==1 || m==1) return 1;
   if(n<m) return q(n,n);
   if(n==m) return q(n,m-1)+1;
   return q(n,m-1)+q(n-m,m);
 }
void main()
 { int s;
   printf("   请输入整数 s(≤100):");
   scanf("%d",&s);
   printf(" p(%d)=%ld \n",s,q(s,s));             // 调用递归函数 q(s,s)
 }
```

2. 递推设计

（1）确定递推关系

设 n 的“最大零数不超过 m”的划分式个数为 $q(n,m)$。

所有 $q(n,m)$个划分式分为两类：零数中不包含 m 的划分式有 $q(n,m-1)$个；零数中包含 m 的划分式有 $q(n-m,m)$个，因为如果确定了一个划分的零数中包含 m，则剩下的部分就是对 $n-m$ 进行不超过 m 的划分。因而有

$$q(n,m)=q(n,m-1)+q(n-m,m) \qquad (1\leqslant m<n\leqslant s)$$

其中 $\qquad q(n-m,m)=q(n-m,n-m) \qquad$（若 $n-m<m$）

注意到 n 等于 n 本身也为一个划分式，则有

$$q(n,n)=1+q(n,n-1)$$

同时确定递推初始条件

$q(n,1)=1$

$q(1,m)=1 \qquad (m=1,2,\cdots,s$，因整数 1 只有一个划分，不管 m 是多大)

以上的递推关系与初始条件与递归算法基本相同。

（2）递推程序设计

```
// 整数划分递推程序设计
#include<stdio.h>
void main()
```

```
{ int m,n,s;
  long q[200][200];
  printf("   请输入整数 s(≤100):");
  scanf("%d",&s);
  for(m=1;m<=s;m++)
     {q[m][0]=0;q[m][1]=1;q[1][m]=1;}                    // 确定初始条件
  for(n=2;n<=s;n++)
     {for(m=1;m<=n-1;m++)
        { if(n-m<m)
              q[n-m][m]=q[n-m][n-m];
          q[n][m]=q[n][m-1]+q[n-m][m];                   // 实施递推
        }
     q[n][n]=q[n][n-1]+1;                                // 加上 n=n 这一个划分式
     }
  printf("   整数%d 的划分个数为: %ld \n",s,q[s][s]);    // 输出递推结果
}
```

递推在 n,m 二重循环中完成，其时间复杂度为 $O(n^2)$。设计中设置了二维数组，其空间复杂度为 $O(n^2)$，显然限制了递推的计算范围。

3. 递推与递归计算效率测试比较

为了比较这两个算法求解的计算效率，可应用时间测试函数在不同的参数 s 点分别对递归与递推进行计算时间测试，测试结果如表 4-1 所示。

表 4-1　　　递归算法与递推算法计算时间测试结果

整数 s	20	40	60	80	100
划分式个数	627	37 338	966 467	15 796 476	190 569 292
递归时间（毫秒）	0	10	130	2 143	25 377
递推时间	0	0	0	0	0

可见，和数 s 越大，递归与递推的计算效率相差越大。必须说明，表中数据只是作效率的相对比较。时间为“0”并不是说不需要时间，只是因运行太快测试反映不出来。

习题 4

4-1　涉及阶乘的和。

阶乘 $n!$定义: $n!=1(n=1)$；$n!=n\times(n-1)!\ (n>1)$

设计求 $n!$的递归函数，调用该函数求

$$s=1+\frac{1}{1!}+\frac{1}{2!}+\cdots+\frac{1}{n!}$$

4-2　递归求解裴波那契数列。

已知 f 数列定义：

$$f_1=f_2=1,\quad f_n=f_{n-1}+f_{n-2}\ (n>2)$$

建立 f 数列的递归函数，求 f 数列的第 n 项与前 n 项之和。

4-3 递归求解 b 数列。

已知 b 数列定义：

$$b_1 = 1, b_2 = 2, \quad b_n = 3b_{n-1} - 2b_{n-2}\ (n > 2)$$

建立 b 数列的递归函数，求 b 数列的第 n 项与前 n 项之和。

4-4 递归求解摆动数列。

已知数列：

$$a(1)=1, a(2i)=a(i)+1, a(2i+1)=a(i)+a(i+1), \text{（}i\text{ 为正整数）}$$

试建立递归函数，求该数列的第 n 项与前 n 项的和。

4-5 应用递归设计构建并输出杨辉三角。

4-6 试应用递归设计构造并输出逆转 $m \times n$ 矩阵。

4-7 实现两类相同元素的排列。

应用递归设计实现 n 个相同元素与另 m 个相同元素的所有排列。

4-8 实现复杂排列。

应用递归探讨实现从 n 个不同元素中取 r（约定 $1 < r \leqslant n$）个元素与另外 m 个相同元素组成的复杂排列。

第5章 回溯法

回溯法（back track method）是一种有着“通用解题法”美称的比枚举“聪明”的搜索算法。本章介绍回溯设计及其应用，在各案例的回溯求解中比较回溯相对于枚举的优势。

5.1 回溯法概述

在递归设计中已初步接触过回溯，本节在介绍回溯概念基础上，具体探讨回溯的描述与分类。

5.1.1 回溯概念

有许多问题，当需要找出它的解集或者要求回答什么解是满足某些约束条件的最佳解时，往往使用回溯法。

回溯在搜索过程中动态地产生问题的解空间，系统地搜索问题的所有解。如果需要，可通过比较，在所有解中找出满足某些约束条件的最佳解。

回溯法是一种试探求解的方法：通过对问题的归纳分析，找出求解问题的一个线索，沿着这一线索往前试探，若试探成功，即得到解；若试探失败，就逐步往回退，换其他路线再往前试探。因此，回溯法可以形象地概括为“向前走，碰壁回头”，显然比枚举设计的“不回头”要“聪明”，可大大缩减无效操作，提高搜索效率。

回溯法的试探搜索，是一种组织得井井有条的、能避免一些不必要搜索的枚举式搜索。回溯法在问题的解空间树中，从根结点出发搜索解空间树，搜索至解空间树的任意一点，先判断该结点是否包含问题的解；如果肯定不包含，则跳过对该结点为根的子树的搜索，逐层向其父结点回溯；否则，进入该子树，继续搜索。

从解的角度理解，回溯法将问题的候选解按某种顺序进行枚举和检验。当发现当前候选解不可能是解时，就选择下一个候选解。在回溯法中，放弃当前候选解，寻找下一个候选解的过程称为回溯。若当前候选解除了不满足问题规模要求外，满足所有其他要求时，继续扩大当前候选解的规模，并继续试探。如果当前候选解满足包括问题规模在内的所有要求时，该候选解就是问题的一个解。

与枚举法相比，回溯法的“聪明”之处在于能适时“回头”，若再往前走不可能得到解，就回溯，退一步另找线路，这样可省去大量的无效操作。因此，回溯与枚举相比，回溯更适宜于量比较大、候选解比较多的案例求解。

5.1.2 回溯描述

1. 回溯的一般方法

回溯求解的问题 P，通常要能表达为：对于已知的由 n 元组$(x_1,x_2,\cdots,x_n)$组成的一个状态空间 $E=\{(x_1,x_2,\cdots,x_n)|x_i\in s_i,i=1,2,\cdots,n\}$，给定关于 n 元组中的一个分量的约束集 D，要求 E 中满足 D 的全部约束条件的所有 n 元组，其中 s_i 是分量 x_i 的定义域，$i=1,2,\cdots,n$，称 E 中满足 D 的全部约束条件的任一 n 元组为问题 P 的一个解。

解问题 P 的最朴素的方法就是枚举，即对 E 中的所有 n 元组逐一地检验其是否满足 D 的全部约束。若满足，则为问题 P 的一个解。显然，当 P 的数量规模比较大时，枚举计算量是相当大的。

对于约束集 D 具有完备性的问题 P，一旦检测断定某个 j 元组$(x_1,x_2,\cdots,x_j)$违反 D 中仅涉及 $x_1,x_2,\cdots,x_j$ 的一个约束，就可以肯定，以$(x_1,x_2,\cdots,x_j)$为前缀的任何 n 元组$(x_1,x_2,\cdots,x_j,x_{j+1},\cdots,x_n)$都不会是问题 P 的解，因而就不必去搜索它们，省略了对部分元素$(x_{j+1},\cdots,x_n)$的搜索与测试。

回溯法正是针对这类问题，利用这类问题的上述性质而提出来的搜索算法。

2. 回溯描述

（1）迭代回溯描述

对于一般含参量 m,n 的搜索问题，回溯法框架描述如下：

```
输入正整数 n,m,(n≥m)
i=1;a[i]=<元素初值>;
while (1)
{
      for(g=1,k=i-1;k>=1;k--)
          if( <约束条件 1> ) g=0;              // 检测约束条件,不满足则返回
      if(g && <约束条件 2>)
            printf(a[1: m]);                  // 输出一个解
      if(i<n && g)
          {i++;a[i]=<取值点>;continue;}
      while(a[i]==<回溯点> && i>1) i--;       // 向前回溯
      if(a[i]==n && i==1) break;              // 退出循环，结束
      else a[i]=a[i]+1;
}
```

考虑到各求解问题的探索范围与具体要求不同，在应用回溯设计时，需根据问题的具体实际确定数组元素的初值、取值点与回溯点，同时需把问题中的约束条件进行必要的分解，以适应上述回溯流程。

其中实施向前回溯的循环：

```
while(a[i]==<回溯点> && i>1) i--;
```

是向前回溯一步，还是回溯两步或更多步，完全根据 $a[i]$是否达到回溯点来确定。例如，回溯点是 n，$i=6$，当 $a[6]=n$ 时回溯到 $i=5$；若 $a[5]=n$ 时回溯到 $i=4$；依此类推。

以上回溯由迭代式 i--;(即 i=i-1;)实现，因而又称为迭代回溯。

（2）递归回溯描述

第 4 章应用递归实现排列组合的设计中，我们已经知道递归也能实现回溯。

递归回溯通过递归尝试遍历问题的各个可能解的通路。当发现此路不通时，回溯到上一步，继续尝试别的通路。

递归回溯描述：

```
int put(int k)
{ int i,j,u;
  if( k<=<规模>)
    { u=0;
      if( <约束条件> ) u=1;           // 当 u=1 时不可操作
      if(u==0)                        // 当 u=0 时可操作
        { if(k==<规模>)               // 若已满足规模，则打印出一个解
              printf( <一个解> );
          else  put(k+1);             // 调用 put(k+1)
        }
    }
}
```

在调用 put(k)时，当检测约束条件为不可操作（记 u=1）时，即再往前不可能得解，此时当然不可能输出解，也不调用 put(k+1)，而是回溯，返回调用 put(k)之处。这就是递归回溯的机理。

如果是主程序调用 put(1)，最后返回到主程序调用 put(1)的后续语句，完成递归。

3. 回溯举例

为了具体说明回溯的实施过程，先看一个简单实例。

例 5-1 在 4×4 的方格棋盘上放置 4 个皇后，使它们互不攻击，即任意两个皇后不允许处在同一横排，同一纵列，也不允许处在同一与棋盘边框成 45° 角的斜线上。

（1）展示回溯过程

设方格中的数字表示皇后所在位置（列），方格中的×表示由于受前面已放置的皇后的攻击而放弃的位置。实施回溯，其过程如图 5-1(a) ~ 图 5-1 (h)所示。

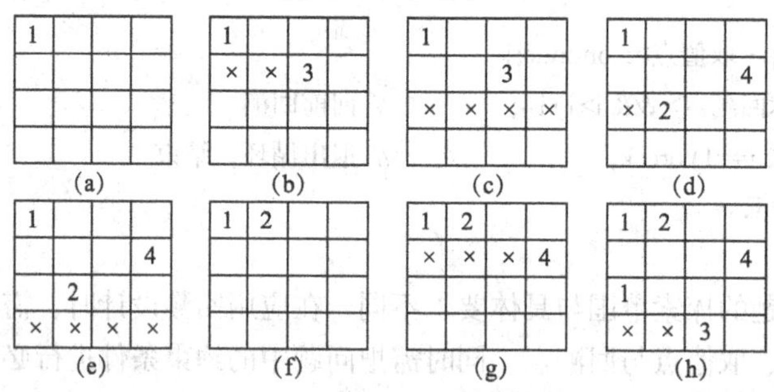

图 5-1 4 皇后问题回溯实施

图 5-1（a）为在第 1 行第 1 列放置一个皇后的初始状态。

图 5-1（b）中，第 2 个皇后不能放在第 1、2 列，因而放置在第 3 列上。

图 5-1（c）中，表示第 3 行的所有各列均不能放置皇后，则回溯至第 2 行，第 2 个皇后需后移。

图 5-1（d）中，第 2 个皇后后移到第 4 列，第 3 个皇后放置在第 2 列。

图 5-1（e）中，第 4 行的所有各列均不能放置皇后，则回溯至第 3 行；第 3 个皇后后移的所有位置均不能放置皇后，则回溯至第 2 行；第 2 个皇后已无位可退，则回溯至第 1 行；第 1 个皇

后需后移。

图 5-1（f）中，第 1 个皇后后移至第 2 格。

图 5-1（g）中，第 2 个皇后不能放在第 1，2，3 列，因而放置在第 4 列上。

图 5-1（h）中，第 3 个皇后放在第 1 列；第 4 个皇后不能放置 1，2 列，于是放置在第 3 列。

这样经以上探索与回溯，得到 4 皇后问题的一个解：2 413（第 1 行皇后在第 2 列；第 2 行皇后在第 4 列；第 3 行皇后在第 1 列；第 4 行皇后在第 3 列）。

继续探索与回溯，可得 4 皇后问题的另一个解：3 142。

继续探索与回溯，直到第 1 行的皇后至第 4 格后无位可退，探索结束。

（2）迭代回溯过程描述

```
i=1;a[i]=1;
while (1)
     { g=1;for(k=i-1;k>=1;k--)
        if(a[i]=a[k] || abs(a[i]-a[k])=i-k)
            g=0;                                    // 检测约束条件,不满足则返回
        if(g && i==4)
            printf(a[1：4]);                        // 输出一个解
        if(i<4 && g) {i++;a[i]=1;continue;}
        while(a[i]==4 && i>1) i--;                  // 向前回溯
        if(a[i]==4 && i==1) break;                  // 退出循环结束探索
        else a[i]=a[i]+1;
     }
```

（3）递归回溯过程描述

```
int put(int k)
 { int i,j,u;
   if(k<=4)
     { for(i=1;i<=4;i++)                            // 探索第 k 行从第 1 格开始放皇后
        { a[k]=i;
          for(u=0,j=1;j<=k-1;j++)
            if(a[k]==a[j] || abs(a[k]-a[j])==k-j )
              u=1;                                  // 若第 k 行第 i 格放不下,则置 u=1
            if(u==0)                                // 若第 k 行第 i 格可放,则检测是否满 4 行
              { if(k==4)                            // 若已放满到 4 行时，则打印出一个解
                  { s++; printf(" ");
                    for (j=1;j<=4;j++)
                        printf("%d",a[j]);
                  }
                else    put(k+1);                   // 若没放满 4 行,则放下一行 put(k+1)
              }
        }
     }
 }
```

4. 回溯法效益分析

应用回溯设计求解实际问题，由于解空间的结构差异，很难精确计算与估计回溯产生的结点数，这是分析回溯法效率时遇到的主要困难。

（1）基本估算

回溯法因“适时回头”省去了部分结点的操作与检测，实际操作的结点数通常只有解空间所有结点数的一小部分，这也是回溯法的探索效率高于枚举的原因所在。

回溯求解过程实质上是遍历一棵“状态树”的过程，只是这棵树不是遍历前预先建立的。回溯法在搜索过程中，只要所激活的状态结点满足终结条件，应该把它输出或保存。由于在回溯法求解问题时，一般要求输出问题的所有解，因此在得到并输出一个解后并不终止，还要进行回溯，以便得到问题的其他解，直至回溯到状态树的根且根的所有子结点均已被搜索过为止。

组织解空间便于算法在求解集时更易于搜索，典型的组织方法是图或树。一旦定义了解空间的组织方法，这个空间即可从开始结点进行搜索。

回溯法的时间通常取决于状态空间树上实际生成的那部分问题状态的数目。对于元组长度为 n 的问题，若其状态空间树中结点总数为 $n!$，则回溯算法的最坏情形的时间复杂度可达 $O(p(n)n!)$；若其状态空间树中结点总数为 2^n，则回溯算法的最坏情形的时间复杂度可达 $O(p(n)2^n)$，其中 $p(n)$ 为 n 的多项式。

对于不同的实例，回溯法的计算时间有很大的差异。对于数量规模比较大的求解实例，应用回溯法一般可在较短的时间内求得其解，可见回溯法不失为一种快速有效的算法。

（2）效率计算

对于某一具体实际问题的回溯求解，常通过计算实际生成结点数的方法即蒙特卡罗方法（Monte carlo）来评估其效率。蒙特卡罗方法的基本思想是在状态空间树上随机选择一条路径 $(x_0,x_1,\cdots,x_{n-1})$，设 X 是这一路径上部分向量 $(x_0,x_1,\cdots,x_{k-1})$ 的结点，如果在 X 处不受限制的子向量数是 m_k，则认为与 X 同一层的其他结点不受限制的子向量数也都是 m_k。也就是说，若不受限制的 x_0 取值有 m_0 个，则该层上有 m_0 个结点；若不受限制的 x_1 取值有 m_1 个，则该层上有 m_0m_1 个结点；依此类推。由于认为在同一层上不受限制的结点数相同，因此，该路径上实际生成的结点数估计为

$$s=1+m_0+m_0m_1+m_0m_1m_2+\cdots$$

计算路径上结点数 m 的蒙特卡罗算法描述如下。

```
// 已知随机路径上取值数据 m0,m1,…,mk-1
s=1;t=1;
for(j=0;j<=k-1;j++)
    { t=t*m[j];
      s=s+t;
    }
printf("%ld",s);
```

把所求得的随机路径上的结点数（或若干条随机路径的结点数的平均值）与状态空间树上的总结点数进行比较，由其比值可以初步看出回溯设计的效益。

回溯法因有“适时回头”，其效率会比枚举高，时间复杂度要低于枚举。回溯算法的效率因问题的具体实际而存在较大差异，本章各案例设计分析中一般不写出时间复杂度表达式。

5.2 桥本分数式

本节从“桥本分数式”及其引申“10 数字分数式”这两个难度不高的典型数式案例的设计求

解入手，看看回溯求解的具体实现。

5.2.1 9 数字桥本分数式

“桥本分数式”是一个新颖的填数趣题，下面分别应用枚举、迭代回溯与递归回溯 3 种算法设计求解这一趣题，并比较这些算法的设计特点与区别。

1. 案例背景

日本数学家桥本吉彦教授于 1993 年 10 月在我国山东举行的中日美三国数学教育研讨会上向与会者提出以下填数趣题：把 1,2,…,9 这 9 个数字填入下式的 9 个方格中(数字不得重复)，使下面的分数等式成立

$$\frac{\square}{\square\square}+\frac{\square}{\square\square}=\frac{\square}{\square\square}$$

桥本教授当即给出了一个解答。这一填数趣题的解是否唯一？如果不唯一究竟有多少个解？试求出所有解答（等式左边两个分数交换次序只算一个解答)。

2. 枚举设计

（1）枚举设计要点

设分数式为 $b_1/b_2+c_1/c_2=d_1/d_2$，注意到等式左边两个分数交换次序只算一个解答，约定 $b_1<c_1$。

对 3 个分数所涉及的 6 个设置循环穷举。

若分数式不成立，即 $b_1\times c_2\times d_2+c_1\times b_2\times d_2!=d_1\times b_2\times c_2$，则返回继续。

数字 1～9 在这 6 个变量中出现一次且只出现一次，分离出 9 个数字后用 f 数组统计各个数字的个数（如 $f[3]=2$，即数字“3”有 2 次），没有重复数字时打印输出解。

（2）枚举程序设计

```
// 桥本分数式枚举设计
#include <stdio.h>
void main()
{ int x,y,t,k,b1,b2,c1,c2,d1,d2,s=0;
  int m[7],f[10];
  for(b1=1;b1<=8;b1++)
  for(c1=b1+1;c1<=9;c1++)                    // 确保 b1<c1
  for(d1=1;d1<=9;d1++)
  for(b2=12;b2<=97;b2++)                     // 设分数式为 b1/b2+c1/c2=d1/d2
  for(c2=12;c2<=98;c2++)
  for(d2=12;d2<=98;d2++)                     // 对 3 个分数的分子分母实施穷举
      { if(b1*c2*d2+c1*b2*d2!=d1*b2*c2)
          continue;                          // 若分数式不成立则返回
        m[1]=b1;m[2]=b2;m[3]=c1;
        m[4]=c2;m[5]=d1;m[6]=d2;
        for(x=0;x<=9;x++) f[x]=0;
        for(k=1;k<=6;k++)
          { y=m[k];
            while(y>0)
            { x=y%10;f[x]=f[x]+1;
              y=y/10;                        // 分离数字 f 数组统计
```

```
        }
      }
    for(t=0,x=1;x<=9;x++)
      if(f[x]!=1){t=1; break;}                        // 检验数字 1 ~ 9 是否有重复
    if(t==0)                                           // 输出一个解
      { printf("%4d: %1d/%2d+%1d/%2d",++s,b1,b2,c1,c2);
        printf("=%1d/%2d    ",d1,d2);
        if(s%2==0) printf("\n");
      }
    }
  printf("    共%d 个解.\n",s);
}
```

3. 迭代回溯设计

我们采用回溯法逐步调整探求。

（1）回溯设计要点

把式中 9 个□规定一个顺序后，先在第一个□中填入一个数字（从 1 开始递增），然后从小到大选择一个不同于前面□的数字填在第二个□中，依此类推，把 9 个□都填入没有重复的数字后，检验是否满足等式。若等式成立，打印所得的解。

可见，问题的解空间是 9 位的整数组，其约束条件是 9 位数中没有相同数字且必须满足分式的要求。

为此，设置 a 数组，式中每一□位置用一个数组元素来表示：

$$\frac{a(1)}{a(2)a(3)}+\frac{a(4)}{a(5)a(6)}=\frac{a(7)}{a(8)a(9)}$$

同时，记式中的 3 个分母分别为

$$m_1=a(2)a(3)=a(2)\times 10+a(3)$$

$$m_2=a(5)a(6)=a(5)\times 10+a(6)$$

$$m_3=a(8)a(9)=a(8)\times 10+a(9)$$

所求分数等式等价于整数等式 $a(1)\times m_2\times m_3+a(4)\times m_1\times m_3=a(7)\times m_1\times m_2$ 成立。这一转化可以把分数的测试转化为整数测试。

注意到等式左侧两分数交换次序只算一个解，为避免解的重复，设 $a(1)<a(4)$。

式中 9 个□各填一个数字，不允许重复。为判断数字是否重复，设置中间变量 g：先赋值 $g=1$；若出现某两数字相同（即 $a(i)=a(k)$）或 $a(1)>a(4)$，则赋值 $g=0$（重复标记）。

首先从 $a(1)=1$ 开始，逐步给 $a(i)(1\leqslant i\leqslant 9)$赋值，每一个 $a(i)$赋值从 1 开始递增至 9。直至 $a(9)$赋值，判断：

若 $i=9,g=1,a(1)\times m_2\times m_3+a(4)\times m_1\times m_3=a(7)\times m_1\times m_2$ 同时满足，则为一组解，用 n 统计解的个数后，格式输出这组解。

若 $i<9$ 且 $g=1$，表明还不到 9 个数字，则下一个 $a(i)$从 1 开始赋值继续。

若 $a(9)=9$，则返回前一个数组元素 $a(8)$增 1 赋值（此时，$a(9)$又从 1 开始）再试。若 $a(8)=9$，则返回前一个数组元素 $a(7)$增 1 赋值再试。依此类推，直到 $a(1)=9$ 时，已无法返回，意味着已全部试毕，求解结束。

按以上所描述的回溯的参量：m=n=9。

元素初值：a[1]=1，数组元素初值取 1。

取值点：a[i]=1，各元素从 1 开始取值。

回溯点：a[i]=9，各元素取值至 9 后回溯。

约束条件 1：a[i]==a[k] || a[1] > a[4]，其中（i > k）。

约束条件 2：i=9 && a[1]*m2*m3+a[4]*m1*m3=a[7]*m1*m2

（2）回溯程序设计

```
// 桥本分数式回溯实现
#include <stdio.h>
void main()
{int g,i,k,s,a[10]; long m1,m2,m3;
i=1;a[1]=1;s=0;
while (1)
    {g=1;
     for(k=i-1;k>=1;k--)
        if(a[i]==a[k]) {g=0;break;}                    // 两数相同,标记 g=0
     if(i==9 && g==1 && a[1]<a[4])
       { m1=a[2]*10+a[3];
          m2=a[5]*10+a[6];
          m3=a[8]*10+a[9];
         if(a[1]*m2*m3+a[4]*m1*m3==a[7]*m1*m2)         // 判断等式
            {   printf("(%2d)",++s);
                printf("%d/%ld+%d/",a[1],m1,a[4]);
                printf("%ld=%d/%ld",m2,a[7],m3);
                if(s%2==0) printf("\n");
            }
       }
    if(i< 9 && g==1)
        {i++;a[i]=1;continue;}                         // 不到 9 个数,往后继续
    while(a[i]==9 && i>1) i--;                         // 往前回溯
    if(a[i]==9 && i==1) break;
    else a[i]++;                                       // 至第 1 个数为 9 结束
    }
 printf("   共以上%d 个解。\n",s);
 }
```

4. 递归回溯设计

（1）递归设计要点

设置桥本分数式递归函数 put(k):

当 k<=9 时，第 k 个数字取值 a[k]=i(i=1,2,⋯,9)，标记 u=0。

每一 a[k]与前已取的 a[j]（j<k）比较，是否出现重复数字。若 a[k]==a[j]，则第 k 个数字取值不成功，标记 u=1；重新取值。

若保持 u=0，第 k 个数字取值成功：

1）检测 k 是否到 9；若到 9 且满足等式，输出一个解。

2）若不到 9，或不满足等式要求，则调用 put(k+1)。

若 a[k]已取到 9，返回 k-1 状态，即回溯到 k-1 状态重新取值。

主程序调用 put(1)，返回 put(1)时，即输出解的个数 s，结束。

（2）递归程序设计

```
// 桥本分数式递归程序设计
#include <stdio.h>
int a[10],s=0;
void main()
{ int put(int k);                                   // 说明递归函数 put(k)
  put(1);                                           // 调用递归函数 put(1)
  printf("   共有以上%d 个解。\n",s);
}
// 桥本分数式递归函数
int put(int k)                                      // 定义递归函数 put(k)
{ int i,j,u,m1,m2,m3;
  if(k<=9)
    { for(i=1;i<=9;i++)                             // 探索第 k 个数字取值 i
      { a[k]=i;
        for(u=0,j=1;j<=k-1;j++)
        if(a[k]==a[j]) u=1;                         // 出现重复数字,则置 u=1
        if(u==0)                                    // 若第 k 个数字可为 i
          { if(k==9 && a[1]<a[4])                   // 若已 9 个数字，则检查等式
            { m1=a[2]*10+a[3];m2=a[5]*10+a[6];
              m3=a[8]*10+a[9];
              if(a[1]*m2*m3+a[4]*m1*m3==a[7]*m1*m2)
                {   printf(" %2d: ",++s);           //  输出一个解
                    printf("%d/%d+%d/%d",a[1],m1,a[4],m2);
                    printf("=%d/%d",a[7],m3);
                    if(s%2==0) printf("\n");
                }
            }
          else   put(k+1);                          // 若不到 9 个数字，则调用 put(k+1)
        }
      }
    }
return s;
}
```

5. 程序运行结果与说明

```
(1) 1/26+5/78=4/39    (2) 1/32+5/96=7/84
(3) 1/32+7/96=5/48    (4) 1/78+4/39=6/52
(5) 1/96+7/48=5/32    (6) 2/68+9/34=5/17
(7) 2/68+9/51=7/34    (8) 4/56+7/98=3/21
(9) 5/26+9/78=4/13    (10) 6/34+8/51=9/27
 共以上 10 个解。
```

以上求解桥本分数式的枚举设计、回溯设计与递归设计，都能快捷地求出问题的 10 个解。只是在输出解的顺序上略有不同，运行速度上回溯与递归设计略快于枚举。

关于桥本分数式求解，已有应用程序设计得到 9 个解的报导，显然遗失了一个解。可见在算法设计时，如果结构欠妥或参量设置不当，可能导致解的遗失。

5.2.2 探求 10 数字分数式

试把 0,1,2,⋯,9 这 10 个数字填入下式的 10 个方格中，要求：

$$\frac{\square}{\square\square}+\frac{\square}{\square\square\square}=\frac{\square}{\square\square}$$

（1）各数字不得重复。

（2）数字“0”不得填在各分数的分子或分母的首位。

（3）式中 3 个分数中至少有 2 个最简真分数（即分子分母没有大于 1 的公因数）。

探求满足以上 3 个条件的所有分数式。

1. 回溯设计要点

推出 10 数字分数式是前面桥本分数式的引申，并增添“最简真分数”的条件限制。

设置 a 数组表示式中的 10 个数字，即

$$\frac{a(1)}{a(2)a(3)}+\frac{a(4)}{a(5)a(6)a(7)}=\frac{a(8)}{a(9)a(10)}$$

（1）式中的 3 个分母计算与存储

$$m_1=a(2)a(3)=a(2)\times 10+a(3)$$
$$m_2=a(5)a(6)a(7)=a(5)\times 100+a(6)\times 10+a(7)$$
$$m_3=a(9)a(10)=a(9)\times 10+a(10)$$

（2）回溯参数修改

数字从 9 个增加到 10 个，因而 i<9 改为 i<10；i==9 改为 i==10；

数组元素取值修改为从“0”开始，即 a[1]=0；a[i]=0；

数字“0”不得在各分数的分子与分母的首位，即“0”只能在 $a(3),a(6),a(7)$与 $a(10)$这 4 个数字中，因而在输出解的条件中增加 $a(3)\times a(6)\times a(7)\times a(10)=0$。

（3）最简真分数测试

要求式中的 3 个分数中至少有 2 个为最简真分数，对 3 个分数逐个建立测试 u 循环，在循环中分别判断分数的分子与分母是否有大于 1 的公因数 u，并用 t 统计非最简真分数的个数。若 $t\leqslant 1$，即 3 个分数中为非最简真分数的个数不大于 1，则打印输出，并用变量 s 统计满足要求的分数式个数。

2. 回溯程序设计

```
// 10 数字分数式回溯设计
#include <stdio.h>
void main()
{int g,i,k,s,t,u,a[11]; long m1,m2,m3;
i=1;a[1]=0;s=0;
while (1)
    {g=1;
     for(k=i-1;k>=1;k--)
        if(a[i]==a[k]) {g=0;break;}                          // 两数相同,标记 g=0
     if(i==10 && g==1 && a[3]*a[6]*a[7]*a[10]==0)
      { m1=a[2]*10+a[3];
        m2=a[5]*100+a[6]*10+a[7];
```

```
            m3=a[9]*10+a[10];
            if(a[1]*m2*m3+a[4]*m1*m3==a[8]*m1*m2)          // 判断等式
              {t=0;
                for(u=2;u<=a[1];u++)                       // 逐个测试分数是否为真分数
                    if(a[1]%u==0 && m1%u==0) {t++;break;}
                for(u=2;u<=a[4];u++)
                    if(a[4]%u==0 && m2%u==0) {t++;break;}
                for(u=2;u<=a[8];u++)
                    if(a[8]%u==0 && m3%u==0) {t++;break;}
                if(t<=1)                                   // 至少 2 个最简真分数时输出
                  { printf("    %d: %d/%ld+%d/",++s,a[1],m1,a[4]);
                    printf("%ld=%d/%ld",m2,a[8],m3);
                    if(s%2==0) printf("\n");               // 每一行控制输出 2 个分数式
                  }
              }
          }
        if(i<10 && g==1)
          { i++;a[i]=0;continue;}                          // 不到 10 个数,往后继续
          while(a[i]==9 && i>1) i--;                       // 往前回溯
          if(a[i]==9 && i==1) break;
          else    a[i]++;                                  // 至第 1 个数为 9 结束
        }
    printf("\n    共搜索到以上%d 个分数式。\n",s);
    }
```

3. 程序运行示例与变通

```
1: 1/29+7/406=3/58        2: 1/39+4/780=2/65
3: 2/17+5/340=9/68        4: 2/95+4/760=1/38
5: 4/19+5/608=7/32        6: 6/84+2/315=7/90
7: 7/58+9/406=3/21        8: 8/45+9/162=7/30
9: 9/72+1/504=8/63
共搜索到以上 9 个分数式。
```

以上 10 数字分数式求解是在 9 数字分数式设计基础上变通所得，结构基本相同。请比较以上两个回溯设计的参数变化。

如果把程序中的条件“t<=1”改为“t==0”，则打印输出的是 3 分数都为最简真分数的分数式，以上输出的第 5 个就是这样的分数式。

5.3 素数和环

把前 n 个正整数围成一个环，如果环中所有相邻的两个数之和都是一个素数，该环称为一个 n 项素数和环。

对于指定的 n，搜索并输出所有不同的素数和环。

1. 回溯设计要点

当 n 为大于 1 的奇数时，前 n 个正整数围成一个环，环中总存在两个奇数相邻，其和为大于

2 的偶数，即不可能构成素数和环。也就是说，只有当 *n* 为正偶数时才有可能构成 *n* 项素数和环。

设置 *a* 数组在前 *n* 个正整数中取值。为避免重复输出，约定第 1 个数 a[1]=1。

设置 *b* 数组标记奇素数。对指定的正整数 *n*，首先用试商判别法，把 2*n* 范围内的奇素数标记为“1”，例如，b[7]=1 表明 7 为素数。

在循环中，i 从 2 开始至 n 递增，a[i]从 2 开始至 n 递增取值。

（1）元素 a[i]的取值是否可行，赋值 t=1；然后进行判断：

若 a[j]==a[i]（j=1,2,⋯,i-1），即 a[i]与前面的 a[j]相同，a[i]取值不行，标注 t=0。

若 b[a[i]+a[i-1]]!=1，即所取 a[i]与其前一项之和不是素数，标注 t=0。

（2）若判断后保持 t=1；说明 a[i]取值可行。

此时若 i 已取到 n，且 b[a[n]+1]=1（即首尾项之和也是素数），输出一个解。

若 i<n，则 i++;a[i]=2; 即继续，下一元素从 2 开始取值。

（3）若 a[i]已取到 n,再不可能往后取值，则 i--；即行回溯。

回溯至前一个元素，a[i]++继续增值。

最后回溯至 i=1，完成所有探索，跳出循环结束。

考虑到当 *n* 较大时，*n* 项素数和环非常多，约定只输出 3 个解后提前结束。

2. 回溯程序设计

```
// 素数和环回溯程序设计
#include<stdio.h>
#include<math.h>
void main()
{ int t,i,j,n,k,a[1000],b[500];long s;
   printf("    请输入整数 n: ");
   scanf("%d",&n);
   if(n%2>0)                                        // 排除 n 为奇数时求解
       { printf("    不存在%d 项素数和环！ \n ",n);return;}
   for(k=1;k<=2*n;k++) b[k]=0;
   for(k=3;k<=2*n;k+=2)
       { for(t=0,j=3;j<=sqrt(k);j+=2)
             if(k%j==0){t=1;break;}
         if(t==0) b[k]=1;                           // 奇数 k 为素数的标记
       }
   a[1]=1;s=0; i=2;a[i]=2;
   while(1)
    {t=1;
     for(j=1;j<i;j++)
       if(a[j]==a[i] || b[a[i]+a[i-1]]!=1)          // 出现相同元素或非素时返回
          {t=0;break;}
     if(t && i==n && b[a[n]+1]==1)                  // 确保首尾之和为素数
        { printf("  %ld:  1",++s);
          for(j=2;j<=n;j++)
             printf(",%d",a[j]);
          printf("\n");
        }
     if(t && i<n)
        {i++;a[i]=2;continue;}
```

```
        while(a[i]==n && i>1) i--;                    // 实施迭代回溯
        if(i>1) a[i]++;
        else break;
      }
    if(s==0) printf("    没有搜索到素数和环。\n");
    else   printf("    前%d 个正整数组成以上%ld 个素数和环。\n",n,s);
}
```

3. 程序运行示例与变通

```
请输入整数 n: 10
   1:   1,2,3,4,7,6,5,8,9,10
   2:   1,2,3,4,7,10,9,8,5,6
  ……
  96:   1,10,9,8,5,6,7,4,3,2
前 10 个正整数组成以上 96 个素数和环。
```

容易验证，所得素数和环中每相邻两项（包括首尾两项）之和均为素数。

（1）解的配对

在所有素数和环中，必存在互为顺时针与逆时针配对的两个解。例如，以上运行所示的第 1 个与最后第 96 个环互为顺时针与逆时针配对。因而，对任何偶数 *n*，其解的个数必然为偶数。

（2）环变通为序列

如果求解素数和序列，只要把环中的首尾相接的条件“b[a[n]+1]==1”去除即可。

（3）变通为合数和环

如果把程序作以下改动：

b[a[i]+a[i-1]]!=1　　变为　b[a[i]+a[i-1]]!=0

b[a[n]+1]==1　　　变为　b[a[n]+1]==0

所得为“合数和环”，即环中各相邻两数之和均为合数。

4. 引申到区间探求

把以上“前 *n* 个正整数”进行扩展，引申为“指定区间”，即为以下问题：

把指定区间[*c*,*d*]上的所有正整数围成一个环，如果环中所有相邻的两个数之和都是一个素数，该环称为指定区间[*c*,*d*]上的素数和环。

对于指定的 *c*,*d*，构造并输出所有不同的素数和环（当素数和环大于 3 个时，只输出 3 个）。

（1）回溯设计要点

对于输入的 *c*,*d*，计算区间[*c*,*d*]上的整数个数 *n*=*d*−*c*+1。同样，当 *n* 为奇数时问题无解。

数组 *a*,*b* 定义如上，注意到前 *n* 个数中第 *i* 个数由 a[i]变为区间[*c*,*d*]中的第 *i* 个数 c+a[i]-1，则在以上程序基础上进行修改：

b[a[i]+a[i-1]]!=1　　修改为：b[2*c+a[i]+a[i-1]-2]!=1

b[a[n]+1]==1　　　修改为：b[2*c+a[n]-1]==1

printf(",%d",a[j]);　修改为：printf(",%d",c+a[j]-1);

（2）回溯程序设计

```
// 探求区间[c,d]上的素数和环回溯设计
#include<stdio.h>
#include<math.h>
```

```
void main()
{ int c,d,e,t,i,j,n,k,a[1000],b[500];long s;
  printf("    请输入指定区间 c,d: ");
  scanf("%d,%d",&c,&d);
  n=d-c+1;
  if(n%2>0)                              // 连续奇数个整数时无解
    { printf("    区间[%d,%d]共%d 个整数不能组成素数和环！\n ",c,d,n);
      return;
    }
  e=2*c+1;
  for(k=e;k<=2*d;k++) b[k]=0;
  for(k=e;k<=2*d;k+=2)
    { for(t=0,j=3;j<=sqrt(k);j+=2)
        if(k%j==0) {t=1;break;}
      if(t==0) b[k]=1;                   // 奇数 k 为素数标记 1
    }
  a[1]=1;s=0;i=2;a[i]=2;
  while(1)
   {t=1;
    for(j=1;j<i;j++)
      if(a[j]==a[i] || b[2*c+a[i]+a[i-1]-2]!=1)
        {t=0;break;}                     // 出现相同元素或非素时返回
    if(t && i==n && b[2*c+a[n]-1]==1)
     { printf("    %ld：   %d",++s,c);
       for(j=2;j<=n;j++) printf(",%d",c+a[j]-1);
       printf("\n");
       if(s==3)                          // 解太多，只显示前 3 个解
        { printf("    区间[%d,%d]组成多个素数和环，以上为其中 3 个。\n",c,d);
          return;
        }
     }
   if(t && i<n)
     {i++;a[i]=2;continue;}
   while(a[i]==n && i>1) i--;            // 实施回溯
   if(i>1) a[i]++;
   else break;
   }
  if(s==0) printf("    区间[%d,%d]中没有素数和环。\n",c,d);
  else printf("    区间[%d,%d]中的整数组成以上%ld 个素数和环。\n",c,d,s);
}
```

（3）程序运行示例与说明

```
请输入指定区间 c,d: 20,31
  1：  20,23,24,29,30,31,28,25,22,21,26,27
  2：  20,27,26,21,22,25,28,31,30,29,24,23
区间[20,31]中的整数组成以上 2 个素数和环。
```

容易看出，所得到的以上两个解互为顺时针与逆时针配对。

注意到区间中的数值越大，其中的素数越稀少。因而在保持区间中整数个数 n 不变的前提下，若区间起始数 c 越大，存在素数和环的个数就越少，以至可能没有。

当指定区间比较大时，例如确定区间为[1,200]，要想全部搜索完所有素数和环可能需要很长时间，可以只搜索输出若干个后强行退出。

当输入区间比较小或区间内的数比较大时，可能不存在素数和环，程序将提示“没有素数和环”。

5.4 直尺与数珠

本节应用回溯探索涉及直尺刻度分布的“古尺神奇”与涉及环序列全覆盖的“数码串珠”两个有趣案例。

5.4.1 神奇古尺

有一年代尚无考究的古尺长 36 寸，因使用日久尺上的刻度只剩下 8 条，其余刻度均已不复存在。神奇的是，用该尺仍可一次性度量 1～36 任意整数寸长度。

试确定古尺上 8 条刻度分布的位置。

1. 回溯设计要点

这是一个新颖且有一定难度的实用案例。

我们探索一般尺长 s，刻度数为 n（s,n 均为正整数）的完全度量问题。

（1）刻度布局

为了寻求实现尺长 s 完全度量的 n 条刻度的分布位置，设置以下两个数组：

a 数组元素 $a(i)$为第 i 条刻度距离尺左端线的长度，约定 $a(0)=0$ 以及 $a(n+1)=s$ 对应尺的左右端线。注意到尺的两端至少有一条刻度距端线为 1(否则长度 $s-1$ 不能度量)，不妨设 $a(1)=1$，其余的 $a(i)(i=2,\cdots,n)$在 2～$s-1$ 中取数。不妨设

$$2 \leqslant a(2)<a(3)<\cdots<a(n) \leqslant s-1$$

从 $a(2)$取 2 开始,以后 $a(i)$从 $a(i-1)+1$ 开始递增 1 取值，直至 $s-(n+1)+i$ 为止。

（2）完全度量检测

当 $i=n$ 时，n 条刻度连同尺的两条端线共 $n+2$ 条，从 $n+2$ 取 2 的组合数为 $C(n+2,2)$,其值记为 m，显然有

$$m=C(n+2,2)=\frac{(n+1)(n+2)}{2}$$

m 种长度赋给 b 数组元素 $b(1),b(2),\cdots,b(m)$。为判定某种刻度分布能否实现完全度量，设置特征量 u，对于每一个长度 d（$1\leqslant d\leqslant s$）,如果在 $b(1)$～$b(m)$中存在某一元素等于 d,特征量 u 值增 1。

最后，若 $u=s$，说明从 1 至尺长整数 s 的每一个整数 d 都有一个 $b(i)$相对应，即达到完全度量，于是输出直尺的 n 条刻度分布位置。

（3）回溯实施

若 $i<n$，i 增 1 后 $a(i)=a(i-1)+1$ 后继续探索。

当 $i>1$ 时 $a(i)$增 1 继续，至 $a(i)=s-(n+1)+i$ 时回溯。

2. 回溯程序设计

```
// 尺长 s 寻求 n 条刻度分布回溯探索
#include<stdio.h>
void main()
{int d,i,j,k,t,u,s,m,n,a[30],b[300];
 printf("  尺长 s,寻求 n 条刻度分布,请确定 s,n: ");
 scanf("%d,%d",&s,&n);
 a[0]=0;a[1]=1;a[n+1]=s;
 i=2;a[i]=2;m=(n+2)*(n+1)/2;
 while(1)
   {if(i<n)
      {i++; a[i]=a[i-1]+1; continue;}
    else
      {for(t=0,k=0;k<=n;k++)
       for(j=k+1;j<=n+1;j++)
          {t++;b[t]=a[j]-a[k];}                   // 序列部分和赋值给 b 数组
       for(u=0,d=1;d<=s;d++)
       for(k=1;k<=m;k++)
          if(b[k]==d) {u+=1;k=m;}                 // 检验 b 数组取 1～s 有多少个
       if(u==s)                                   // b 数组值包括 1～s 所有整数
          {if((a[n]!=s-1) || (a[n]==s-1) && (a[2]<=s-a[n-1]))
             {printf(" ┌");                        // 输出尺的上边
              for(k=1;k<=s-1;k++) printf("─");
              printf("┐ \n");
              printf(" │ ");
              for(k=1;k<=n+1;k++)                 // 输出尺的数字标注
                { for(j=1;j<=a[k]-a[k-1]-1;j++) printf("   ");
                  if(k<n+1) printf("%2d",a[k]);
                  else printf(" │ \n");
                }
             printf(" └");                         // 输出尺的下边与刻度
             for(k=1;k<=n+1;k++)
                {for(j=1;j<=a[k]-a[k-1]-1;j++) printf("─");
                 if(k<n+1) printf("┴");
                 else printf("┘ \n");
                }
             printf("  直尺的段长序列为: ");         // 输出段长序列
             for(k=1;k<=n;k++) printf("%2d,",a[k]-a[k-1]);
             printf("%2d \n",s-a[n]);
             }
          }
      }
   while(a[i]==s-(n+1)+i && i>1) i--;            // 调整或回溯
   if(i>1) a[i]++;
   else break;
  }
}
```

3. **程序运行示例与思考**

输入 s=36，n=8，程序运行结果如图 5-2 所示。

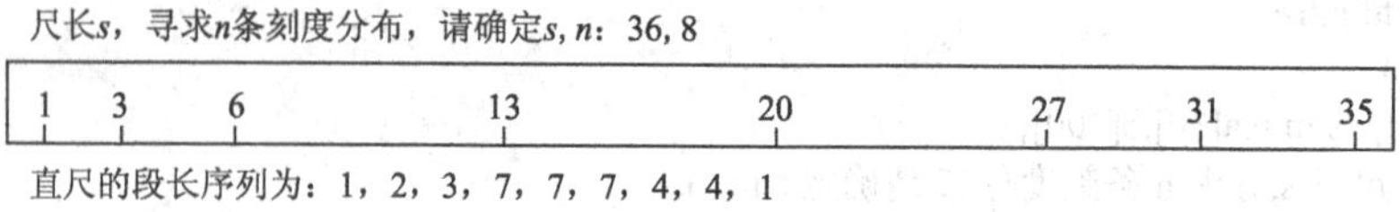

尺长s，寻求n条刻度分布，请确定s, n：36, 8

1　3　6　13　20　27　31　35

直尺的段长序列为：1，2，3，7，7，7，4，4，1

图 5-2　古尺 36 长 8 刻度分布示意图

思考：由以上程序得到的刻度分布图与直尺的段长序列

$$1, 2, 3, 7, 7, 7, 4, 4, 1$$

是否可以推得以下一般结论：

尺长为 $7n-20$（$n>6$）直尺上分布 n 条刻度，n 条刻度把尺分为如下分布的 $n+1$ 段

$$1, 2, 3, 7, 7, \cdots, 7, 4, 4, 1$$

其中尺的中部有连续 $n-5$ 个“7”段，则该尺可完全度量。

请证明你的结论。

5.4.2　数码串珠

在某佛寺遗址考古发掘中意外发现一串奇特的数码珠串，珠串上共串缀有 6 颗宝珠（如图 5-3 所示），每一宝珠上都刻有一个神秘的数。专家考证所串 6 颗宝珠上的整数具有以下奇异特性。

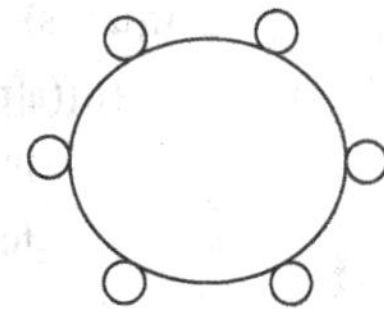

图 5-3　佛珠数码示意图

（1）6 颗宝珠上的整数互不相同。

（2）这 6 个整数之和为 31，沿珠串相连的若干颗（1 ~ 6 颗）珠上整数之和为 1,2,…,31 不间断，这一象征祥瑞的特性表现为完全覆盖，即可覆盖区间[1,31]中的所有整数。

请确定珠串上 6 颗宝珠的整数及其相串的顺序。

把问题一般化：在圆环上的 n 个小圆圈中各填入一个整数，这 n 个整数之和为 s，且沿圆环相连的若干（1 ~ n）个整数之和覆盖区间[1,s]中的所有整数。

试求 s 的最大值及各圆圈上的数字。

1. **回溯设计要点**

问题第 2 条要求为全覆盖，在满足该要求的解中去除存在整数相同的解即可。

（1）部分和的数量

为叙述方便，称沿圆环若干个相连整数之和为“部分和”，称部分和为区间[1,s]中的所有整数为“全覆盖”。

为叙述清楚，不妨探讨 n=6，即沿圆环 6 个整数组成部分和的个数。

部分和为 1 个整数，共 6 个；相应部分和为 5 个相连整数组成，也为 6 个。

部分和为 2 个相连整数组成，共 6 个；相应部分和为 4 个相连整数组成，也为 6 个。

部分和为 3 个相连整数组成，共 6 个。

部分和为所有 6 个相连整数组成，共 1 个。

因而部分和的个数为：$6\times5+1=31$。

共有 31 个部分和，如果 s=31，要覆盖[1，31]，意味着 31 个部分和没有相同的。

一般地，若环上为 n 个整数，部分和为 $n(n-1)+1$ 个。

（2）建立数学模型

为了确定和为 s 的 n 个整数取值及这些整数的分布，使沿环的部分和能完全覆盖[1,s]，建立以下数学模型：

设圆圈的周长为 s，在圆圈上划 n 条刻度，用 a 数组作标记。

起点为 $a(0)=0$，约定 $a(1)-a(0)$为第 1 个数，$a(2)-a(1)$为第 2 个数，…，一般地 $a(i)-a(i-1)$为第 i 个数。因共 n 个数，显然刻度 $a(n)=s$ 且与起点 $a(0)$重合。

因 n 个数中至少有一个数为 1（否则不能覆盖 1），不妨设第 1 个数为 1，即 $a(1)=1$。

n 个数的每一个数都可以与（约定顺时针方向）相连的 $1,2,\cdots,n-1$ 个数组成部分和。为构造部分和方便，定义 $a(n+1)$与 $a(1)$重合，即 $a(n+1)=s+a(1)$；定义 $a(n+2)$与 $a(2)$重合，即 $a(n+2)=s+a(2)$；…；最后有 $a(2n-1)$与 $a(n-1)$重合，即 $a(2n-1)=s+a(n-1)$。

（3）判别完全覆盖

设置 b 数组存储部分和，变量 u 统计 b 数组覆盖区间[1,s]中数的个数。若 $u=s-1$，（s 本身显然覆盖，除去不计），即完全覆盖，输出和为 s 时的解。

（4）取数与回溯

若 $i<n-1$，i 增 1 后 $a(i)=a(i-1)+1$ 后继续探索。

当 $i>1$ 时 $a(i)$增 1 继续，至 $a(i)=s-n+i$ 时回溯。

变量 s 与 n 的值从键盘输入。运行程序时，选择 s 是从 $n(n-1)+1$ 开始，若无解，则选择 s 为 $n(n-1)$，依此逐减取值输入，最先所得解为对应 n 的 s 最大值。然后再从这些解中选取没有相同整数的解。

2. 回溯程序设计

```
// 数码串珠回溯程序设计
#include<stdio.h>
void main()
{int d,h,i,j,k,t,u,s,n,a[30],b[300];
 printf("    n 个整数和为 s,部分和完全覆盖,请确定 s,n: ");
 scanf("%d,%d",&s,&n);
 a[0]=0;a[1]=1;a[n]=s;
 i=2;a[i]=2;h=0;
 while(1)
    {if(i<n-1)
        {i++; a[i]=a[i-1]+1; continue;}
     else
       { for(k=n+1;k<=2*n-1;k++)
             a[k]=s+a[k-n];
         for(t=0,k=0;k<=n-1;k++)
         for(j=k+1;j<=k+n-1;j++)
             {t++;b[t]=a[j]-a[k];}                    // 序列部分和赋值给 b 数组
         for(u=0,d=1;d<=s-1;d++)
         for(k=1;k<=t;k++)
             if(b[k]==d) {u++;k=t;}                   // 检验 b 数组取 1 ~ s 有多少个
         if(u==s-1)                                   //  b 数组值包括 1 ~ s 所有整数
           { printf("    %2d: 1",++h);               // 输出串珠上的数码
             for(k=2;k<=n;k++)
               printf(",%2d",a[k]-a[k-1]);
             if(h%2==0) printf("\n");
```

```
            }
        }
        while(a[i]==s-n+i && i>1) i--;                    // 调整或回溯
        if(i>1) a[i]++;
        else break;
    }
printf(" 共以上%d 个解.\n",h);
}
```

3. 程序运行示例与说明

```
n 个整数和为 s,部分和完全覆盖,请确定 s,n: 31,6
    1: 1, 2, 5, 4, 6,13       2: 1, 2, 7, 4,12, 5
    3: 1, 3, 2, 7, 8,10       4: 1, 3, 6, 2, 5,14
    5: 1, 5,12, 4, 7, 2       6: 1, 7, 3, 2, 4,14
    7: 1,10, 8, 7, 2, 3       8: 1,13, 6, 4, 5, 2
    9: 1,14, 4, 2, 3, 7      10: 1,14, 5, 2, 6, 3
共以上 10 个解.
```

所输出的解中没有出现重复整数，均满足题目要求条件（1）。

这 10 个解两两配对，互为顺时针与逆时针关系。例如，其中第 1 个解与第 8 个解是一对，等等。其中第 3 个解的数码珠串排列如图 5-4 所示。

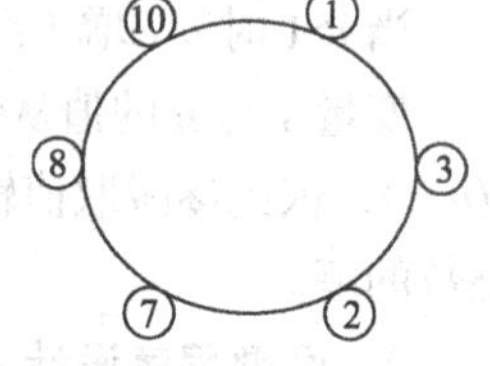

图 5-4 数码 6 珠串示意图

请具体实施，图 5-4 上的数码串珠能否完全覆盖区间[1，31]上的所有整数。

注意到环上的 6 个数所能组成的部分和总数为 31，区间[1，31]上的完全覆盖意味着没有任意两个部分和是重复的。

请运行程序，探索圆环 5 数码能完全覆盖的和 s=21，这是理论上的最大值。

请探索圆环 7 数码能完全覆盖的和 s 为多大？

5.5 错位排列探索

第 4 章应用递归设计求解实现排列组合，本节应用回溯设计探索一些特殊的错位排列问题，其中包含著名数学家伯努利（Bernoulli）提出并解决的装错信封问题。

5.5.1 伯努利装错信封问题

某人给 6 个朋友每人写了一封信，同时写了这 6 个朋友地址的信封。有多少种投放信笺的方法，使每封信与信封上的收信人都不相符？

一般情形，写了这 n 封信对应的 n 个信封。把所有的信都装错了信封的情况，共有多少种？展示所有信都装错了信封的情形。

这是组合数学中有名的全错位问题。著名数学家伯努利曾最先考虑此题。后来，欧拉大师对此题产生了兴趣，称此题是“组合理论的一个妙题”，并独立地解出了此题。这些数学大师都只给出错位问题的数量，本案例要求程序设计展示出所有错位状态。

下面应用回溯设计求解伯努利装错信封问题，即求解实现全错位排列。

1. 回溯设计要点

为叙述方便，把某一元素在自己相应位置（如“2”在第 2 个位置）称为在自然位；把某一元素不在自己相应位置称为错位。

事实上，所有 n 个元素全排列分为 3 类。

（1）所有元素都在自然位，实际上只有一个排列。当 n=5 时，即 12 345。

（2）所有元素都错位。当 n=5 时，例如 24 513。

（3）部分元素在自然位，部分元素错位。当 n=5 时，例如 21 354。

装错信封问题求解实际上是求 n 个元素全排列中的“所有元素都错位”子集。

当 n=2 时显然只有一个解：21（“2”不在第 2 个位置且“1”不在第 1 个位置）。

当 n=3 时，有 231，312 两个解。

求“所有元素都错位”子集，可在实现排列算法中加上“限制取位”的条件。

设置一维 a 数组，$a(i)$在 1 ~ n 中取值，当出现 $a(i)$在自然位或数字相同 $a(j)=a(i)$时返回（$j=1,2,\cdots,n-1$）。

当 $i<n$ 时，还未取 n 个数，i 增 1 后 $a(i)$=1 继续。

当 $i=n$ 且最后一个元素不在自然位 $a(n)\neq n$ 时，输出一个全错位排列，并设置变量 s 统计错位排列的个数。

当 $a(i)<n$ 时 $a(i)$增 1 继续。

当 $a(i)=n$ 时回溯或调整。直到 i=1 且 $a(1)=n$ 时结束。

2. 回溯程序设计

```
// 全错位排列回溯设计
#include <stdio.h>
void main()
{int n,i,j,t,a[30]; long s=0;
 printf("  请输入整数 n (2<n<10):"); scanf("%d",&n);
 i=1;a[i]=2;
 while(1)
   {t=1;
    if(a[i]!=i)
      {for(j=1;j<i;j++)
         if(a[j]==a[i])                          // 出现相同元素时返回
           {t=0;break;}
      }
    else t=0;                                    // 元素在自然位时返回
    if(t && i==n)                                // 已到 n，输出一个解
      { for(j=1;j<=n;j++)
           printf("%d",a[j]);
        printf("  ");
        if(++s%10==0) printf("\n");
      }
    if(t && i<n)
      {i++;a[i]=1;continue;}
    while(a[i]==n && i>0) i--;                   // 调整或回溯
    if(i>0) a[i]++;
```

```
        else break;
    }
  printf("\n %d 个整数全错位排列共以上%ld 个。\n",n,s);
  }
```

3. 程序运行示例与说明

```
请输入整数 n (2<n<10):5
21453   21534   23154   23451   23514   24153   24513   24531   25134   25413
25431   31254   31452   31524   34152   34251   34512   34521   35124   35214
35412   35421   41253   41523   41532   43152   43251   43512   43521   45123
45132   45213   45231   51234   51423   51432   53124   53214   53412   53421
54123   54132   54213   54231
5 个整数全错位排列共以上 44 个。
```

输入 *n*=6，即输出 265 个 6 位错位排列，也是上面所提竞赛题的解。

5.5.2 特殊错位排列

求解部分元素在自然位，部分元素错位的排列问题，往往需添加上一些特定的限制错位条件。例如，在 1 ~ *n* 的全排列中，展示偶数在其自然位而奇数全错位的所有情形。

1. 奇数位全错位排列回溯设计

在以上利用回溯求解的程序设计基础上修改一个条件：把 a[i]!=i 修改为 i%2=0 and a[i]==i or i%2!=0 and a[i]!=i，即只有偶数在自然位或奇数错位时才接着进行元素相等的判断，否则返回进行下一轮探索。

（1）回溯程序设计

```
// n 个整数奇数位全错位排列设计
#include <stdio.h>
void main()
{int n,i,j,t,a[30]; long s=0;
 printf("   请输入整数 n (2<n<10):"); scanf("%d",&n);
 i=1;a[i]=3;
 while(1)
    {t=1;
     if(i%2==0 && a[i]==i || i%2!=0 && a[i]!=i)
         { for(j=1;j<i;j++)                          // 出现相同元素返回
               if(a[j]==a[i])   {t=0;break;}
         }
     else t=0;                                       // a[i]为奇数在自然位或偶数错位时返回
     if(t && i==n)
        { for(j=1;j<=n;j++)
              printf("%d",a[j]);
          printf("   ");
          if(++s%5==0) printf("\n");
        }
     if(t && i<n)
          {i++;a[i]=1;continue;}
     while(a[i]==n && i>0) i--;                      // 调整或回溯
     if(i>0) a[i]++;
```

```
        else break;
      }
   printf("\n %d 个整数奇数位全错位排列共以上%ld 个。\n",n,s);
  }
```

（2）程序运行示例

```
请输入整数 n (2<n<10):8
  32147658  32547618  32741658  52147638  52741638
  52743618  72143658  72541638  72543618
8 个整数奇数位全错位排列共以上 9 个。
```

2. 回溯设计改进

（1）改进要点

前面的程序设计在展示偶数在其自然位而奇数全错位的所有排列中，需要对每位数进行探索和回溯，其实对于处于自然位的偶数，已经固定了，例如 2 只能处于第 2 位，8 只能处于第 8 位等，因此程序做了许多无用的循环判断和回溯，当 n 非常大时显然会降低解题效率。为此，可以先固定偶数的自然位，只对奇数进行探索和回溯，这样程序的执行效率会大大增加。

对奇数进行探索的过程与上面的程序设计完全相同，在此不再赘述。

（2）改进程序设计

```
// 奇数位全错位排列设计
#include <stdio.h>
void main()
{     int n,i,j,t,a[30];long s=0;
      printf("   请输入整数 n (2<n<10):");scanf("%d",&n);
      for(i=2;i<=n;i+=2)
      a[i]=i;                                        // 先确定偶数的自然位
      i=1;a[i]=3;
      while(1)
        { t=1;
          if(a[i]!=i)
            { for(j=1;j<i;j+=2)                      // 出现相同元素返回
                  if(a[j]==a[i]) {t=0;break;}
            }
          else t=0;                                  // 当前奇数在自然位时返回
          if(t && (i>=n-1))
            { for(j=1;j<=n;j++)
                   printf("%d",a[j]);
              printf("   ");
              if(++s%5==0) printf("\n");
            }
      if(t && i<n-1)
         { i+=2;a[i]=1;continue;}
      while(i>0 && a[i]>=n-1) i-=2;                  // 调整或回溯
      if(i>0) a[i]+=2;
      else break;
      }
      printf("\n %d 个整数奇数位全错位排列共以上%ld 个。\n",n,s);
  }
```

（3）程序运行示例与变通

```
请输入整数 n (2<n<10):9
  321476985   321496587   325416987   325476981   325496187
  ……
  921476583   925416387   925436187   925476183   925476381
  927416385   927416583   927436185   927436581
9 个整数奇数位全错位排列共以上 44 个。
```

考察输出的解，所有偶数都在自然位，所有奇数都错位。

如果要求所有偶数都错位，所有奇数都在自然位，程序应如何修改？

5.6 情侣拍照排列

本节讲述的情侣拍照是一个复杂而有趣的排列设计案例。

编号分别为 1,2,…,8 的 8 对情侣参加聚会后拍照。主持人要求这 8 对情侣共 16 人排成一横排，别出心裁规定每对情侣男左女右且不得相邻：编号为 1 的情侣之间有 1 个人，编号为 2 的情侣之间有 2 个人，…，编号为 8 的情侣之间有 8 个人。为避免重复，规定排队左端编号小于右端编号。

问所有满足以上要求的不同拍照排队方式共有多少种？输出所有拍照排队。

5.6.1 逐位回溯

试对一般 n 对情侣拍照排列进行设计，这 n 对情侣共 $2n$ 人排成一横排，别出心裁规定每对情侣男左女右且不得相邻：编号为 1 的情侣之间有 1 个人，编号为 2 的情侣之间有 2 个人，…，编号为 n 的情侣之间有 n 个人。为避免重复，规定排队左端编号小于右端编号。

例如，n=3 时的一种拍照排队为“231213”。

1. 是否存在排列解的讨论

（1）如果 n=5，没有满足排列要求的解。

设 10 个位置的编号分别为 1,2,…,10。

显然这 10 个编号加起来的和为：$S_1=1+2+\cdots+10=55$。

同时设两个“1”的位置编号为 a 和 a+2。

两个“2”的位置编号为 b 和 b+3。

两个“3”的位置编号为 c 和 c+4。

两个“4”的位置编号为 d 和 d+5。

两个“5”的位置编号为 e 和 e+6。

将这 12 个位置编号加起来的和等于

$$\begin{aligned}S_2&=a+(a+2)+b+(b+3)+c+(c+4)+d+(d+5)+e+(e+6)\\&=2(a+b+c+d+e)+20\end{aligned}$$

显然 S_2 是一个偶数，与 S_1 是一个奇数矛盾。可见，当 n=5 时无解。

（2）如果 n=6，没有满足排列要求的解。

事实上，设 12 个位置的编号分别为 1,2,…,12。

显然这 12 个编号加起来的和为：S_1=1+2+3+4+5+6+7+8+9+10+11+12 = 78。

同时设两个“1”的位置编号为 a 和 $a+2$。

两个“2”的位置编号为 b 和 $b+3$。

两个“3”的位置编号为 c 和 $c+4$。

两个“4”的位置编号为 d 和 $d+5$。

两个“5”的位置编号为 e 和 $e+6$。

两个“6”的位置编号为 f 和 $f+7$。

将这 12 个位置编号加起来的和等于

$$S_2=a+(a+2)+b+(b+3)+c+(c+4)+d+(d+5)+e+(e+6)+f+(f+7)$$
$$=2(a+b+c+d+e+f)+27$$

显然 S_2 是一个奇数，与 S_1 是一个偶数矛盾。可见，当 n=6 时无解。

一般地，可证明当 n%4=1 或 n%4=2 时无解。

2. 逐位回溯设计要点

（1）数组设置

对应 n 组每组 2 个相同元素（相当于 n 对情侣）进行排列，设置 a 数组，数组元素从 0 取到 $2n-1$ 不重复取值，对 n 同余的两个数为一对编号：余数为 0 的为 1 号情侣，余数为 1 的为 2 号情侣，…，余数为 $n-1$ 的为 n 号情侣。

例如，n=4，数组元素为 0 与 4，对 4 同余为 0，为一对“1”； 1 与 5 对 4 同余为 1，为一对“2”；一般地，i 与 $4+i$ 对 4 同余 i，为一对 $i+1$,i=0,1,2,3。

（2）返回条件（当 $j<i$ 时）

$$a(j)=a(i) \text{ or } a(j)\%n=a(i)\%n \text{ and } (a(j)>a(i) \text{ or } a(j)+2!=i-j)$$

其中 $a(j)=a(i)$，确保 a 数组的 $2n$ 个元素不重复取值。

$a(j)\%n=a(i)\%n$ and $a(j)>a(i)$，避免同一对取余相同的数左边大于右边，导致重复。

$a(j)\%n=a(i)\%n$ and $a(j)+2!=i-j$，避免同一对情侣位置相差不满足题意相间要求。

例如，$a(j)$=0 时，此时 $a(i)=n$，为一对 1 号情侣，位置应相差 2（即中间有 1 人），即满足条件 $i-j=a(j)+2=2$。

$a(j)$=1 时，此时 $a(i)=n+1$，为一对 2 号情侣，位置应相差 3（即中间有 2 人），即满足条件 $i-j=a(j)+2=3$……

这些都应满足位置条件 $a(j)+2=i-j$。如果 $a(j)+2!=i-j$，不满足同一对情侣位置要求。

所有满足返回条件，标注 g=0,意味着 $a(i)$取值不合格，返回。

（3）排列输出

若 g=1，且已取到 $2n$，同时排左端编号小于右端编号，即满足拍照条件：

$$g>0 \quad \text{and} \quad i=2\times n \quad \text{and} \quad a(1)\%n<a(m)\%n)$$

为一个拍照排列，用 s 统计解的个数并输出该排列解。

3. 逐位回溯程序设计

```
// 情侣拍照逐位回溯程序设计
#include <stdio.h>
void main()
{int   i,j,g,n,m,s,a[20];
 printf("  请输入情侣对数 n(2<n)：  "); scanf("%d",&n);
```

```
    if(n%4==1 ||n%4==2)
        { printf("   n=%d 时无解！\n",n);return; }
    m=2*n;
    i=1;a[i]=0;s=0;
    while(1)
      {g=1;
       for(j=1;j<i;j++)
          if(a[j]==a[i] || a[j]%n==a[i]%n && (a[j]>a[i] || a[j]+2!=i-j))
            {g=0;break;}                        // 出现相同元素或同余小在后时返回
       if(g && i==m && a[1]%n<a[m]%n)           // 满足统计解的个数条件
          { for(j=1;j<=m;j++)
                printf("%d",a[j]%n+1);          // 输出一个排列
            printf("   ");
            if(++s%4==0) printf("\n");
          }
       if(g && i<m)
          {i++;a[i]=0;continue;}
       while(a[i]==m-1 && i>0) i--;             // 回溯到前一个元素
       if(i>0) a[i]++;
       else break;
      }
    if(s>0)   printf("\n   拍照排队共有以上%d 个。\n",s);
    else   printf("\n   拍照排队无解。\n");
   }
```

4. **程序运行示例与变通**

```
请输入情侣对数 n(2<n):  8
1316738524627548   1316834752642857   1316835724625847   1316837425624875
……
6274258643751318   6357438654271218   7141568473526328   7245268475316138
7246258473651318   7345638475261218
拍照排队共有以上 150 个。
```

变通：在 n=8 的共 150 个拍照排队解中，若只输出排左端为 1 号且排右端为 8 号的解。应如何修改程序？

5.6.2 成对回溯

应用以上回溯设计求解 n=11,12 时的拍照排队，所需搜索时间可能变得相当长。为了提高当 n 较大时的求解速度，拟改进回溯设计，实施成对安排与回溯。

1. **成对回溯设计要点**

注意到男左女右，把每对情侣中女伴编号在男伴编号基础上加 n。例如，第 5 号男，其女伴的编号为 n+5。这样，n 对情侣的编号恰好是 1,2,⋯,2n。

（1）数组设置

座位按 1,2,⋯,2n 编号，设置数组 a 表示每个人的座号。例如，第 i 号男子坐在第 j 号，则 $a[i]=j$，他的妻子应该坐在第 $j+i+1$ 号，即 $a[i+n]=j+i+1$。

设置数组 b 表示每个座位上所坐人的号码，第 i 对情侣的号码都用 i。比如，前面的坐法可写

为 $b[j]=b[j+i+1]=i$。

安排的初始值：a[1]=1，a[n+1]=3；即 b[1]=b[3]=1。

（2）标记与返回

对第 i 对情侣安排，男如果安排在第 j 位，即 $a[i]=j$（$1\leqslant j\leqslant 2n-i-1$），则其女伴需安排在第 $i+j+1$ 号，因而作赋值 b[j]=b[i+j+1]=i。这样成对安排的前提是这两个位置是空的，即 b[j]=b[i+j+1]=0。该对安排成功标记 g=1。

如果对所有的 j 第 i 对情侣安排不了，标记 t=0，i--，回溯到其前面一对调整。

如果第 i 对情侣安排成功，检测 $i=n$ 且 $b[1]<b[2n]$(为避免重复)，则输出一个拍照排列，同时 t=0。

设置 t=0 的调整回溯循环，把前面安排不成功位置清空：b[a[i]]=b[a[i]+i+1]=0（输出一个解后也需把最后位置清空）；然后探索从 j 位开始（$a[i]+1\leqslant j\leqslant 2n-i-1$）进行新的成对安排。

（3）排列输出

当 n 较大时，拍照排列的解太多，约定当 n>10 时只求出其前 3 个解。

2. 成对回溯程序设计

```
// 情侣拍照成对回溯程序设计
#include<stdio.h>
#define N 200
void main()
{int  i,j,g,n,m,t,a[200],b[200];
 long s=0;
 printf("  请输入情侣对数 n(2<n)："); scanf("%d",&n);
 if(n%4==1 || n%4==2)
    { printf("  %d 对排队无解！\n",n);return;}
 m=2*n;t=1;
 for(j=0;j<=m;j++) b[j]=a[j]=0;
 i=1;a[1]=1;a[n+1]=3;b[1]=b[3]=1;
 while(i>0)
  {if(i==n && b[1]<b[m])
     { printf("%ld: ",++s);
       for(j=1;j<=m;j++) printf("%d ",b[j]);
       printf("\n");
       if(n>10 && s==3)                        // 当 n>10 时只输出前 3 个解
        { printf("  只输出以上 3 个解。\n");return;}
       b[a[n]]=b[a[m]]=0; t=0; i--;
     }
   else if(t==1)
    { i++; g=0;
      for(j=1;j<=m-i-1;j++)
        if(b[j]==0 && b[i+j+1]==0)
         { a[i]=j; a[n+i]=j+i+1;
           b[j]=b[i+j+1]=i;g=1; break;
         }
      if(g==0){ t=0; i--; }                    // 没有新对定位则回溯
    }
```

```
    if(t==0)
      { g=0; b[a[i]]=b[a[i]+i+1]=0;                    // 一对位清空
        for(j=a[i]+1;j<=m-i-1;j++)
          if(b[j]==0 && b[i+j+1]==0)                   // 从后一位开始搜索新的定位对
            { a[i]=j; a[n+i]=j+i+1;
              b[j]=b[i+j+1]=i; g=1; t=1; break;
            }
        if(g==0)i--;                                   // 没有新对定位则回溯
      }
    }
  printf("   %d 对排队共%ld 个解！ \n",n,s);
}
```

3. 程序运行示例与说明

```
请输入情侣对数 n(2<n)：15
1: 1 2 1 3 2 4 14 3 15 13 4 5 12 6 7 10 11 5 8 9 6 14 7 13 15 12 10 8 11 9
2: 1 2 1 3 2 4 14 3 15 13 4 5 12 6 7 11 9 5 10 8 6 14 7 13 15 12 9 11 8 10
3: 1 2 1 3 2 4 15 3 12 14 4 5 13 6 10 7 11 5 8 9 6 12 15 7 14 10 13 8 11 9
只输出以上 3 个解。
```

如果要求输出的拍照排队的左端为 1，排队的右端为 *n*，程序应如何修改？

在求解情侣拍照案例中，尽管“成对回溯”算法的具体时间复杂度难以确定，但从程序实际运行可知，该算法从时间复杂度方面大大改进了“逐位回溯”算法。例如，以上程序运行 *n*=8 时比逐位回溯程序要快得多，而逐位回溯程序运行 *n*=15 则困难得多。可见，即使是应用回溯设计也有改进与优化的空间。

5.7 回溯法小结

本章应用回溯设计求解了桥本分数式、素数和环等涉及数与数式的典型案例，设计求解了直尺刻度分布与数码串珠等趣题，也设计求解了伯努利装错信封问题与情侣拍照等难度较大的组合设计案例。可见回溯法的应用范围是非常广阔的。

回溯法有“通用解题法”之称，是一种比枚举“聪明”的搜索技术，在搜索过程中动态地产生问题的解空间，系统地搜索问题的所有解。当搜索到解空间树的任一结点时，判断该结点是否包含问题的解。如果该结点肯定不包含，则“见壁回头”，跳过以该结点为根的所有子树的搜索，逐层向其祖先结点回溯，缩减了无效操作，大大提高了搜索效率。

在应用回溯设计求解案例时，要注意结合案例的具体实际确定各元素的取值范围、取值点与约束条件，特别是结合案例实际确定合适的回溯点是回溯设计的关键。

值得注意的是，递归具有回溯的功能，很多应用回溯求解的问题，也可以应用递归探索求解。例如，在前面设计求解桥本分数式案例中，我们应用了枚举设计、回溯设计与递归设计等三种算法设计求解，回溯设计与递归设计的求解效率高于枚举设计的效率。

前一章应用递归实现组合 C(*n*,*m*)，应用回溯也可以实现组合 C(*n*,*m*)。

例 5-2 应用回溯设计实现组合 C(*n*,*m*)。

（1）回溯算法设计

考虑到组合中的组成元素按递增排序，第 i 个元素 a[i]满足

a[i-1]<a[i]<=n+i-m

即 a[i]取值起点为：a[i-1]+1，即 a[i]要比 a[i-1]大，避免了元素取相同值的判别。

a[i]取值终点为：n+i-m，即 a[i]最大只能取 n+i-m，为后面 m-i 个元素留下取值空间。（后面的元素取值比 a[i]大，且最大只能到 n。）

当 i<m 时，不足 m 个，i=i+1；继续后一个元素。

当 i=m 时，输出一个组合。

当 a[i]==n+i-m 时，a[i]不可再增值，i=i-1；实施回溯。

直至 i=0 时，退出循环结束。

（2）回溯实现组合 C(*n*,*m*)程序设计

```
// 实现组合 C(n,m) 回溯程序设计
#include <stdio.h>
void main()
{ int i,j,m,n,s,a[100];
   printf("   输入 n,m (n>m):"); scanf("%d,%d",&n,&m);
   i=1; a[i]=1; s=0;
   while(i<=m)
     {if(i==m)
          {for(j=1;j<=m;j++)                           // 输出一个组合
               printf("%d",a[j]);
            printf("   ");
            if(++s%10==0) printf("\n");
          }
      else
          { i++;a[i]=a[i-1]+1;continue;}
      while(a[i]==n+i-m && i>0) i--;                   // 调整或回溯
      if(i>0) a[i]++;
      else break;
      }
   printf("\n C(%d,%d)=%d \n",n,m,s);                 // 输出 C(n,m)的值
}
```

通过以上案例，可寻找与总结回溯与递归之间的关联。尽管递归的效率不高，但递归设计的简明是一般回溯设计所不及的。当然，某些案例用这两种算法都可以求解，并不意味着递归可以取代回溯，也不能说回溯可以取代递归。

回溯法的时间复杂度因案例的具体实际而异，其计算时间可用蒙特卡罗方法计算。从一般实际案例的回溯设计可以看出，尽管回溯的时间复杂度难以准确确定，回溯搜索的实际效率要远高于枚举。

在应用回溯求解实际案例时，选择合适的回溯模式，确定合适的回溯参数，直接关系到回溯搜索的效率。例如，情侣拍照的两个回溯设计，由于所选择的回溯模式不同，求解效率相差很大。

习题 5

5-1 倒桥本分数式。

把 1,2,…,9 这 9 个数字填入下式的 9 个方格中，数字不得重复，且要求 1 不得填在各分数的分母，且式中各分数的分子分母没有大于 1 的公因数，使下面的分数等式成立

$$\frac{\square\square}{\square}+\frac{\square\square}{\square}=\frac{\square\square}{\square}$$

这一填数分数等式共有多少个解?

5-2 两组均分。

参加拔河比赛的 12 个同学的体重如下：

48，43，57，64，50，52，18，34，39，56，16，61

为使比赛公平，要求参赛的两组每组 6 个人，且每组同学的体重之和相等。

5-3 应用递归回溯求解 20 项素数和环。

5-4 拔河分组。

对已知的 $2n$（n 从键盘输入）个正整数，试把这些数分成 2 个组，每组 n 个数，且每组数据的和相等或两组数据和相差最小。

5-5 应用递归设计求解 n 个元素全错位排列问题。

5-6 德布鲁金环（Debrujin）。

由 2^n 个 0 或 1 组成的数环，形成 2^n 个由相连 n 个数字组成的二进制数恰在环序列中出现一次。这个序列被称作 n 阶德布鲁金环序列。

为构造与统计方便，约定输出 n 阶德布鲁金环序列由 n 个 0 开头。

5-7 回溯实现复杂排列。

应用回溯法探索从 n 个不同元素中取 m（约定 $1<m\leq n$）个元素与另外 $n-m$ 个相同元素组成的复杂排列。

5-8 8 对夫妇特殊的拍照。

一对夫妇邀请了 7 对夫妇朋友来家餐聚，东道主夫妇编为 0 号，其他各对按先后分别编为 1,2,…,7 号。

餐聚后拍照，摄影师要求这 8 对夫妇男左女右站在一排，东道主夫妇相邻排位在横排的正中央，其他各对排位，1 号夫妇中间安排 1 个人，2 号夫妇中间安排 2 个人，依此类推。

共有多少种拍照排队方式?

第 6 章 动态规划

动态规划（dynamic programming）是运筹学的一个分支，是求解多阶段决策过程最优化的数学方法。

本章讲述动态规划的基本设计规范，应用动态规划设计求解 0-1 背包、最小子段和、最优插入乘号、最长子序列搜索等经典最优化案例，同时通过动态规划还可以处理凸形的三角划分等几何优化问题。

6.1 动态规划概述

20 世纪 50 年代美国数学家贝尔曼（Rechard Bellman）等人在研究多阶段决策过程的优化问题时，提出了著名的最优性原理，把多阶段决策过程转化为一系列单阶段问题逐个求解，创立了解决多阶段过程优化问题的新方法——动态规划。

动态规划问世以来，在经济管理、生产调度、工程技术等多阶段决策问题的最优控制方面得到了广泛的应用。

6.1.1 动态规划概念

动态规划处理的对象是多阶段决策问题。

1. 多阶段决策问题

多阶段决策问题，是指这样的一类特殊的活动过程，问题可以分解成若干相互联系的阶段，在每一个阶段都要做出决策，形成一个决策序列，该决策序列也称为一个策略。对于每一个决策序列，可以在满足问题的约束条件下用一个数值函数（即目标函数）衡量该策略的优劣。多阶段决策问题的最优化目标是获取导致问题最优值的最优决策序列（最优策略），即得到最优解。

例 6-1 已知 6 种物品和一个可载重量为 60 的背包，物品 i（i=1,2,…,6）的重量分别为（15,17,20,12,9,14），产生的效益分别为（32,37,46,26,21,30）。在装包时每一件物品可以装入，也可以不装，但不可拆开装。确定如何装包，使所得装包总效益最大。

这就是一个多阶段决策问题，装每一件物品就是一个阶段，每一个阶段都要有一个决策：这一件物品装包还是不装。

这一装包问题的约束条件为：$\sum_{i=1}^{6} x_i w_i \leqslant 60$

目标函数为：$\max\sum_{i=1}^{6}x_i p_i, x_i\in\{0,1\}$

对于这 6 个阶段的问题，如果每一个阶段都面临 2 个选择，则共存在 2^6 个决策序列。

如果按单位重量的效益从大到小装包，则依次装第 5,3,2,4 件物品，而第 1 件与第 6 件物品不装，这就是一个决策序列，或简写为序列（0,1,1,1,1,0），该策略所得总效益为 130。

如果决策选择第 2,3,5,6 件物品装包，而第 1 件与第 4 件物品不装，或简写为序列（0,1,1,0,1,1），这一决策序列的总载重量为 60，满足约束条件，使目标函数即装包总效益为 134。

可以比较所有 2^6 个决策序列所产生的效益，可知效益的最大值为 134，即最优值为 134。因而决策序列（0,1,1,0,1,1）为最优决策序列，即最优解。

在求解多阶段决策问题中，各个阶段的决策依赖于当时的状态并影响以后的发展，即引起状态的转移。一个决策序列是随着变化的状态而产生的，因而有"动态"的含义。

2. 最优性原理

应用动态规划设计使多阶段决策过程达到最优（成本最省、效益最高、路径最短等），依据动态规划的最优性原理："作为整个过程的最优策略具有这样的性质，无论过去的状态和决策如何，对前面的决策所形成的状态而言，余下的诸决策必须构成最优策略"。也就是说，最优决策序列中的任何子序列都是最优的。

"最优性原理"用数学语言描述：假设为了解决某一多阶段决策过程的优化问题，需要依次作出 n 个决策 $D_1,D_2,\cdots,D_n$，如若这个决策序列是最优的，对于任何一个整数 k，$1<k<n$，不论前面 k 个决策 $D_1,D_2,\cdots,D_k$ 是怎样的，以后的最优决策只取决于由前面决策所确定的当前状态，即以后的决策序列 $D_{k+1},D_{k+2},\cdots,D_n$ 也是最优的。

3. 最优子结构特性

最优性原理体现为问题的最优子结构特性。当一个问题的最优解中包含了子问题的最优解时，则称该问题具有最优子结构特性。最优子结构特性使得在从较小问题的解构造较大问题的解时，只需考虑子问题的最优解，从而大大减少了求解问题的计算量。

最优子结构特性是动态规划求解问题的必要条件。

例如，在以后案例求解中得在数字串 847 313 926 中插入 5 个乘号，分为 6 个整数相乘，使乘积最大的最优解为：

$$8\times4\times731\times3\times92\times6=38\,737\,152$$

该最优解包含了以下子问题的最优解。

在 84 731 中插入 2 个乘号使乘积最大，插入方式为：$8\times4\times731$。

在 7 313 中插入 1 个乘号使乘积最大，插入方式为：731×3。

在 3 926 中插入 2 个乘号使乘积最大，插入方式为：$3\times92\times6$。

在 4 731 392 中插入 3 个乘号使乘积最大，插入方式为：$4\times731\times3\times92$。

这些子问题的最优解都包含在原问题的最优解中，这就是最优子结构特性。

最优性原理是动态规划的基础。任何一个问题，如果失去了这个最优性原理的支持，就不可能用动态规划设计求解。能采用动态规划求解的问题都需要满足以下条件。

（1）问题中的状态必须满足最优性原理。

（2）问题中的状态必须满足无后效性。

所谓无后效性是指："下一时刻的状态只与当前状态有关，而和当前状态之前的状态无关，当前状态是对以往决策的总结"。

6.1.2　动态规划设计规范

动态规划求解最优化问题，通常按以下几个步骤进行。

（1）把所求最优化问题分成若干个阶段，找出最优解的性质，并刻划其结构特性。

最优子结构特性是动态规划求解问题的必要条件，只有满足最优子结构特性的多阶段决策问题才能应用动态规划设计求解。

（2）将问题发展到各个阶段时所处不同的状态表示出来，确定各个阶段状态之间的递推（或递归）关系，并确定初始（边界）条件。

通过设置相应的函数表示各个阶段的最优值，分析归纳出各个阶段状态之间的转移关系，是应用动态规划设计求解的关键。

（3）应用递推（或递归）求解最优值。

递推（或递归）计算最优值是动态规划算法的实施过程。具体应用与所设置的表示各个阶段最优值的函数密切相关。

（4）根据计算最优值时所得到的信息，构造最优解。

构造最优解就是具体求出最优决策序列。通常在计算最优值时，根据问题的具体实际记录必要的信息，根据所记录的信息构造出问题的最优解。

以上步骤前 3 个是动态规划设计求解最优化问题的基本步骤。当只需求解最优值时，第 4 个步骤可以省略。若需求出问题的最优解，则必须执行第 4 个步骤。

6.2　0-1 背包问题

0-1 背包问题是应用动态规划设计求解的典型案例，本节在应用动态规划分别采用逆推与顺推两种设计方式求解一般 0-1 背包问题。

1. 案例提出

已知 n 种物品和一个可容纳 c 重量的背包，物品 i 的重量为 w_i，产生的效益为 p_i。在装包时物品 i 可以装入，也可以不装，但不可拆开装。即物品 i 可产生的效益为 x_ip_i，这里 $x_i \in \{0,1\}, c, w_i, p_i \in \mathbf{N}^+$。

设计如何装包，所得装包总效益最大。

2. 最优子结构特性

0-1 背包的最优解具有最优子结构特性。

设$(x_1,x_2,\cdots,x_n)$,$x_i \in \{0,1\}$是 0-1 背包的最优解，那么$(x_2,x_3,\cdots,x_n)$必然是 0-1 背包子问题的最优解：背包载重量 $c-x_1w_1$，共有 n−1 件物品，物品 i 的重量为 w_i，产生的效益为 p_i，$2 \leqslant i \leqslant n$。

假若不然，设$(z_2,z_3,\cdots,z_n)$是该子问题的最优解，而$(x_2,x_3,\cdots,x_n)$不是该子问题的最优解，由此可知

$$\sum_{2 \leqslant i \leqslant n} z_i p_i > \sum_{2 \leqslant i \leqslant n} x_i p_i \quad \text{且} \quad x_1 w_1 + \sum_{2 \leqslant i \leqslant n} z_i w_i \leqslant c$$

因此

$$x_1 p_1 + \sum_{2 \leqslant i \leqslant n} z_i p_i > \sum_{1 \leqslant i \leqslant n} x_i p_i \quad \text{且} \quad x_1 w_1 + \sum_{2 \leqslant i \leqslant n} z_i w_i \leqslant c$$

显然$(x_1,z_2,\cdots,z_n)$比$(x_1,x_2,\cdots,x_n)$收益更高，$(x_1,x_2,\cdots,x_n)$不是背包问题的最优解，与假设矛盾。因此，$(x_1,x_2,\cdots,x_n)$必然是 0-1 背包子问题的一个最优解。最优性原理对 0-1 背包问题成立。

3. 动态规划逆推设计

（1）动态规划逆推设计要点

与一般背包问题不同，0-1 背包问题要求 $x_i \in \{0,1\}$，即物品 i 不能折开，或者整体装入，或者不装。当约定每件物品的重量与效益均为整数时，可用动态规划求解。

按每一件物品装包为一个阶段，共分为 n 个阶段。

目标函数：$\max\sum_{i=1}^{n} x_i p_i$

约束条件：$\sum_{i=1}^{n} x_i w_i \leqslant c,\quad (x_i \in \{0,1\}, c, w_i, p_i \in \mathbf{N}^+, i=1,2,\cdots,n)$

1）建立递推关系

设 $m(i,j)$为背包容量 j，可取物品范围为 $i,i+1,\cdots,n$ 的最大效益值。则

当 $0\leqslant j<w(i)$时，物品 i 不可能装入。最大效益值与 $m(i+1,j)$相同。

而当 $j\geqslant w(i)$时，有两个选择：

不装入物品 i，这时最大效益值为 $m(i+1,j)$；

装入物品 i，这时已产生效益 $p(i)$，背包剩余容积 $j-w(i)$，可以选择物品 $i+1,\cdots,n$ 来装，最大效益值为 $m(i+1,j-w(i))+p(i)$。

我们期望的最大效益值是两者中的最大者。于是有逆推的递推关系：

$$m(i,j)=\begin{cases} m(i+1,j) & 0\leqslant j< w(i) \\ \max(m(i+1,j), m(i+1,j-w(i))+p(i)) & j\geqslant w(i) \end{cases}$$

其中 $w(i),p(i)$均为正整数，$x(i)\in\{0,1\}$, $i=1,2,\cdots,n$。

边界条件为：

$m(n,j)=p(n)$，　当 $j\geqslant w(n)$；

$m(n,j)=0$，　当 $j<w(n)$。

所求最大效益即最优值为 $m(1,c)$。

2）逆推计算最优值

```
for(j=0;j<=c;j++)
  if(j>=w[n] ) m[n][j]=p[n];                    // 首先计算 m(n,j)
  else    m[n][j]=0;
for(i=n-1;i>=1;i--)                             // 逆推计算 m(i,j)
for(j=0;j<=c;j++)
   if(j>=w[i] && m[i+1][j]<m[i+1][j-w[i]]+p[i])
       m[i][j]= m[i+1][j-w[i]]+p[i];
   else
       m[i][j]=m[i+1][j];
printf("最优值为%d",m(1,c));
```

3）构造最优解

若 $m(i,cw)>m(i+1,cw)$, $i=1,2,\cdots,n-1$

则 $x(i)=1$；装载 $w(i)$。其中 $cw=c$ 开始，$cw=cw-x(i)\times w(i)$。

否则，$x(i)=0$,不装载 $w(i)$。

最后，所装载的物品效益之和与最优值比较，决定 $w(n)$是否装载。

（2）0-1 背包问题动态规划逆推程序设计

```
// 0-1 背包问题动态规划逆推程序设计
#include <stdio.h>
#define N 50
void main()
 {int i,j,c,cw,n,sw,sp,m[N][10*N];
   int w[]={0,15,16,20,12,9,14,18};                // 各物品原始数据存储数组
   int p[]={0,32,37,46,26,21,30,42};
   n=7;
   printf("   请输入背包载重量  c:"); scanf("%d",&c);
   printf("   %d 件物品的重量与效益分别为：  \n   ",n);
   for(i=1;i<=n;i++)
       printf(" %d,%d；  ",w[i],p[i]);
   for(j=0;j<=c;j++)
       if(j>=w[n] ) m[n][j]=p[n];                  //  首先计算 m(n,j)
       else    m[n][j]=0;
   for(i=n-1;i>=1;i--)                             //  逆推计算 m(i,j)
   for(j=0;j<=c;j++)
       if(j>=w[i] && m[i+1][j]<m[i+1][j-w[i]]+p[i])
           m[i][j]= m[i+1][j-w[i]]+p[i];
       else    m[i][j]=m[i+1][j];
   cw=c;
   printf("背包所装物品：\n");
   printf(" i        w(i)      p(i)\n");
   for(sp=0,sw=0,i=1;i<=n-1;i++)                  // 以表格形式输出结果
       if(m[i][cw]>m[i+1][cw])
          {cw-=w[i];sw+=w[i];sp+=p[i];
           printf("%2d         %3d          %3d \n",i,w[i],p[i]);
          }
   if(m[1][c]-sp==p[n])
       { sw+=w[i];sp+=p[i];
         printf("%2d         %3d          %3d \n ",n,w[n],p[n]);
       }
   printf("w=%d,    pmax=%d \n",sw,sp);
}
```

4. 动态规划顺推设计

（1）动态规划顺推设计要点

目标函数、约束条件与分阶段同上。

1）建立递推关系

设 $g(i,j)$为背包容量 j，可取物品范围为：1,2,⋯,i 的最大效益值。则

当 $0\leqslant j<w(i)$时，物品 i 不可能装入。最大效益值与 $g(i-1,j)$相同。

而当 $j\geqslant w(i)$时，有两种选择：

不装入物品 i，这时最大效益值为 $g(i-1,j)$。

装入物品 i，这时已产生效益 $p(i)$，背包剩余容积 $j-w(i)$可以选择物品 1,2,⋯,i-1 来装，最大效益值为 $g(i-1,j-w(i))+p(i)$。期望的最大效益值是两者中的最大者。

于是有顺推的递推关系：

$$g(i,j)=\begin{cases} g(i-1,j) & 0\leqslant j<w(i) \\ \max(g(i-1,j),g(i-1,j-w(i))+p(i)) & j\geqslant w(i) \end{cases}$$

其中 $w(i)$,$p(i)$均为正整数，$x(i)\in\{0,1\}$, $i=1,2,\cdots,n$。

边界条件为：

$g(1,j)=p(1)$，当 $j\geqslant w(1)$；

$g(1,j)=0$，当 $j<w(1)$。

所求最大效益即最优值为 $g(n,c)$。

2）顺推计算最优值

```
for(j=0;j<=c;j++)
    if(j>=w[1] ) g[1][j]=p[1];                          // 首先计算 g(1,j)
    else   g[1][j]=0;
for(i=2;i<=n;i++)                                       // 顺推计算 g(i,j)
for(j=0;j<=c;j++)
    if(j>=w[i] && g[i−1][j]<g[i−1][j−w[i]]+p[i])
         g[i][j]= g[i−1][j−w[i]]+p[i];
    else   g[i][j]=g[i−1][j];
printf("最优值为%d",g(n,c));
```

3）构造最优解

若 $g(i,cw)>g(i-1,cw)$, $i=n,n-1,\cdots,2$

则 $x(i)=1$；装载 $w(i)$。

否则，$x(i)=0$，不装载 $w(i)$。

最后，所装载的物品效益之和与最优值比较，决定 $w(1)$是否装载。

（2）0-1 背包问题动态规划顺推程序设计

```
// 0-1 背包问题动态规划顺推程序设计
#include <stdio.h>
#define N 50
void main()
  {int i,j,c,cw,n,sw,sp,g[N][10*N];
    int w[]={0,15,16,20,12,9,14,18};                    // 各物品原始数据存储
    int p[]={0,32,37,46,26,21,30,42};
    n=7;
    printf("  请输入背包载重量 c:"); scanf("%d",&c);
    printf("  %d 件物品的重量与效益分别为： \n   ",n);
    for(i=1;i<=n;i++)
      printf(" %d,%d； ",w[i],p[i]);
    for(j=0;j<=c;j++)
      if(j>=w[1] ) g[1][j]=p[1];                        // 首先计算 g(1,j)
      else   g[1][j]=0;
    for(i=2;i<=n;i++)                                   // 顺推计算 g(i,j)
    for(j=0;j<=c;j++)
      if(j>=w[i] && g[i-1][j]<g[i-1][j-w[i]]+p[i])
         g[i][j]= g[i-1][j-w[i]]+p[i];
      else   g[i][j]=g[i-1][j];
    cw=c;
    printf("\n  背包所装物品： \n");                      // 构造最优解
    printf(" i       w(i)      p(i)\n");
```

```
    for(sp=0,sw=0,i=n;i>=2;i--)                    // 以表格形式输出最优解
      if(g[i][cw]>g[i-1][cw])
        { cw-=w[i];sw+=w[i];sp+=p[i];
          printf("%2d       %3d       %3d \n",i,w[i],p[i]);
        }
    if(g[n][c]-sp==p[1])
      { sw+=w[i];sp+=p[i];
        printf("%2d       %3d       %3d \n ",1,w[1],p[1]);
      }
    printf("w=%d,  pmax=%d \n",sw,sp);
}
```

5．程序运行示例与分析

```
请输入背包载重量 c:60
7 件物品的重量与效益分别为：
15,32；16,37；20,46；12,26；9,21；14,30；18,42；
背包所装物品：
I      w(i)      p(i)
1       15        32
2       16        37
3       20        46
5        9        21
w=60,  pmax=136
```

以上实施顺推与逆推实现动态规划的设计都得到相同的最优解，即装序号分别为 1,2,3,5 四件物品（两个设计的输出顺序不同），装包重量为 60，获取最大效益 136。

顺便指出，运行程序时可任意改变所有 n 件物品的输入顺序，不会改变最优化的结果。以上应用动态规划设计求解 0-1 背包问题限于所有参数必须为正整数，不能带小数。应用第 8 章分支限界法可求解带小数的 0-1 背包问题。

以上动态规划由二重循环完成，算法的时间复杂度为 $O(nc)$，空间复杂度也为 $O(nc)$。通常 $c>n$，因而算法的时间复杂度与空间复杂度为 $O(n^2)$。

6.3 最小子段和

本节应用动态规划设计求解经典的序列最小子段和，并拓广至环序列。为了比较枚举与动态规划的复杂度，在动态规划设计前先给出枚举设计。

6.3.1 序列最小子段

给定由 n 个整数（存在负整数）组成的序列 $a(1),a(2),\cdots,a(n)$,试求该序列的子段和

$$s=\sum_{k=i}^{j}a(k) \qquad 1\leqslant i\leqslant j\leqslant n$$

的最小值，并具体确定最小子段在序列中的位置。

下面先给出基础的枚举设计，然后给出比枚举复杂度低的动态规划设计。

1．枚举设计

（1）枚举设计要点

设序列子段的首项为 $i(1\sim n)$，尾项为 $j(i\sim n)$，该子段和为 s。设置 i,j 二重循环枚举，可确保

所有子段既不重复也不遗漏。

每一子段和 s 与最小值变量 smin 比较，可得最小子段和，同时应用变量 i_1, j_1 分别记录最小子段的首尾标号。

最后输出最小子段和 smin，同时输出最小子段的位置 $i_1 \sim j_1$。

（2）枚举程序设计

```
// 枚举搜索序列最小子段和
#include <stdio.h>
#include <stdlib.h>
#include <time.h>
void main()
{ int n,i,j,i1,j1,t,a[10000];long s, smin;
  t=time(0)%1000;srand(t);                 // 随机数发生器初始化
  printf("  请输入序列的个数 n:"); scanf("%d",&n);
  for(i=1;i<=n;i++)
     { t=rand()%40+10;                       // 序列项随机产生
       if(t%2==1) a[i]=-1*(t-1)/2;          // 把奇数变为负数，大小减半
       else a[i]=t/2;                       // 为均衡，把偶数大小减半
     }
  printf("  已知%d 项序列为：\n  ",n);
  for(i=1;i<=n;i++)
       printf("%3d ",a[i]);                 // 输出给定序列
  smin=1000;
  for(i=1;i<=n;i++)                         // 枚举序列首项
   { s=0;
     for(j=i;j<=n;j++)                      // 枚举序列尾项
       { s=s+a[j];
         if(s<smin)
            {smin=s;i1=i;j1=j;}             // 比较求取最小和
       }
   }
printf("\n  最小子段和为：%ld\n",smin);
printf("  最小子段为：");
if(i1<j1)  printf("%d  ~  %d。\n",i1,j1);
else  printf("第%d 项。\n",i1);
}
```

2. 动态规划设计

设 $q[j]$为序列前 j 项子段和的最小值，即

$$q[j]=\min_{1\leqslant i\leqslant j}\{\sum_{k=i}^{j}a[k]\} \qquad (1\leqslant j\leqslant n)$$

（1）确定 $q[j]$的递推关系与初始条件

由 $q[j]$的定义,得 $q[j]$与 $q[j-1](1\leqslant j\leqslant n)$的递推关系:

若 $q[j-1]\geqslant 0$ 时，$q[j]=a[j]$

若 $q[j-1]<0$ 时，$q[j]=q[j-1]+a[j]$

初始条件：

$q[0]=0$ (没有项时，其值自然为 0)。

（2）动态规划程序设计

```
// 动态规划求最小子段和程序设计
#include <stdio.h>
#include <stdlib.h>
#include <time.h>
void main()
{ int i,j,k,t,n,a[10000]; long s,smin,q[10000];
  t=time(0)%1000;srand(t);                       // 随机数发生器初始化
  printf("  序列中 n 个正负项,请确定 n:");
  scanf("%d",&n);
  printf("  序列的%d 个整数为：\n  ",n);
  for(i=1;i<=n;i++)
   { t=rand()%40+10;                             // 随机产生 n 个整数
     if(t%2==1) a[i]=-1*(t-1)/2;                 // 把奇数变为负数，大小减半
       else a[i]=t/2;                            // 把偶数大小减半
     printf("%d,",a[i]);
   }
  smin=1000;q[0]=0;
  for(j=1;j<=n;j++)
   { if(q[j-1]>=0) q[j]=a[j];                    // 递推求取 q[j]
     else q[j]=q[j-1]+a[j];
     if(q[j]<smin)                               // 比较得最小值
       { smin=q[j];k=j;}
   }
 printf("\n  最小子段和为：%ld\n",smin);
 for(s=0,i=k;i>=1;i--)                           // 反推最小和子段的首标 i
    { s+=a[i]; if(s==smin) break; }
 printf("  最小子段： %d ~ %d。\n",i,k);
}
```

3. 程序运行示例与分析

```
序列中 n 个正负项,请确定 n:15
序列的 15 个整数为：
7,34,-30,21,-10,-18,15,-24,28,16,-34,-29,12,-11,8
最小子段和为：-65
最小子段： 3 ~ 12。
```

当 n 比较小时，似乎可以看出最小子段，这时可以验证程序是否准确。当 n 比较大时，例如达到 1 000 项，这时就体现出程序的优越与快捷。

枚举设计通过二重循环实现，枚举复杂度为 $O(n^2)$；而动态规划设计单循环实现，算法复杂度为 $O(n)$。显然，递推复杂度要低于枚举，当 n 非常大时，递推求解更为快捷。

以上输入序列为随机产生，必要时可改为从键盘输入。

6.3.2　环序列最小子段

给定由 n 个整数（存在负整数）组成的序列 $a(1),a(2),\cdots,a(n)$围成一个环，在环中首 $a(1)$与尾 $a(n)$相邻。

求该环序列若干个相连项组成的子段和的最小值，并确定最小子段的位置（最小子段的位置

标注，约定从大标号到小标号为跨首尾段）。

同样，先给出枚举设计，然后应用动态规划设计求解。

1. 枚举设计

（1）枚举设计要点

随机产生或输入的 n 个整数（含负整数）序列，并求出序列中所有 n 个整数之和 s。

设序列的首项为 $i(1 \sim n)$，尾项为 $j(i \sim n)$，设置 i,j 二重循环枚举。

对应和为 s_1 的每一个从 i 到 $j(i \leqslant j)$ 的子段（简称连续段），环序列中其他项则形成一个跨首尾的相补子段（简称跨段）：位置从标号 $j+1$ 到标号 $i-1$，其和为 $s_2=s-s_1$。

每一连续子段和 s_1 与 smin 比较可得最小子段和，同时应用变量 i_1,j_1 分别记录最小子段的首标号 i 与尾标号 j。

同时，每一连续子段对应的跨段，其和为 $s_2=s-s_1$。s_2 与 smin 比较可得最小子段和，应用变量 i_1,j_1 分别记录最小相补子段的首标号 $j+1$ 与尾标号 $i-1$。

以上 s_1 与 s_2 分别与 smin 比较不分先后，先后次序不影响 smin 的值。

最后输出最小子段和 smin，同时输出最小子段的位置 $[i_1,j_1]$。

（2）环序列中枚举搜索最小子段和程序设计

```
// 在环序列中枚举搜索最小子段和
#include <stdio.h>
#include <stdlib.h>
#include <time.h>
void main()
{ int n,i,j,i1,j1,t,a[10000];long s,s1,s2, smin;
  t=time(0)%1000;srand(t);                          // 随机数发生器初始化
  printf("  请输入序列的个数 n:"); scanf("%d",&n);
  for(i=1;i<=n;i++)
     { t=rand()%50+10;                              // 序列项随机产生
       if(t%2==1) a[i]=-1*(t-1)/2;                  // 把奇数变为负数，大小减半
       else a[i]=t/2;                               // 把偶数大小减半
     }                                              // 可改为键盘输入
  s=s1=0;
  printf("  已知%d 项序列为：\n  ",n);
  for(i=1;i<=n;i++)
    {s=s+a[i];printf("%d,",a[i]); }                 // 输出给定序列，并求序列和 s
  smin=1000;
  for(i=1;i<=n;i++)                                 // 二重循环枚举连续段
   { s1=0;
     for(j=i;j<=n;j++)
       { s1=s1+a[j];s2=s-s1;
         if(s1<smin) {smin=s1;i1=i;j1=j;}
         if(s2<smin) {smin=s2;i1=j+1;j1=i-1;}
       }
   }
printf("\n  最小子段和为：%ld\n",smin);
printf("  最小子段：  %d ~  %d。\n ",i1,j1);
}
```

（3）程序运行示例与说明

```
请输入序列的个数 n:15
已知 15 项序列为：
  -16，25，-35，36，33，-31，24，-50，-7，31，28，-13，-25，-31，8
最小子段和为：-92
最小子段：  6 ~ 3。
```

输出的最小子段为 6 ~ 3，从大到小，据约定从大标号到小标号为跨首尾段，即最小子段为从第 6 项跨首尾到第 3 项，实际上为由数环中除去第 4，5 两项外的其他项组成。

2. 动态规划设计

（1）动态规划设计要点

设 $p[j]$为序列前 j 项子段和的最大值，$q[j]$为序列前 j 项子段和的最小值。

1）确定 $p[j]$与 $q[j]$的递推关系与初始条件

由 $p[j],q[j]$的定义,得 $p[j],q[j](1\leqslant j\leqslant n)$的递推关系：

若 $p[j-1]\leqslant 0$ 时，$p[j]=a[j]$

若 $p[j-1]>0$ 时，$p[j]=p[j-1]+a[j]$

若 $q[j-1]\geqslant 0$ 时，$q[j]=a[j]$

若 $q[j-1]<0$ 时，$q[j]=q[j-1]+a[j]$

初始条件：

$p[0]=q[0]=0$ (没有项时，其值自然为 0)。

2）求取子段和最小值

设环序列所有项之和为 s，最小子段和为 smin；同时设连续段最小值为 $s_1=q[j]$，跨段最小值为 $s_2=s-p[j]$。

要求取的子段和最小值 smin,需在所有连续段的最小值 $q[j]$及所有跨段的最小值 $s-p[j]$中进行比较。

应用递推每得到一个 $q[j]$，连续段（t=1）的和 $s_1=q[j]$与 smin 比较得最小和 smin。

同时，应用递推每得到一个 $p[j]$，跨段（t=2）的和 $s_2=s-p[j]$与 smin 比较得最小和 smin。

经 j（1 ~ n）循环，最后所得 smin 即为环序列的最小子段和。

3）最小子段的位置标注

在求取 smin 时用变量 k 记录最小子段的尾标号 j。同时从 $a[k]$逆推求和至 $a[i]$：

若 t=1 时，其和为 s_1，显然最小子段为 i ~ k 的连续段；

若 t=2 时，其和为 s−smin，显然最小子段为 k+1 ~ i−1 的跨段；

特别地，若 t=2，i=1 时，其和为 s−smin，显然最小子段为 k+1 ~ n；

若 t=2，k=n 时，其和为 s−smin，显然最小子段为 1 ~ i−1。

（2）环序列最小子段和动态规划程序设计

```
// 环序列最小子段和动态规划程序设计
#include <stdio.h>
#include <stdlib.h>
#include <time.h>
void main()
{ int i,j,k,t,n,a[10000];long s,s1,s2,smin,q[10000],p[10000];
   t=time(0)%1000;srand(t);                                          // 随机数发生器初始化
```

```
    printf("  序列中 n 个正负项,请确定 n:");scanf("%d",&n);
    printf("  环序列的%d 个整数为：\n  ",n);
    for(i=1;i<=n;i++)
     { t=rand()%50+10;                               // 随机产生 n 个整数
       if(t%2==1) a[i]=-1*(t-1)/2;                   // 把奇数变为负数，大小减半
       else a[i]=t/2;                                // 把偶数大小减半
    }
    for(s=0,i=1;i<=n;i++)
      { printf("%d,",a[i]);s=s+a[i]; }              // 求取序列所有项之和 s
    smin=1000;q[0]=p[0]=0;
    for(j=1;j<=n;j++)
      { if(q[j-1]>=0) q[j]=a[j];
        else q[j]=q[j-1]+a[j];                      // 求取最小值 q[j]
        if(p[j-1]<=0) p[j]=a[j];
        else p[j]=p[j-1]+a[j];                      // 求取最大值 p[j]
        s1=q[j];s2=s-p[j];
        if(s1<smin) { t=1;smin=s1;k=j;}             // s1 比较得最小值
        if(s2<smin) { t=2;smin=s2;k=j;}             // s2 比较得最小值
      }
    printf("\n  最小子段和：%ld\n",smin);
    if(t==1) s1=smin;
    else s1=s-smin;
    for(s=0,i=k;i>=1;i--)                           // 逆推最小和子段的首标 i
      { s+=a[i];
        if(s==s1)
         { if(t==1)
             printf("  最小子段： %d ~ %d。\n",i,k);        // t=1 连续段
           else if( i==1 )
             printf("  最小子段： %d ~ %d。\n",k+1,n);      // t=2 连续段
           else if( k==n )
             printf("  最小子段： %d ~ %d。\n",1,i-1);      // t=2 连续段
           else
             printf("  最小子段： %d ~ %d。\n",k+1,i-1);    // t=2 跨段
           return;
         }
      }
}
```

3. 程序运行示例与分析

```
环序列中 n 个正负项,请确定 n:15
环序列的 15 个整数为：
  -22,17,-13,30,-23,-25,32,-18,-23,32,16,-9,11,-33,9
最小子段和：-69
最小子段： 14 ~ 9。
```

说明：最小子段从第 14 项到第 9 项为跨首尾段，即在环序列中去除第 10 ~ 13 项后的其余项组成。

枚举设计通过二重循环实现，显然枚举复杂度为 $O(n^2)$；而动态规划设计在单循环实现，算法复杂度降低为为 $O(n)$。显然，动态规划设计复杂度要低于枚举，当 n 非常大时，动态规划设计求解更为快捷。

6.4 最优插入乘号

在指定数字串中插入运算符号问题，包括插入若干个乘号求积的最大最小，或插入若干个加号求和的最大最小，都是比较新颖且有一定难度的最优化案例。这里通过限制数字串的长度来降低设计求解的难度。

1. 案例提出

在一个由 n 个数字组成的数字串中插入 r 个乘号($1 \leqslant r < n \leqslant 15$)，将它分成 $r+1$ 个整数，试找一种乘号的插入方法，使得这 $r+1$ 个整数的乘积最大。

例如，对给定的数串 847 313 926，如何插入 5 个乘号，把数串分成 6 个整数，使这些整数之积最大?

2. 动态规划设计要点

对于一般插入 r 个乘号，采用枚举已不适合。注意到插入 r 个乘号是一个多阶段决策问题，应用动态规划来求解是适宜的。

（1）建立递推关系

设 $f(i,k)$ 表示在前 i 位数中插入 k 个乘号所得乘积的最大值，$a(i,j)$ 表示从第 i 个数字到第 j 个数字所组成的 $j-i+1(i \leqslant j)$ 位整数值。

为了寻求递推关系，先看一个实例：对给定的 9 个数字的数串 847 313 926，如何插入 5 个乘号，使其乘积最大?

我们的目标是为了求取最优值 $f(9,5)$。

设前 8 个数字中已插入 4 个乘号，则最大乘积为 $f(8,4) \times 6$；

设前 7 个数字中已插入 4 个乘号，则最大乘积为 $f(7,4) \times 26$；

设前 6 个数字中已插入 4 个乘号，则最大乘积为 $f(6,4) \times 926$；

设前 5 个数字中已插入 4 个乘号，则最大乘积为 $f(5,4) \times 3926$。

比较以上 4 个数值的最大值即为 $f(9,5)$。

依此类推，为了求 $f(8,4)$：

设前 7 个数字中已插入 3 个乘号，则最大乘积为 $f(7,3) \times 2$；

设前 6 个数字中已插入 3 个乘号，则最大乘积为 $f(6,3) \times 92$；

设前 5 个数字中已插入 3 个乘号，则最大乘积为 $f(5,3) \times 392$；

设前 4 个数字中已插入 3 个乘号，则最大乘积为 $f(4,3) \times 1392$。

比较以上 4 个数值的最大值即为 $f(8,4)$。

一般地，为了求取 $f(i,k)$，考察数字串的前 i 个数字，设前 j（$k \leqslant j < i$）个数字中已插入 $k-1$ 个乘号的基础上，在第 j 个数字后插入第 k 个乘号，显然此时的最大乘积为 $f(j,k-1) \times a(j+1,i)$。

于是可以得递推关系式：

$$f(i,k)=\max(f(j,k-1) \times a(j+1,i)) \qquad (k \leqslant j < i)$$

前 j 个数字没有插入乘号时的值显然为前 j 个数字组成的整数，因而得边界值为：

$$f(j,0)=a(1,j)\ (1 \leqslant j \leqslant i)$$

（2）递推计算最优值

为简单计，在设计中可省略 a 数组，用变量 d 替代。

```
for(d=0,j=1;j<=n;j++)
    {d=d*10+b[j-1];                          // 输入数字串每一位赋值给 b 数组
     f[j][0]=d;                              // 计算初始值 f[j][0]
    }
 for(k=1;k<=r;k++)
 for(i=k+1;i<=n;i++)
 for(j=k;j<i;j++)
   { for(d=0,u=j+1;u<=i;u++)
         d=d*10+b[u-1];                      // 计算 d 即为 a(j+1,i)
     if(f[i][k]<f[j][k-1]*d)                 // 递推求取 f[i][k]
         f[i][k]=f[j][k-1]*d;
     }
printf("最优值为%.0f", f[n][r]);
```

（3）构造最优解

为了能打印相应的插入乘号的乘积式，设置标注位置的数组 $t(k)$与 $c(i,k)$，其中 $c(i,k)$为相应的 $f(i,k)$的第 k 个乘号的位置，而 $t(k)$标明第 k 个乘号“*”的位置，例如，$t(2)=3$，表明第 2 个“*”号在在第 3 个数字后面。

当给数组元素赋值 $f(i,k)=f(j,k-1)\times d$ 时，作相应赋值 $c(i,k)=j$，表明 $f(i,k)$的第 k 个乘号的位置是 j。在求得 $f(n,r)$的第 r 个乘号位置 $t(r)=c(n,r)=j$ 的基础上，其他 $t(k)(1\leqslant k\leqslant r-1)$可应用下式逆推产生：

$$t(k)=c(t(k+1),k)$$

根据 t 数组的值，可直接按字符形式打印出所求得的插入乘号的乘积式。

3. 插入乘号动态规划程序设计

```
// 最优插入乘号动态规划程序设计
#include <stdio.h>
#include <string.h>
void main()
{ char sr[16];
 int n,i,j,k,u,r,b[16],t[16],c[16][16];
 double   f[17][17],d;
 printf("   请输入整数："); scanf("%s",sr);
 n=strlen(sr);
 printf("   请输入插入的乘号个数 r："); scanf("%d",&r);
 if(n<=r)
    { printf("   输入的整数位数不够或 r 太大！  ");return;}
 printf("   在整数%s 中插入%d 个乘号，使乘积最大：\n",sr,r);
 for(d=0,j=0;j<=n-1;j++)
    b[j]=sr[j]-48;                               // 把输入的数串逐位转换到 b 数组
 for(d=0,j=1;j<=n-r;j++)
    { d=d*10+b[j-1];                             // 把 b 数组的一个字符转化为数值
      f[j][0]=d;                                 // f[j][0]赋初始值
    }
 for(k=1;k<=r;k++)
 for(i=k+1;i<=n-r+k;i++)
 for(j=k;j<i;j++)
   { for(d=0,u=j+1;u<=i;u++)
         d=d*10+b[u-1];
```

```
        if(f[i][k]<f[j][k-1]*d)                  // 递推求取 f[i][k]
            {f[i][k]=f[j][k-1]*d;c[i][k]=j;}
    }
  t[r]=c[n][r];
  for(k=r-1;k>=1;k--)
     t[k]=c[t[k+1]][k];                          // 逆推出第 k 个*号的位置 t[k]
  t[0]=0;t[r+1]=n;
  for(k=1;k<=r+1;k++)
     {for(u=t[k-1]+1;u<=t[k];u++)
         printf("%c",sr[u-1]);                   // 输出最优解
      if(k<r+1) printf(" × ");
     }
  printf("=%.0f\n ",f[n][r]);                    // 输出最优值
  }
```

4. **程序运行示例与分析**

```
请输入整数：267315682902764
请输入插入的乘号个数 r：6
在数字串 267315682902764 中插入 6 个乘号，使乘积最大：
    26×7315×6×82×902×7×64=37812668974080
```

动态规划在三重循环中实现，算法的时间复杂度为 $O(n^3)$。

变通：如果需求插入乘号后的乘积最小值，程序如何修改？

6.5 最长子序列探索

一个序列的子序列，是指在序列中删除若干项后，则余下的项构成其子序列。

本节应用动态规划探索两个典型的子序列问题：最长非降子序列与两序列的最长公共子序列。

6.5.1 最长非降子序列

给定一个由 n 个正整数组成的序列，从该序列中删除若干个整数，使剩下的整数组成非降子序列，求最长的非降子序列。

例如，由 12 个正整数组成的序列为：

48，16，45，47，52，46，36，28，46，69，14，42

请在序列中删除若干项，使剩下的项为非降（即后面的项不小于前面的项）序列，剩下的非降序列最多为多少项？

1. **递推实现动态规划设计**

设序列的各项为 $a[1],a[2],\cdots,a[n]$（可随机产生，也可从键盘依次输入），对每一个整数操作为一个阶段，共为 n 个阶段。

（1）建立递推关系

设置 b 数组，$b[i]$表示序列的第 i 个数（含第 i 个数）到第 n 个数中的最长非降子序列的长度，$i=1,2,\cdots,n$。对所有的 $j>i$，比较当 $a[j]\geqslant a[i]$时的 $b[j]$的最大值，显然 $b[i]$为这一最大值加 1，表示加上 $a[i]$本身这一项。

因而有递推关系：

$$b[i]=\max(b[j])+1 \quad (a[j]\geqslant a[i],1\leqslant i<j\leqslant n)$$

边界条件：$b[n]=1$

（2）递推计算最优值

```
b[n]=1;
for(i=n−1;i>=1;i−−)
   { max=0;for(j=i+1;j<=n;j++)
      if(a[i]<=a[j] && b[j]>max)
          max=b[j];
      b[i]=max+1;                                    // 逆推得 b[i]
   }
```

逆推依次求得 $b[n-1],\cdots,b[1]$，比较这 $n-1$ 个值得其中的最大值 lmax，即为所求的最长非降子序列的长度即最优值。

以上动态规划算法的时间复杂度为 $O(n^2)$。

（3）构造最优解

从序列的第 1 项开始，依次输出 $b[i]$分别等于 lmax,lmax−1,…,1 的项 $a[i]$，这就是所求的一个最长非降子序列。

（4）递推实现动态规划程序设计

```
// 递推实现动态规划程序设计
#include <stdio.h>
#include <stdlib.h>
#include <time.h>
void main()
{ int i,j,n,t,x,max,lmax,a[2000],b[2000];
  t=time(0)%1000;srand(t);                           //  随机数发生器初始化
  printf("  请输入序列项数 n(n<2000):");
  scanf("%d",&n);
  for(i=1;i<=n;i++)
     {a[i]=rand()%(5*n)+10;                          // 随机产生 n 个数组成的序列
      printf("%d   ",a[i]);
     }
  b[n]=1;lmax=0;
  for(i=n-1;i>=1;i--)                                // 逆推求最优值 lmax
     { max=0;
       for(j=i+1;j<=n;j++)
          if(a[i]<=a[j] && b[j]>max)
              max=b[j];
       b[i]=max+1;                                   // 逆推得 b[i]
       if(b[i]>lmax) lmax=b[i];                      // 比较得最大非降序列长
     }
  printf("\n   子序列的最大长度为 L=%d.\n",lmax);      // 输出最大非降序列长
  printf("  其中一个长度为%d 的非降子序列：",lmax);
  x=lmax;
  for(i=1;i<=n;i++)
    if(b[i]==x)
       { printf("%d   ",a[i]);x--;}                  // 输出一个最大非降序列
}
```

2. 递归实现动态规划设计

（1）建立递归关系

设 $q(i)$表示序列的第 i 个数（含第 i 个数）到第 n 个数中的最长非降子序列的长度，i=1,2,…,n。对所有的 $j>i$，比较当 $a[j]\geqslant a[i]$时的 $q(j)$的最大值，显然 $q(i)$为这一最大值加 1，表示加上 $a[i]$本身这一项。

因而有递归关系：

$$q(i)=\max(q(j))+1 \quad (a[j]\geqslant a[i],1\leqslant i<j\leqslant n)$$

递归出口：$q(n)=1$

（2）递归函数设计

```
int q(int i)
   { int j,f,max;
     if(i==n) f=1;
     else
        { max=0;
          for(j=i+1;j<=n;j++)
             if(a[i]<=a[j] && q(j)>max)
                  max=q(j);
          f=max+1;
        }
     return f;
   }
```

（3）在主函数中依次调用 $q(n-1),\cdots,q(1)$，比较这 $n-1$ 个值得其中的最大值 lmax，即为所求的最长非降子序列的长度即最优值。

（4）构造最优解

从序列的第 1 项开始，依次输出 $q(i)$分别等于 lmax,lmax−1,…,1 所对应的项 $a[i]$，这就是所求的一个最长非降子序列。

（5）递归实现动态规划程序设计

```
// 递归实现动态规划程序设计
#include <stdio.h>
#include <stdlib.h>
#include <time.h>
int i,n,a[2000];
void main()
 { int t,x,lmax; int q(int i);
   t=time(0)%1000;srand(t);                          //  随机数发生器初始化
   printf("  请输入序列项数 n(n<2000):");
   scanf("%d",&n);
   for(i=1;i<=n;i++)
      { a[i]=rand()%(5*n)+10;                        // 随机产生并输出 n 个数的序列
        printf("%d  ",a[i]);
      }
   lmax=0;
   for(i=n-1;i>=1;i--)
      if(q(i)>lmax) lmax=q(i);                       // 比较得最大非降序列长
   printf("\n  子序列的最大长度为 L=%d.\n",lmax);    // 输出最大非降序列长
```

```
    printf("   其中一个长度为%d 的非降子序列：",lmax);
    x=lmax;
    for(i=1;i<=n;i++)
      if(q(i)==x)
        { printf("%d   ",a[i]);x--;}                    // 输出一个最大非降序列
    }
```

3. 程序运行示例与讨论

```
请输入序列项数 n(n<2000): 15
    10  30  14  38  78  66  38  42  19  56  75  34  36  44  81
子序列的最大长度为 L=8.
其中一个长度为 8 的非降子序列：10  30  38  38  42  56  75  81
```

注意，序列长度为 7 的非降子序列可能有多个，这里只输出其中一个。

以上递归算法的一个明显的缺点就是重复计算，在递归求解最大非降序列长度时包含大量重复计算，从而使得程序运行效率低。相对而言，由于递推算法没有重复计算，因此其运行效率比较高。一般地，以下各案例的动态规划设计中一般应用递推得到最优值。

以上序列表现为整数，事实上，序列可为一般意义上的字符。

6.5.2 最长公共子序列

一个给定序列的子序列是在该序列中删去若干项后所得到的序列。用数学语言表述，给定序列 $X=\{x_1,x_2,\cdots,x_m\}$，另一序列 $Z=\{z_1,z_2,\ldots,z_k\}$，X 的子序列是指存在一个严格递增下标序列 $\{i_1,i_2,\cdots,i_k\}$ 使得对于所有 $j=1,2,\cdots,k$ 有 $z_j=x_{ij}$。

例如，序列 $Z=\{b,d,c,a\}$ 是序列 $X=\{a,b,c,d,c,b,a\}$ 的一个子序列，或按紧凑格式书写，序列“*bdca*”是“*abcdcba*”的一个子序列。

若序列 Z 是序列 X 的子序列，又是序列 Y 的子序列，则称 Z 是序列 X 与 Y 的公共子序列。例如，序列“*bcba*”是“*abcbdab*”与“*bdcaba*”的公共子序列。

给定两个序列 $X=\{x_1,x_2,\cdots,x_m\}$ 和 $Y=\{y_1,y_2,\cdots,y_n\}$，试找出序列 X 和 Y 的最长公共子序列。

例如，给出序列 X：*hsbafdreghsbacdba* 与序列 Y：*acdbegshbdrabsa*，如何求取这两个序列的最长公共子序列？

1. 动态规划设计要点

求序列 X 与 Y 的最长公共子序列可以使用枚举法：列出 X 的所有子序列，检查 X 的每一个子序列是否也是 Y 的子序列，并记录其中公共子序列的长度，通过比较最终求得 X 与 Y 的最长公共子序列。

对于一个长度为 m 的序列 X，其每一个子序列对应于下标集 $\{1,2,\cdots,m\}$ 的一个子集，即 X 的子序列数目多达 2^m 个。由此可见应用枚举法求解是指数时间的。

最长公共子序列问题具有最优子结构性质，应用动态规划设计求解。

（1）建立递推关系

设序列 $X=\{x_1,x_2,\cdots,x_m\}$ 和 $Y=\{y_1,y_2,\cdots,y_n\}$ 的最长公共子序列为 $Z=\{z_1,z_2,\ldots,z_k\}$，同时设 $\{x_i,x_{i+1},\cdots,x_m\}$ 与 $\{y_j,y_{j+1},\cdots,y_n\}$ $(i=0,1,\cdots,m;j=0,1,\cdots,n)$ 的最长公共子序列的长度为 $c(i,j)$。

若 $i=m+1$ 或 $j=n+1$，此时为空序列，$c(i,j)=0$（边界条件）。

若 $x(1)=y(1)$，则有 $z(1)=x(1),c(1,1)=c(2,2)+1$（其中 1 为 $z(1)$ 这一项）。

若 $x(1)\neq y(1)$，则 $c(1,1)$ 取 $c(2,1)$ 与 $c(1,2)$ 中的最大者。

一般地，若 $x(i)=y(j)$，则 $c(i,j)=c(i+1,j+1)+1$。

若 $x(i)\neq y(j)$，则 $c(i,j)=\max(c(i+1,j),c(i,j+1))$。

因而归纳为递推关系：

$$c(i,j)=\begin{cases} c(i+1,j+1)+1 & 1\leqslant i\leqslant m,1\leqslant j\leqslant n,x_i=y_j \\ \max(c(i,j+1),c(i+1,j)) & 1\leqslant i\leqslant m,1\leqslant j\leqslant n,x_i\neq y_j \end{cases}$$

边界条件：$c(i,j)=0$　　（$i=m+1$ 或 $j=n+1$）

（2）递推计算最优值

根据以上递推关系，逆推计算最优值 $c(0,0)$流程为：

```
for(i=0;i<=m;i++) c[i][n]=0;                          // 赋初始值
for(j=0;j<=n;j++) c[m][j]=0;
for(i=m-1;i>=0;i--)                                    // 计算最优值
for(j=n-1;j>=0;j--)
    if(x[i]==y[j]) c[i][j]=c[i+1][j+1]+1;
    else  if(c[i][j+1]>c[i+1][j]) c[i][j]=c[i][j+1];
    else  c[i][j]=c[i+1][j];
printf("最长公共子串的长度为：%d",c[0][0]);              // 输出最优值
```

以上算法时间复杂度为 $O(mn)$。

（3）构造最优解

为构造最优解，即具体求出最长公共子序列，设置数组 $s(i,j)$，当 $x(i)=y(j)$时 $s(i,j)=1$；当 $x(i)\neq y(j)$时 $s(i,j)=0$。

X序列的每一项与 Y序列的每一项逐一比较，根据 $s(i,j)$与 $c(i,j)$取值具体构造最长公共子序列。实施 $x(i)$与 $y(j)$比较，其中 $i=0,1,\cdots,m-1;j=t,1,\cdots,n-1$；变量 t 从 0 开始取值，当确定最长公共子序列一项时，$t=j+1$。这样处理可避免重复取项。

若 $s(i,j)=1$ 且 $c(i,j)=c(0,0)$时，取 $x(i)$为最长公共子序列的第 1 项。

随后，若 $s(i,j)=1$ 且 $c(i,j)=c(0,0)-1$ 时，取 $x(i)$最长公共子序列的第 2 项。

一般地，若 $s(i,j)=1$ 且 $c(i,j)=c(0,0)-w$ 时(w 从 0 开始，每确定最长公共子序列的一项，w 增 1)，取 $x(i)$最长公共子序列的第 $w+1$ 项。

构造最长公共子序列描述：

```
for(t=0,w=0,i=0;i<=m-1;i++)
for(j=t;j<=n-1;j++)
    if(s[i][j]==1 && c[i][j]==c[0][0]-w)
      { printf("%c",x[i]);
        w++;t=j+1;break;
      }
```

2. 最长公共子序列动态规划程序设计

```
// 最长公共子序列动态规划程序设计
#include <stdio.h>
#define N   100
void main()
{char x[N],y[N];
 int i,j,m,n,t,w,c[N][N],s[N][N];
 printf("  请输入序列 x："); scanf("%s",x);
 printf("  请输入序列 y："); scanf("%s",y);
```

```
    for(m=0,i=0;x[i]!='\0';i++) m++;
    for(n=0,i=0;y[i]!='\0';i++) n++;
    for(i=0;i<=m;i++) c[i][n]=0;                        // 赋边界值
    for(j=0;j<=n;j++) c[m][j]=0;
    for(i=m-1;i>=0;i--)                                 // 递推计算最优值
    for(j=n-1;j>=0;j--)
        if(x[i]==y[j])
          { c[i][j]=c[i+1][j+1]+1;
            s[i][j]=1;
          }
        else
          { s[i][j]=0;
            if(c[i][j+1]>c[i+1][j]) c[i][j]=c[i][j+1];
            else   c[i][j]=c[i+1][j];
          }
    printf("最长公共子序列的长度为：%d \n",c[0][0]);          // 输出最优值
    printf("   一个最长公共子序列为：");                       // 构造最优解
    t=0;w=0;
    for(i=0;i<=m-1;i++)
    for(j=t;j<=n-1;j++)
        if(s[i][j]==1 && c[i][j]==c[0][0]-w)
          { printf("%c",x[i]);
            w++;t=j+1;break;
          }
    printf("\n");
}
```

3. **运行程序示例与分析**

```
请输入序列 x：wbuibcbiltiohnacnjkbqwefgukvack
请输入序列 y：hiluhilafhuilhifbhafbnklklnva
最长公共子序列的长度为：12
一个最长公共子序列为：uiilihankkva
```

对于指定的两个序列可能存在有多个最长公共子序列，程序输出的只是其中一个。

以上动态规划算法的时间复杂度为 $O(n^2)$。

6.6 凸形的三角形划分

凸形的三角划分是一个集数与形于一体的优化设计典型案例，其最优值与最优划分解的取得都有较强的技能要求。

1. **问题提出**

给定凸 n 边形 $P=\{1,2,\cdots,n\}$,它的每一个顶点 i 都带有一个正权数 $r(i)(i=1,2,\cdots,n)$。要求在该凸 n 边形的顶点间连 $n-3$ 条互不相交的连线，把该 n 边形划分成 $n-2$ 个三角形，每个三角形的值为该三角形的三个顶点权数之积。

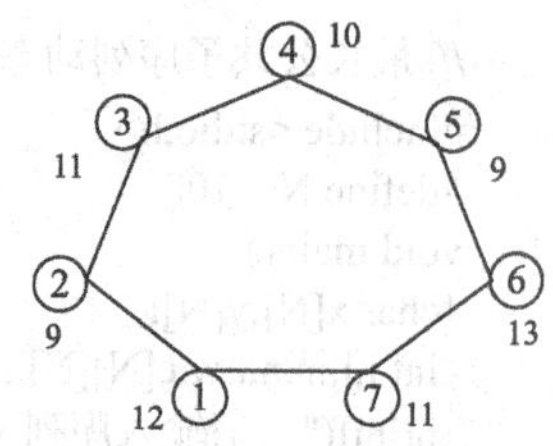

图 6-1 带权数的凸 7 边形

试确定一种最优三角划分，使得划分的 $n-2$ 个三角形的值之和最小。

例如图 6-1 为一个各顶点带权数的凸 7 边形，如何连接对角线划

分成 5 个三角形，使得这 5 个三角形的值之和最小？

2. 动态规划设计要点

凸 n 边形有多种不同的三角划分，例如 n=7 时，图 6-2 中列出其中 3 种不同三角划分。

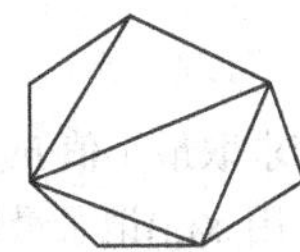 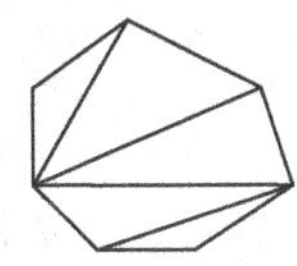 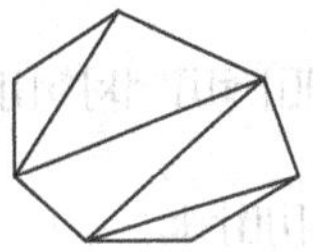

图 6-2 n=7 的 3 种不同的三角划分

每一种三角划分对应不同的三角形的值之和，我们要寻求一种最优三角划分，其三角形的值之和最小（最优值）。

（1）建立递推关系

设 $m(i,j)$（$i<j$）是多边形 $M_iM_{i+1}\cdots M_j$ 划分的最小值，则有递推关系：

$$m(i,j)=\min(m(i,k)+m(k,j)+r(i)r(k)r(j)) \quad (i<k<j)$$

初始（边界）条件：

$$m(i,i+1)=0 \qquad \text{(不构成三角形)}$$

$$m(i,i+2)=r(i)r(i+1)r(i+2) \qquad (j=i+2 \text{ 时，即三角形 } M_iM_{i+1}M_{i+2})$$

显然 $m(1,n)$为最优值。

（2）求最优值的递推结构

注意到当 $i<k<j$，要求 $m(i,j)$时，要用到 $m(i,k)$与 $m(k,j)$。为此，设置循环：

```
for(d=2;d<=n-1;d++)
for(i=1;i<=n-d;i++)
  j=i+d;
```

这样设计，可按 d 从 2 开始递增取值,先得 $m(i,k)$与 $m(k,j)$，为比较进而求 $m(i,j)$提供可能。

（3）构造最优解

设置 $s(i,j)$，在递推赋值时记录最优划分点 k。注意到分划线分布为二叉结构，应用 $s(i,j)$定义实现最优解的递归函数 $f(a,b)$。

设置 $c=s(a,b)$记录参数 a,b 的最优划分点。

若 $c>a+1$，则输出 a—c。

若 $c<b-1$，则输出 c—b。

然后调用下一层递归函数 $f(a,c)$，$f(c,b)$。

3. 动态规划程序设计

```
// n 边形的三角形划分动态规划程序设计
#include <stdio.h>
int p,s[100][100];
void main()
{int d,n,i,j,k,r[100];long t,m[100][100];
 void f(int x,int y);
 printf("  请输入 n（n>3）:"); scanf("%d",&n);
 printf("  凸%d 边形从第 1 点开始，依次输入各点权数。\n",n);
 for(i=1;i<=n;i++)
   { printf(" 请输入第%d 个顶点的权数 :",i);
     scanf("%d",&r[i]);
   }
```

```
for(i=1;i<=n-1;i++)   m[i][i+1]=0;                    // 边界条件
for(d=2;d<=n-1;d++)
for(i=1;i<=n-d;i++)
   { j=i+d; m[i][j]=100000000;
     for(k=i+1;k<j;k++)
        { t=m[i][k]+m[k][j]+r[i]*r[k]*r[j];
          if(t<m[i][j])                               // 比较求取最小值 m(i,j)
             { m[i][j]=t;s[i][j]=k;}                  // 同时用 s(i,j)记录最优划分点
        }
   }
 p=0;
 printf("\n   最优%d 条划分线分别为：\n",n-3);
 f(1,n);                                              // 调用递归函数 f(1,n)给出最优划分线
 printf("\n   凸%d 边形的三角形划分最小值为：%ld \n",n,m[1][n]);
}
void f(int a,int b)                                   // 应用 s(i,j)定义递归函数
{int c;
 if(b>a+1)
   { c=s[a][b];                                       // 调用 s(i,j)所记录的最优划分点
     if(c>a+1)
       { p++;                                         // 统计划线条数，每行输出 6 条
         printf(" %2d--%2d； ",a,c);
         if(p%6==0) printf("\n");
       }
     if(c<b-1)
       { p++;
         printf(" %2d--%2d； ",c,b);
         if(p%6==0) printf("\n");
       }
     f(a,c);f(c,b);                                   // 调用下一层 s(i,j)递归函数
   }
return;
}
```

4. 程序运行示例与分析

```
请输入 n :7
凸 7 边形从第 1 点开始，依次输入各点权数：
    12  9  11  10  9  13  11
最优 4 条划分线分别为：
    2-- 7；  2-- 5；   5-- 7；   2-- 4；
凸 7 边形的三角形划分最小值为：5166
```

最优划分如图 6-3 所示。

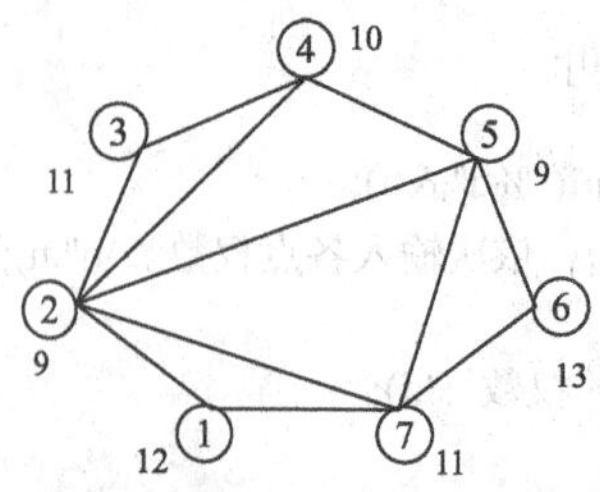

图 6-3 带权数的凸 7 边形的最优划分

如果不考虑递归构造最优解，动态规划在三重循环中实现，算法的时间复杂度为 $O(n^3)$。

6.7 动态规划小结

本章应用动态规划求解基本的 0-1 背包问题，设计求解了序列的最小子段搜索并拓广至环序列，求解了最长子序列的两个典型案例，也求解了凸 n 边形的三角划分与插入运算符号的最优化问题。

应用动态规划设计求解最优化问题，根据问题最优解的特性，找出问题的递推关系（递归关系）是求解的关键。至于应用递推还是递归求取最优值，递推时应用顺推还是应用逆推，可根据设计者自己的习惯与爱好来定。一般来说，应用递推求最优值比应用递归求解效率要高。

应用动态规划设计求解最优化问题，当最优值求出后，如何根据案例的具体实际构造最优解，没有一般的模式可套，必须结合问题的具体实际，必要时在递推最优解时有针对性地记录若干必要的信息。

动态规划根据不同阶段之间的状态转移，通过应用递推求得问题的最优值，注意不能把动态规划与递推两种算法相混淆，不要把递推当成是动态规划，也不要把动态规划当成递推。

综合动态规划与递推之间的关系，可概括为以下几点。

（1）动态规划是用来求解多阶段最优化问题的有效算法，而递推一般是解决某些判定性问题、构造性或计数问题的方法，两者求解对象不同。

（2）动态规划求解的多阶段决策问题必须满足最优子结构特性，而递推所求解的问题无需满足最优子结构特性。

（3）动态规划求解最优值通常应用递推来实现，递推只是完成最优值的一种手段。至于应用顺推还是逆推，须根据动态规划所设置的目标函数来决定。

（4）动态规划在求得问题的最优值后通常需构造出最优决策序列，即求出最优解，而递推在求出计数结果后没有最优解的构造需求。

（5）就算法的时间复杂度而言，动态规划如果设置一维数组，通过一重循环递推完成最优值求解，其时间复杂度一般为 $O(n)$；动态规划如果设置二维约束数组，通过二重循环递推完成最优值求解，其时间复杂度一般为 $O(n^2)$。也就是说，在没有特殊要求情形下，动态规划求解的时间复杂度通常由相应的求最优值的递推结构来决定。

（6）当动态规划与递推需设置三维数组时，其空间复杂度都比较高，大大限制了求解范围，这是动态规划与递推共同面临的问题。

习题 6

6-1 装载问题。

有 n 件货物要装上两艘载重量分别为 c_1,c_2 的轮船，其中货物 i 的重量为 w_i，且

$\sum_{i=1}^{n} w_i \leqslant c_1+c_2, c_1,c_2,w_i \in \mathbf{N}^+$（不考虑货物的体积）。

试应用动态规划设计一个合理的装载方案，把所有 n 个货物装上这两艘船。

6-2 应用动态规划求解三角形的最优路径。

在一个 n 行的点数值三角形中，寻找从顶点开始每一步可沿左斜（L）或右斜（R）向下至底

的一条路径，使该路径所经过的点的数值和最小。

应用顺推实现动态规划求解从顶到底的最小路程。

6-3　矩阵最小路径。

随机产生一个 n 行 m 列的整数矩阵（如图 6-4 所示即随机产生的一个 7 行 5 列的数值矩阵），在整数矩阵中寻找从左上角至右下角，每步可向下（D）或向右（R）或斜向右下(O)的一条数值和最小的路径。

33	27	24	38	36
37	39	13	27	42
44	40	36	27	23
44	21	37	24	13
38	32	14	37	23
19	6	27	12	14
22	5	30	33	18

图 6-4　一个 7 行 5 列的数值矩阵

6-4　矩阵中的最小对称路径。

给一个 n 行 n 列网格，每一个格子里有一个正整数。

你需要从网格的左上角走到右下角，确定数字之和最小的最优对称路径。路径中每一步能往右、往下，也能往左、往上走到相邻格子，不能斜着走，也不能走出网格。为了美观，你经过的路径必须关于“左下-右上”对角线对称。图 6-5 所示为一个 6×6 网格上的对称路径。

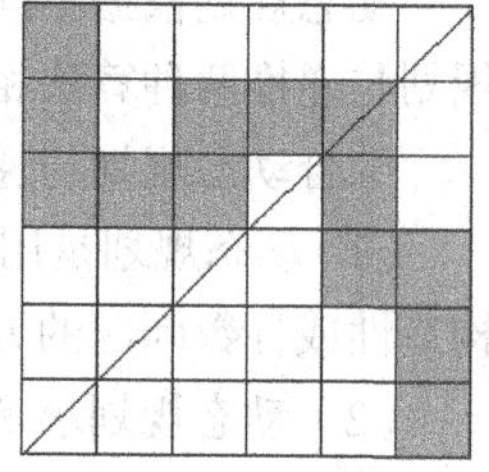

图 6-5　对称路径示意

对于给定的 $n\times n$ 网格，在所有合法路径中求路径各格子数字之和最小的最优对称路径。

输入 $n(2\leqslant n\leqslant 50)$及相应的 n 阶方阵，输出方阵中最优对称路径的数字和，并输出其中一条最优对称路径。

6-5　西瓜分堆的动态规划设计。

已知的 n 个西瓜的重量分别为整数，请把这堆西瓜分成两堆，每堆的个数不一定相等，使两堆西瓜重量之差为最小。

6-6　插入加号求最小值。

在一个 n 位整数 a 中插入 r 个加号，将它分成 r+1 个整数，找出一种加号的插入方法，使得这 r+1 个整数的和最小。

6-7　矩阵连乘问题。

设矩阵 $\boldsymbol{A}$ 为 p 行 q 列，矩阵 $\boldsymbol{B}$ 为 q 行 r 列，求矩阵乘积 $\boldsymbol{AB}$ 共需做 pqr 次乘法，乘积 $\boldsymbol{AB}$ 为 p 行 r 列矩阵。这里 $\boldsymbol{A}$ 的列数与 $\boldsymbol{B}$ 的行数相等是求乘积 $\boldsymbol{AB}$ 的必要条件。

试求 n（n>2）个矩阵 $M_i(i=1\sim n)$的乘积 $M_1M_2\cdots M_n$ 的最少乘法次数。其中整数 n 与 M_i 的行、列数 r_i,r_{i+1} 均从键盘输入。

6-8　三角数阵最小复杂路径。

在一个 n 行的三角数阵中，寻找从顶点开始至底行的一条路径，使该路径所经过的点的数值和最小。

规定路径每一步可沿左斜向下（LD）或右斜向下（RD），也可以在同一行向左（L）或向右（R）平移，还可沿左斜向上（LU）或右斜向上（RU）。

在给定的 n 行三角数阵中，搜索并输出从顶点到底行的数值和最小路径。

第7章 贪心算法

贪心算法（greedy algorithm）是为了解决在不回溯的前提之下找出整体最优解或接近最优解这一类问题而提出的高效算法，是一种不同于动态规划的常用优化算法。

本章介绍贪心算法，应用贪心算法求解删数字案例，构建埃及分数式，求解数列压缩与可拆背包等案例，最后应用贪心算法构建哈夫曼树与哈夫曼编码。

7.1 贪心算法概述

1. 贪心算法的概念

贪心算法又称贪婪算法，是一种着眼局部的简单而适用范围有限的优化策略。

当一个问题具有最优子结构性质时，我们会想到用动态规划法去求解，但有时会有更简单有效的解法。

贪心算法总是做出在当前看来是最好的选择。许多问题具有最优子结构性质，可以用动态规划来解。但我们看到，有些问题用贪心算法求解更简单，更直接且解题效率更高。

贪心算法没有固定的算法框架，算法设计的关键在于贪心策略的选择与确定。

贪心算法在求解最优化问题时，从初始阶段开始，每一个阶段总是做一个使局部最优的贪心选择，不断地将问题转化为规模更小的子问题。也就是说贪心算法并不从整体最优考虑，它所做出的选择只是局部最优选择。这样处理，对大多数优化问题来说能得到最优解，但也并不总是这样。

从求解效率来说，贪心算法比动态规划更高，且不存在空间限制的影响。

贪心算法的基本思想是通过一系列选择步骤来构造问题的解，每一步都是对当前部分解的一个扩展，直至获得问题的完整解。

应用贪心算法所做的每一步选择都必须满足：

（1）可行的：必须满足问题的约束条件。

（2）局部最优：当前所有可能的选择中选择使局部最优的决策。

（3）不可取消：选择一旦做出，在后面的步骤中无法改变。

贪心算法是通过做一系列的选择来求出某一问题的最优解，对算法的每一个决策点，做一个当时（看起来）是最佳的选择，这种启发式策略并不总能产生出最优解。

2. 贪心算法举例

试就找零钱给出应用贪心策略的正反两例。

例 7–1 找零钱问题。

假设有 4 种硬币，它们的面值分别为 2 角 5 分、1 角、5 分和 1 分。现在要找给某顾客 6 角 3 分钱，怎么找才能使给顾客的硬币枚数最少呢？

贪心策略：每次找不超过需找数量的最大面值硬币。

首先选出一枚面值不超过 6 角 3 分的最大硬币，即取 2 角 5 分硬币。

然后从 6 角 3 分中减去 2 角 5 分，还需找 3 角 8 分，取一枚面值不超过 3 角 8 分的最大硬币，即又一枚 2 角 5 分。

然后从 3 角 8 分中减去 2 角 5 分，还需找 1 角 3 分，选出一枚面值不超过 1 角 3 分的最大硬币，即一枚 1 角。

最后剩下 3 分，选出 3 枚 1 分。

实施贪心策略，找出 2 枚 2 角 5 分的硬币、1 枚 1 角的硬币和 3 枚 1 分的硬币。这种找硬币方法与其他的找法相比，所拿出的硬币枚数是最少的。

从硬币找零的问题来看，贪心算法是最接近人类认知思维的一种解题策略。

例 7–2 找零钱反例。

假如有 3 种硬币的面值改为 1 分、5 分和 1 角 1 分，而要找给顾客的是 1 角 5 分钱，怎么找才能使硬币个数最少呢？

还用同样贪心策略，我们将找给顾客 1 枚 1 角 1 分的硬币和 4 枚 1 分的硬币，这样零币为 5 个。然而 3 个 5 分的硬币显然是更好的找法。

可见，应用这一贪心策略并不能产生最优解。

7.2 删数字最值问题

在给定的 n 个数字的数字串中，删除其中 $k(k<n)$ 个数字后，剩下的数字按原次序组成一个新的正整数。请确定删除方案，使得剩下的数字组成的新正整数最大。

例如在整数 762 191 754 639 820 463 中删除 6 个数字后，所得最大整数为多大？

1. 贪心设计要点

操作对象是一个可以超过有效数字位数的 n 位高精度数，存储在数组 a 中。

在整数的位数固定的前提下，让高位的数字尽量大，整数的值就大。这就是所要选取的贪心策略。

每次删除一个数字，选择一个使剩下的数最大的数字作为删除对象。之所以选择这样“贪心”的操作，是因为删 k 个数字的全局最优解包含了删一个数字的子问题的最优解。

当 k=1 时，在 n 位整数中删除哪一个数字能达到最大？

从左到右每相邻的两个数字比较：若出现增，即左边数字小于右边数字，则删除左边的小数字。若不出现增，即所有数字为非升序排列，则删除最右边的小数字。

直到不出现“增”时，此时如果还不到删除指定的 k 位，打印剩下串的左边 n–k 个数字即可（相当于删除了余下的最右边若干个小数字）。

例如，在 8 位整数 16 485 679 中，删除 4 个数字，使剩下的 4 位数最大，如何删？

首先考虑删除 1 个数字，使剩下的 7 位数最大，删哪一个数字？

要使删除 1 个数字后的 7 位数最大，须首位数字最大。首先，首位数字“1”与第 2 位数字“6”

比较。因 1<6，为增，删首位数字“1”！

删第 2 个数字，“6”与“4”比较，因 6>2，为减，“6”不能删。

再往后推比较，“4”与“8”比较，因 4<8，为增，删除“4”。

依此类推，下面具体分解在数 16 485 679 中删除 4 个数字的贪心操作步骤。

操作数为 8 位数：　1 6 4 8 5 6 7 9

（1）出现 1<6,删除 1：× 6 4 8 5 6 7 9

所有数字移位：　6 4 8 5 6 7 9

（2）出现 4<8,删除 4：6 × 8 5 6 7 9

后 5 个数字移位：　6 8 5 6 7 9

（3）出现 6<8,删除 6：× 8 5 6 7 9

所有数字移位：　8 5 6 7 9

（4）出现 5<6,删除 5：8 × 6 7 9

后 3 个数字移位：　8 6 7 9

所得 8 679 是 8 位数 16 485 679 中删除 4 个数字后所得的最大 4 位数。

2. 贪心算法程序设计

```
// 删数字最值贪心程序设计
#include<stdio.h>
void main()
{ int i,j,k,m,n,x,a[200];
  char b[200];
  printf("  请输入整数：");
  scanf("%s",b);                              // 以字符串方式输入高精度整数
  for(n=0,i=0;b[i]!='\0';i++)
     { n++;a[i]=b[i]-48;}
  printf("  删除数字个数:  ");scanf("%d",&k);
  if(n<=k)
     { printf("  整数中数字不够删！\n ");return;}
  printf("  以上%d 位整数中删除%d 个数字分别为: ",n,k);
  i=0;m=0;x=0;
  while(k>x && m==0)
   {i=i+1;
    if(a[i-1]<a[i])                           // 两位比较出现递增,删除首数字
       {printf("%d, ",a[i-1]);
        for(j=i-1;j<=n-x-2;j++)
            a[j]=a[j+1];
        x=x+1;                                //  x 统计删除数字的个数
        i=0;                                  // 从头开始查递增区间
       }
    if(i==n-x-1)   m=1;                       // 已无递增区间,m=1 脱离循环
   }
  if(x<k)
    printf("及右边的%d 个数字。\n",k-x);
  printf("\n   删除后所得最大数: ");
  for(i=1;i<=n-k;i++)                         // 打印剩下的左边 n-k 个数字
    printf("%d",a[i-1]);
}
```

3. 贪心算法改进

（1）以上贪心删数字算法每删除一个数字 $a[i-1]$，赋值 i=0，即必须从头开始查找递增区间。其实此时只需从 $a[i-2]$开始查找递增区间即可，因为先前的操作能够保证 $a[i-2]$及之前的数字不是递增区间。

（2）以上贪心删数字算法每删除一个数字 $a[i-1]$，必须逐一把其后的数字往前移动一位，如果 n 及 k 相当大，移动过程花费较大。其实每次删除数字后，并不一定需要移动数字的位置，只对所删除数位置赋标记值-1 即可，代表该位置的数字已经删除。同时，查找递增区间时跳过该数位。

（3）改进算法程序设计

```
// 删数字最值贪心改进程序设计
#include<stdio.h>
void main()
{     int i,k,m,n,t,x,a[10000];
      char b[10000];
      printf("  请输入整数：");
      scanf("%s",b);                           //  以字符串方式输入高精度整数
      for(n=0,i=0;b[i]!='\0';i++)
        { n++;a[i]=b[i]-48;}
      printf("  删除数字个数:  ");scanf("%d",&k);
      if(n<=k)
        { printf("  整数中数字不够删！ \n ");return;}
      printf("  以上%d 位整数中删除%d 个数字分别为: ",n,k);
      t=0;m=0;
      i=t+1; x=0;
      while(x<k && i<=n)                       // 删除的数字后已无递增区间，脱离循环
        { if(t>=0 && a[t]<a[i])                // 出现递增，删除递增的首数字
            { printf("%d, ",a[t]);
              a[t]=-1;                         // 删除的数字标记-1
              while(t>=0 && a[t]==-1)
                  t--;                         // 从删除数字的前一位非-1 数字开始查找递增区间
              x=x+1;                           // x 统计删除数字的个数
            }
      else t=i++;
      }
      printf("\n  删除后所得最大数: ");
      for(i=0,x=0;x<n-k;i++)                   // 打印左边的 n-k 个非-1 数字
        if(a[i]!=-1)
            { printf("%d",a[i]);x++;      }
}
```

4. 运行程序示例与分析

```
请输入整数：762191754639820463
删除数字个数: 6
以上 18 位整数中删除 6 个数字分别为: 1, 2, 6, 7, 1, 4,
删除后所得最大数: 975639820463
```

算法中的主要操作是比较与移位，算法的时间复杂度为 $O(n^2)$。

变通：修改程序，求删除 k 个数字后所得的数达到最小。

7.3 可拆背包问题

第 6 章应用动态规划求解了 0-1 背包的最优化问题，在 0-1 背包问题中要求物品不可拆，即对某一种物品，或装包，或不装包，两个决策只能选择一个。

本节讨论可拆背包问题，即每一个物品都是可拆的，即对某一种物品，或整体装包，或装一部分，或不装包。

（1）案例提出

已知 n 种物品和一个可容纳 c 重量的背包，物品 i 的重量为 w_i，产生的效益为 p_i。装包时物品可拆，即可只装每种物品的一部分。显然物品 i 的一部分 x_i 放入背包可产生的效益为 $x_i p_i$，这里 $0 \leqslant x_i \leqslant 1, p_i > 0$。

设计如何装包，使装包所得整体效益最大。

（2）贪心算法设计

应用贪心算法求解。每一种物品装包，由 $0 \leqslant x_i \leqslant 1$，可以整个装入，也可以只装一部分，也可以不装。

约束条件： $\sum_{1 \leqslant i \leqslant n} w_i x_i \leqslant c$

目标函数： $\max \sum_{1 \leqslant i \leqslant n} p_i x_i \quad (0 \leqslant x_i \leqslant 1)$

确定贪心策略：

要使整体效益即目标函数最大，每次优先选择单位重量效益最高的物品装包，这就是贪心策略。

操作时首先把各物品按单位重量的效益进行降序排列，从单位重量效益最高的物品开始，一件件物品装包。直至受重量约束某一件物品装不下时，则装该物品的一部分把包装满。

（3）可拆背包贪心程序设计

```
// 可拆背包贪心程序设计
#include <stdio.h>
#define N 100
void main()
  { float x[N],c,cw,s,h;
    int i,j,n;
    float w[]={0,32.5,25.3,37.4,41.3,28.2};              // 各物品原始数据存储
    float p[]={0,56.2,40.5,70.8,78.4,40.2};
    n=5;
    printf("  请输入背包载重量 c:"); scanf("%f",&c);
    printf("  %d 件物品的重量与效益分别为：  \n  ",n);
    for(i=1;i<=n;i++)
      printf(" %5.1f,%5.1f;  ",w[i],p[i]);
    for(i=1;i<=n-1;i++)
    for(j=i+1;j<=n;j++)
      if(p[i]/w[i]<p[j]/w[j])                           // 按单位重量的效益降序排序
```

```
          { h=p[i];p[i]=p[j]; p[j]=h;
            h=w[i];w[i]=w[j]; w[j]=h;
          }
    cw=c;s=0;                                          // cw 为背包还可装的重量
    for(i=1;i<=n;i++)
      {if(w[i]>cw) break;
        x[i]=1.0;                                      // 若 w(i)<=cw,整体装入
        cw=cw-w[i]; s=s+p[i];
      }
    x[i]=(float)(cw/w[i]);                             // 若 w(i)>cw,装入一部分 x(i)
    s=s+p[i]*x[i];
    printf("\n  装包：");                               // 输出装包结果
    for(i=1;i<=n;i++)
      if(x[i]<1)   break;
      else   printf("\n   装入重量为%5.1f 效益为%5.1f 的物品.",w[i],p[i]);
    if(x[i]>0 && x[i]<1)
      printf("\n   装入重量为%5.1f 效益为%5.1f 的物品%5.1f%.",w[i], p[i],x[i]*100);
    printf("\n   背包装满，所得最大效益为：%5.1f \n",s);
}
```

（4）程序运行示例与分析

```
请输入背包载重量 c:90
5 件物品的重量与效益分别为：
    32.5, 56.2；25.3, 40.5；37.4, 70.8；41.3, 78.4；28.2, 40.2；
装包：
装入重量为 41.3 效益为 78.4 的物品.
装入重量为 37.4 效益为 70.8 的物品.
装入重量为 32.5 效益为 56.2 的物品 34.8%.
 背包装满，所得最大效益为：168.7
```

以上可拆背包问题贪心算法设计含排序，时间复杂度为 $O(n^2)$。

本案例要输入 n 件物品的重量与效益，如果采用键盘输入较为烦琐。程序中改用以数组赋初值的方式输入，较为简单。

7.4 构建埃及分数式

金字塔的故乡埃及，也是数学的发源地之一。古埃及数系中，记数常采用分子为 1 的分数，称为“埃及分数”。

人们研究较多且颇感兴趣的问题是：把一个给定的分数转化为若干个不相同的埃及分数之和，约定埃及分数的分母不能与给定分数的分母相同。当然，转化的方法可能会有很多种。常把分解式中埃及分数的个数最少，或在个数相同时埃及分数中最大分母为最小的分解式称为最优分解式。

对把给定分数分解为埃及分数之和，或对已有的埃及分数式进行优化，往往是一个烦琐艰辛的过程。

例如，对 3/11，可分解为： 3/11=1/5+1/15+1/165。

试寻求分数 3/11 新的埃及分数式。

7.4.1　优先选择最小分母

对给定的分数，优先选择分母最小，即在小于给定分数前提下选择分数最大的埃及分数构建。

1. 贪心算法设计

对于给定的分数，如何快速寻求其埃及分数式，即把该分数分解为若干埃及分数之和？应用贪心选择，每次选择分母最小的最大埃及分数是一个可行的构建思路。

例如要寻求分数 7/8 的埃及分数式，作以下贪心选择：

$$\frac{7}{8}>\frac{1}{2},\quad \frac{7}{8}-\frac{1}{2}=\frac{3}{8}>\frac{1}{3},\quad \frac{7}{8}-\frac{1}{2}-\frac{1}{3}=\frac{1}{24}$$

即首选小于 7/8 的最大埃及分数 1/2。

然后选小于 3/8 的最大埃及分数 1/3。

最后所得 1/24 也为埃及分数。因而得 7/8 的埃及分数式

$$\frac{7}{8}=\frac{1}{2}+\frac{1}{3}+\frac{1}{24}$$

一般地，对于给定的真分数 a/b（$a\neq 1$），有以下数学模型：

设 $d=\text{int}(\frac{b}{a})$ (这里 int(x)表示取正数 x 的整数)，注意到 $d<\frac{b}{a}<d+1$，有

$$\frac{a}{b}=\frac{1}{d+1}+\frac{a(d+1)-b}{b(d+1)}$$

以上公式是贪心选择最大埃及分数的依据。即取埃及分数的分母为 $c=d+1$，正分数$(ac-b)/(bc)$去除公因数后，同以上 a/b 考虑。

贪心算法设计步骤：

（1）对给定的真分数 a/b（$a\neq 1$）,求得 $c=\text{int}(b/a)+1$。

（2）设置 f 数组存储式中各埃及分数的分母。若 $c<10000000000$（约定埃及分数分母上限，分母太大不予考虑），则 $f[k]=c$；否则，退出循环。

（3）给 a,b 实施迭代：$a=a\times c-b$，$b=b\times c$，为探索下一个埃及分数的分母作准备。

（4）通过试商去除 a,b 的公因数。

（5）若 $a\neq 1$，继续循环；否则 $a=1$，则 $f[k]=b$；然后退出循环，输出结果。

以上操作设计在永真循环中，设置了两个循环出口。

一个是当出现分母 c 太大以至超过约定上限时，视为不成功，退出循环，输出“尚未找到合适的埃及分数式！”后结束。

另一个为出现 $a=1$ 时，即所剩分数 a/b 已为埃及分数，退出循环，输出 k 个埃及分数组成的埃及分数式后结束。

2. 埃及分数式贪心程序设计

```
// 优先最小分母构建埃及分数式
#include <stdio.h>
void main()
{ int a,b,c,k,j,t,u,f[20];
  printf("  请输入分数的分子、分母: ");
  scanf("%d,%d",&a,&b);
```

```
    printf("   %d/%d=",a,b);
    if(a==1 || b%a==0)
        { printf("   %d/%d=%d/%d \n",a,b,1,b/a);
          return;
        }
    k=0;t=0;j=b;                                  // 记录给定分数的分母
    while(1)
     { c=b/a+1;
        if(c>1000000000 || c<0)                   // 所得分母超过所定上限，则中断
            {t=1;break;}
        if(c==j) c++;                             // 保证埃及分数的分母不与给定分数的分母相同
        k++;f[k]=c;                               // 得第 k 个埃及分数的分母
        a=a*c-b; b=b*c;                           // a,b 迭代，为选择下一个分母作准备
        for(u=2;u<=a;u++)
           while(a%u==0 && b%u==0)
             { a=a/u;b=b/u;}
      if(a==1 && b!=j)                            // 化简后的分数为埃及分数,则赋值后退出
        { k++;f[k]=b;break;}
    }
  if(t==0)                                        // 输出 k 个埃及分数组成的埃及分数式
    { printf("1/%d",f[1]);
      for(j=2;j<=k;j++)
         printf("+1/%d",f[j]);
      printf("\n");
    }
  else
      printf("   尚未找到合适的埃及分数式！\n");
  }
```

3. 程序运行示例与分析

```
请输入分数的分子、分母: 3,11
3/11=1/4+1/44
```

显然，所得到的埃及分数式优于已给定的 3/11=1/5+1/15+1/165。

设埃及分数式的分母数量级为 n，算法时间复杂度为 $O(n^2)$。

7.4.2 扩展分母选择范围

以上贪心选择时，每一步都选比本分数小的最大埃及分数。这样尽管快速，但因为太严格可能会失去一些构建时机，从而不能保证所找到的埃及分数式是最优的，或者可能根本找不到埃及分数式。

因而有必要对选择范围作适当扩展。

1. 选择范围扩展

以上构建埃及分数的分母由贪心选择最小分母 c=int(b/a)+1 决定，这一条件是非常苛严的，可能因此失去构建埃及分数式的机会，或者可能根本找不到埃及分数式。

为构建埃及分数式的需要，有必要扩展最小分母 c 的选择范围。至于需扩展多少，可根据问题的具体实际决定。

例如，把分母从 c=int(b/a)+1 扩展到 c=int(b/a)+d，这里 d(1～m)为放宽尺度，参数 m 可以从键盘输入决定。

2. 选择范围扩展的程序设计

```
// 选择范围扩展构建埃及分数式
#include <stdio.h>
void main()
{ int a1,b1,a,b,c,d,k,j,m,t,u,f[20];
  printf("  请输入分数的分子、分母: ");
  scanf("%d,%d",&a1,&b1);
  printf("  请确定分母扩展范围 m(m>1): ");
  scanf("%d",&m);
  if(a1==1 || b1%a1==0)
    { printf("  %d/%d=%d/%d \n",a1,b1,1,b1/a1);
      return;
    }
  for(d=1;d<=m;d++)                        // 扩展范围 d 循环调整
  { a=a1;b=b1;k=0;t=0;
    while(1)
    {c=b/a+d;
     if(c>1000000000 || c<0)
        {t=1;break;}
     if(c==b1)c++;                         // 保证埃及分数的分母不与给定分母相同
     k++;f[k]=c;
     a=a*c-b; b=b*c;
     for(u=2;u<=a;u++)
        while(a%u==0 && b%u==0)
           {a=a/u;b=b/u;}
    if(a==1 && b!=b1)                      // 化简后的分数为埃及分数,则赋值后退出
       { k++;f[k]=b;break;}
  }
if(t==1) continue;
  { printf("  %d/%d=1/%d",a1,b1,f[1]);
    for(j=2;j<=k;j++)
      printf("+1/%d",f[j]);
    printf("\n");}
  }
}
```

3. 程序运行示例与说明

```
请输入分数的分子、分母: 3,11
请确定分母扩展范围 m(m>1): 5
3/11=1/4+1/44
3/11=1/5+1/15+1/165
3/11=1/6+1/12+1/44
3/11=1/8+1/12+1/20+1/74+1/1140+1/309320
```

所得 4 个埃及分数式，其中第 3 个是新探索得到的比第 2 个更优的埃及分数式。

可见，适当修改贪心选择环境可望得到较为满意的结果。

从这一案例的求解可知，贪心策略不仅可应用于求解最优化问题，也可以在解决一些构造类问题时，选择适当的贪心策略缩减构建的步骤与时间。

7.5 数列压缩问题

涉及数列压缩的最值问题，是最优化设计的一个课题。本节简介数列压缩的最值与极差的贪心设计求解。

7.5.1 数列压缩的最大值

给定一个由 n 个正整数组成的数列，对数列进行一次压缩：去除其中两项 a，b，然后添加一项 $a\times b+1$。每压缩一次数列减少一项，经 $n-1$ 次压缩后该数列只剩一个数。

试求在 $n-1$ 次压缩后最后得数的最大值。

1. 贪心算法设计

（1）确定贪心策略

设数列有 3 项 x，y，z ($x\leqslant y\leqslant z$)，由

$$(x\times y+1)\times z+1\geqslant(x\times z+1)\times y+1\geqslant(y\times z+1)\times x+1$$

可知选取数列中最小的 2 项压缩，可使积最大。

由此，可确定数列操作的贪心策略：当数列中有 3 项以上时，每次选择去掉最小的 2 项实施压缩操作。

（2）实施贪心策略

设置 a 数组存储数列各项，同时对 n 项进行升序排列。

为了得到最大值，设置控制 $n-1$ 次压缩操作的 k（1 ~ $n-1$）循环。每次压缩对最小的前 2 项 $a[k]$、$a[k+1]$实施操作：

$$x=a[k];y=a[k+1];a[k+1]=x\times y+1;$$

操作后，应用逐项比较对 $a[k+1]$，…，$a[n]$进行升序排列，为下一次压缩做好准备。

最后所得 $a[n]$即为所求的数列压缩的最大值。

2. 数列操作程序设计

```
// 数列压缩的最大程序设计
#include <stdio.h>
void main()
{int k,i,j,n; long h,x,y,a[200];
 printf("  请输入数列项数 n: "); scanf("%d",&n);
 for(k=1;k<=n;k++)                                    //  逐项输入数列中的各个整数
   { printf("  请输入数列的第%d 项:   ",k);
     scanf("%ld",&a[k]);
   }
 for(i=1;i<=n-1;i++)
 for(j=i+1;j<=n;j++)
     if(a[i]>a[j])                                    //  数列 n 项进行升序排列
        { h=a[i];a[i]=a[j];a[j]=h;}
 printf("  压缩数列%d 项升序为:   ",n);
 for(j=1;j<=n;j++)                                    //  原始数据升序排序
     printf("  %ld",a[j]);
 for(k=1;k<=n-1;k++)                                  //  控制压缩操作 n-1 次
```

```
    { x=a[k];y=a[k+1];a[k+1]=x*y+1;                    //  实施一次压缩操作
      for(i=k+1;i<=n-1;i++)                             //  压缩操作后升序排列
      for(j=i+1;j<=n;j++)
         if(a[i]>a[j])
            { h=a[i];a[i]=a[j];a[j]=h;}
    }
  printf("\n   该数列压缩所得最大值为：%ld \n",a[n]);
 }
```

3. 程序运行示例与分析

```
请输入数列项数 n：6
分别输入各项：  8  9  2  7  6  3
压缩数列 6 项升序为：  2  3  6  7  8  9
该数列压缩所得最大值为：22117
```

以上算法中的逐个比较排序运算量为 $O(n^2)$，数列压缩的时间复杂度为 $O(n^3)$。

4. 优化操作设计

（1）降低算法的时间复杂度

拟改进逐个比较排序，把实施排序的 2 重循环

```
for(i=k+1;i<=n-1;i++)
for(j=i+1;j<=n;j++)
```

改进为：

```
for(i=k+1;i<=k+2;i++)
for(j=i+1;j<=n;j++)
```

以降低算法的时间复杂度。

（2）改进压缩过程的显示

以上程序只显示最后所得的最大值，压缩操作过程没有显现，看起来不够清楚。

改进过程显示，每一次操作后显示去除的两项与增加的 1 项，对增加的 1 项的来源进行标注。若增加的一项与数列中的原有某些项相同，设置变量 *t* 控制标注只进行一次。

（3）优化操作程序设计

```
//  数列压缩的最大优化程序设计
#include <stdio.h>
void main()
{int i,j,k,n,t; long h,x,y,z,a[200];
 printf("   请输入数列项数 n："); scanf("%d",&n);
 for(k=1;k<=n;k++)                                    //  逐个输入数列中的各个整数
   { printf("   请输入数列的第%d 项：   ",k); scanf("%ld",&a[k]);
   }
  for(i=1;i<=2;i++)
  for(j=i+1;j<=n;j++)
    if(a[i]>a[j])                                     //  求出 n 项的最小 2 项
       { h=a[i];a[i]=a[j];a[j]=h;}
  printf("   原始数据为：");
  for(j=1;j<=n;j++)                                   //  原始数据最小 2 项排前
        printf("%5ld",a[j]);
```

```
for(k=1;k<=n-1;k++)                            // 共操作 n-1 次
  {x=a[k];y=a[k+1];a[k+1]=x*y+1;               // 实施一次操作
   z=a[k+1];
   printf("\n 第%d 次压缩后为：",k);            // 输出压缩操作结果
   for(i=k+1;i<=k+2;i++)
   for(j=i+1;j<=n;j++)                         // 压缩操作后最小 2 项排前
      if(a[i]>a[j])
        {h=a[i];a[i]=a[j];a[j]=h;}
   for(t=0,j=k+1;j<=n;j++)
     { printf("   %ld",a[j]);
       if(a[j]==z && t==0)                     // 注明一次压缩操作数
         { printf("(%ld × %ld+1)",x,y);t++;}
     }
  }
   printf("\n 该数列压缩所得最大值为：%ld \n",a[n]);
}
```

（4）程序运行示例与分析

```
请输入数列项数 n：6
输入数列：  8  9  2  7  3  6
前 2 项最小数据为：   2   3   9   8   7   6
第 1 次操作后为：    6   7(2 × 3+1)   9   8   7
第 2 次操作后为：    7   8   43(6 × 7+1)   9
第 3 次操作后为：    9   43   57(7 × 8+1)
第 4 次操作后为：    57   388(9 × 43+1)
第 5 次操作后为：    22117(57 × 388+1)
该数列压缩所得最大值为：22117
```

第 4 章介绍的快速排序的时间复杂度为 $O(n\log n)$，低于逐个比较排序的时间复杂度 $O(n^2)$。因而把上述算法中的逐个比较排序改进为快速排序，可把数列操作的时间复杂度降低至 $O(n^2\log n)$。

按上述贪心算法，每次只对最小的两项进行操作，因而无须对整个数列排序。这样，把原排序的时间复杂度 $O(n^2)$降低为 $O(n)$，于是整个数列压缩的时间复杂度降低至 $O(n^2)$。

7.5.2 数列压缩的极差

给定一个由 n 个正整数组成的数列，进行一次压缩：去除其中两项 a, b，然后添加一项 $a\times b+1$。经 $n-1$ 次压缩后该数列剩一个数。

在所有按这种压缩操作最后得到的数中，最大值记作 max，最小值记作 min，试求该数列压缩的极差 max−min。

1. 贪心算法设计

采用贪心算法，当数列中有 3 项以上时，为使最后一个数最大，每次操作选择压缩最小的 2 项。为使最后一个数最小，每次操作选择压缩最大的 2 项。

（1）应用贪心策略求取最大

为了得到最大 max，设置控制 $n-1$ 次压缩的 k（1 ~ $n-1$）循环。实施求取最大的贪心策略，即面对数列项求出最小两项 $w[k],w[k+1]$压缩：

$$x=w[k];y=w[k+1];w[k+1]=x\times y+1;$$

其中 x,y 为随后的标注提供数据。压缩后，求出 $w[k+1],\cdots,w[n]$的最小两项，为下一次压缩操作做准备。

（2）应用贪心策略求取最小

为了得到最小 *min*，设置控制 $n-1$ 次操作的 k（$1\sim n-1$）循环。实施求取最小的贪心策略，即面对数列项的最大两项 $w[k],w[k+1]$压缩：

$$x=w[k];y=w[k+1];w[k+1]=x\times y+1;$$

其中 x,y 为随后的标注提供数据。压缩后，x,y 为去掉的项，显然 $w[k+1],w[k+2]$为数列现有项的最大两项（无须排序），为下一次压缩做好准备。

（3）输出极差结果

为使压缩过程清晰，每一次压缩后输出操作结果,设置变量 t 控制标注只进行一次。

最后输出所求极差 max−min。

2. 数列极差程序设计

```
// 数列极差贪心程序设计
#include <stdio.h>
void main()
{int k,i,j,n,t;
 long h,x,y,z,max,min,a[200],w[200];
 printf("  请输入数列项数 n: "); scanf("%d",&n);
 for(k=1;k<=n;k++)                                  // 逐个输入数列中的各个整数
   { printf("  请输入数列的第%d 项:  ",k); scanf("%ld",&a[k]); }
  for(i=1;i<=n-1;i++)
  for(j=i+1;j<=n;j++)
    if(a[i]>a[j])                                   // 对 n 项从小到大排序
      { h=a[i];a[i]=a[j];a[j]=h;}
  printf("\n  最大值压缩: (最小 2 项排前)\n");
  printf("  原始数据排序为: ");
  for(j=1;j<=n;j++)                                 // 原始数据升序排序
     printf("  %ld",a[j]);
  for(j=1;j<=n;j++) w[j]=a[j];
  for(k=1;k<=n-1;k++)                               // 共操作 n-1 次
   {x=w[k];y=w[k+1];w[k+1]=x*y+1;                   // 实施一次操作
    z=w[k+1];
    printf("\n 第%d 次压缩后为: ",k);               // 输出压缩操作结果
    for(i=k+1;i<=k+2;i++)                           // 压缩操作后求最小 2 项
    for(j=i+1;j<=n;j++)
      if(w[i]>w[j])
        { h=w[i];w[i]=w[j];w[j]=h;}
    for(t=0,j=k+1;j<=n;j++)
      { printf("  %ld",w[j]);
        if(w[j]==z && t==0)                         // 注明一次压缩操作数
           { printf("(%ld×%ld+1)",x,y);t++;}
      }
   }
  max=w[n];
  printf("\n  最小值压缩: (最大 2 项排前)\n");
  printf("  原始数据排序为: ");
```

```
    for(j=n;j>=1;j--)                              // 原始数据降序排列
        printf("   %ld",a[j]);
    for(j=1;j<=n;j++) w[n+1-j]=a[j];
    for(k=1;k<=n-1;k++)                            // 共压缩操作 n-1 次
      {x=w[k];y=w[k+1];w[k+1]=x*y+1;               // 实施一次压缩操作
       z=w[k+1];                                   // z 无疑为最大项
       printf("\n   第%d 次压缩后为：",k);
       printf("   %ld(%ld×%ld+1)",z,x,y);          // 输出最大项 z 并实施标注
       for(j=k+2;j<=n;j++)
           printf("   %ld",w[j]);                  // 输出数列的其他项
      }
     min=w[n];
     printf("\n\n     该数列极差为：%ld \n",max-min);
  }
```

3. 程序运行示例与分析

```
请输入数列项数 n：5
输入各项：  9, 2, 7, 6, 4
最大值压缩：(最小 2 项排前)
原始数据排序为：   2   4   6   7   9
第 1 次压缩后为：   6   7   9(2×4+1)   9
第 2 次压缩后为：   9   9   43(6×7+1)
第 3 次压缩后为：   43   82(9×9+1)
第 4 次压缩后为：   3527(43×82+1)

最小值压缩：(最大 2 项排前)
原始数据排序为：   9   7   6   4   2
第 1 次压缩后为：   64(9×7+1)   6   4   2
第 2 次压缩后为：   385(64×6+1)   4   2
第 3 次压缩后为：   1541(385×4+1)   2
第 4 次压缩后为：   3083(1541×2+1)

该数列极差为：444
```

说明：求最大压缩时，数列每压缩一次后需通过比较求出数列项的最小两项，为后一次压缩操作做准备，这是必要的。

而求最小压缩时，数列每操作一次后无需通过比较求出数列项的最大两项，即可省略求出数列项最大两项的比较。因为每次压缩时选择的是最大两项，增加的项无疑为数列的最大项，而其余项降序未变。

在求 max 的 n-1 次压缩中，应用了精简的“逐项比较”求出最小两项的时间复杂度为 $O(n)$，整个算法的时间复杂度为 $O(n^2)$。

7.6 哈夫曼树与编码

哈夫曼（Huffman）树又称为最优二叉树，是一类带权路径长度最小的二叉树。其中哈夫曼编码就是利用哈夫曼树得到的二进制前缀编码，在数据通信与数据压缩领域中有着非常广泛的应用。

7.6.1 构建哈夫曼树

在了解哈夫曼树概念基础上，掌握构建哈夫曼树的哈夫曼算法。

1. 哈夫曼树定义

设二叉树共有 n 个端点，从二叉树第 k 个端点到树的根结点的路径长度 $l(k)$为该端结点（或叶子）的祖先数，即该叶子的层数减 1。同时，每一个结点都带一个权（实数），第 k 个端点所

带权为 $w(k)$。定义各个端结点的路径长 $l(k)$与该点的权 $w(k)$的乘积之和为该二叉树的带权路径长，即

$$wpl = \sum_{k=1}^{n} l(k) \times w(k)$$

对 n 个权值 $w(1),w(2),\cdots,w(n)$，构造出所有由 n 个分别带这些权值的叶结点组成的二叉树，其中带权路径长 wpl 最小的二叉树称为哈夫曼树。

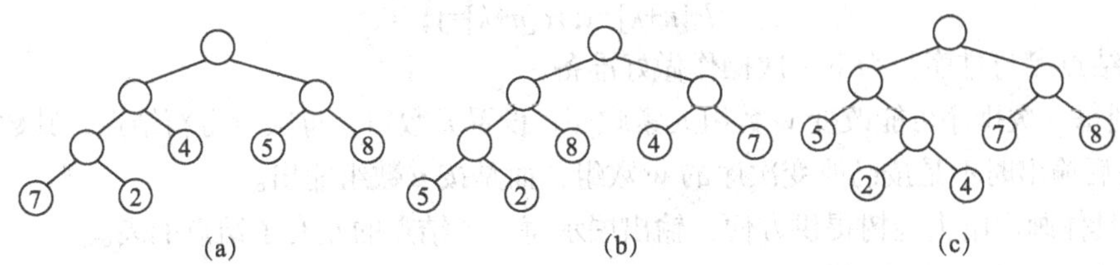

图 7-1　带权值的 3 棵二叉树

例如，给出 5 个权值{5,4,7,2,8}，可生成多棵二叉树，图 7-1 所示为其中的 3 棵，它们的带权路径长 wpl 分别为

（a）$wpl=7\times3+2\times3+4\times2+5\times2+8\times2=61$

（b）$wpl=5\times3+2\times3+8\times2+4\times2+7\times2=59$

（c）$wpl=2\times3+4\times3+5\times2+7\times2+8\times2=58$

比较所有的二叉树，其中图（c）的 wpl 最小，即为对应权{5,4,7,2,8}的哈夫曼树。

2. 哈夫曼算法

如何构造哈夫曼树呢？哈夫曼最早给出了一个贪心策略的算法，称为哈夫曼算法。

（1）哈夫曼算法的操作步骤

1）根据给定的 n 个权值$\{w(1),w(2),\cdots,w(n)\}$构成 n 棵二叉树的森林 $F=(T_1,\cdots,T_n)$。其中每棵二叉树中只有一个带权为 $w(k)$的根结点，其左右子树为空。

2）在 F 中选取两棵结点的权值最小的树作为左右子树构造一棵新的二叉树，且置新的二叉树的根结点的权值为其左右子树上结点权值之和。

3）在 F 中删除这两棵树，同时把新得到的二叉树加入 F 中。

4）重复以上第 2 步和第 3 步，直到 F 只含一棵树为止。这棵树即为哈夫曼树。

对应 4 个权{ 2,4,5,7 }的哈夫曼树生成过程如图 7-2 所示。

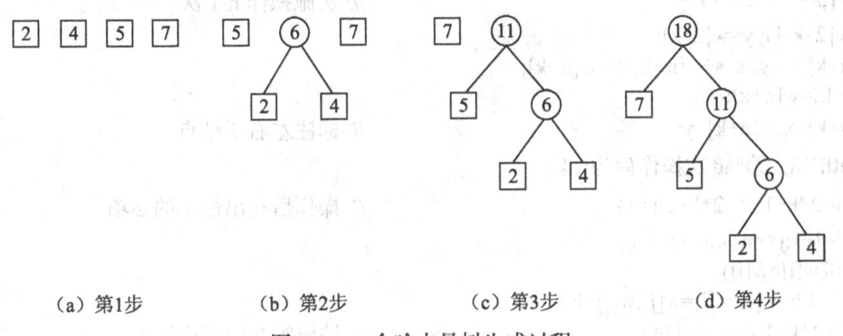

图 7-2　一个哈夫曼树生成过程

图 7-2 所示通过 3 次操作得到哈夫曼树。一般地，如果有 n 个权值，得到哈夫曼树须经共 $n-1$

次操作。

（2）实现哈夫曼算法

1）首先，对给定的 n 个权值作升序排列。

2）设置 n-1 次操作的 k（1 ~ n-1）循环，在第 k 次操作中，由两个最小权值叶结点生成一个新结点，并标注左右子结点：

$$x=w[2\times k-1];\ y=w[2\times k];\ w[n+k]=x+y;$$

$$lc[n+k]=x;\ rc[n+k]=y;$$

3）新结点参与排序，为下一次操作做好准备。

考虑到每一次排序可能改变 w 数组元素顺序，设置 u 数组，每次所得新结点，其数据传送给 u 数组，最后输出时不是按已改变次序的 w 数组，而是按 u 数组输出。

4）为具体画出哈夫曼树提供方便，输出展示每一个结点的左右子结点的表。

3. 构造哈夫曼树程序设计

```
// 构建哈夫曼树程序设计
#include <stdio.h>
void main()
{int k,i,j,n,h,s,x,y,z,w[100],u[100],lc[100],rc[100];
 s=0;
 printf("  请输入权值的个数 n：");
 scanf("%d",&n);
 for(k=1;k<=n;k++)                                  //  逐个输入各个权值
    { printf("  请输入第%d 个权值: ",k);
      scanf("%d",&w[k]);
      u[k]=w[k];
    }
 for(k=1;k<=n;k++)
     lc[k]=rc[k]=0;
 for(i=1;i<=n-1;i++)
 for(j=i+1;j<=n;j++)
     if(w[i]>w[j])                                  // 对 n 个权值从小到大排序
       { h=w[i];w[i]=w[j];w[j]=h;}
 printf("\n  原始权值排序:  ");
 for(j=1;j<=n;j++)                                  // 显示原始数据排序结果
       printf("%d  ",w[j]);
 for(k=1;k<=n-1;k++)                                // 实施操作 n-1 次
  {x=w[2*k-1]; y=w[2*k];
   w[n+k]=x+y; s=s+w[n+k]; z=w[n+k];
   u[n+k]=w[n+k];
   lc[n+k]=x;rc[n+k]=y;                             // 标注左右子结点
   printf("\n  第%d 次操作后为:",k);
   for(i=2*k+1;i<=2*k+2;i++)                        // 操作后找出最小的 2 项
   for(j=i+1;j<=n+k;j++)
      if(w[i]>w[j])
        { h=w[i];w[i]=w[j];w[j]=h;}
   for(j=2*k+1;j<=n+k;j++)                          // 输出第 k 次操作结果
      { printf("  %d",w[j]);
        if(w[j]==z)                                 // 注明数据来源
          printf("(%d+%d)",x,y);
```

```
        }
    }
    printf("\n  最小带权路径长为：%d ",s);
    printf("\n    k= ");
    for(k=1;k<=2*n-1;k++)
       printf("%3d",k);
    printf("\n rc= ");
    for(k=1;k<=2*n-1;k++)
       printf("%3d",rc[k]);                              // 展示左右子结点
    printf("\n    w= ");
    for(k=1;k<=2*n-1;k++)
       printf("%3d",u[k]);
    printf("\n lc= ");
    for(k=1;k<=2*n-1;k++)
       printf("%3d",lc[k]);
    printf("\n");
}
```

4. 程序运行示例与分析

```
请输入权值的个数 n：4
依次输入 4 个权值：2   7   5   4
原始权值排序：  2   4   5   7
第 1 次操作后为:   5    6(2+4)    7
第 2 次操作后为:   7    11(5+6)
第 3 次操作后为:   18(7+11)
最小带权路径长为：35
    k=    1  2  3  4  5  6  7
  rc=    0  0  0  0  4  6 11
    w=    2  7  5  4  6 11 18
  lc=    0  0  0  0  2  5  7
```

根据以上数据，6 的左右为 2,4；11 的左右为 5,6；18 的左右为 7,11。以此不难画出相应的哈夫曼树如图 7-2（d）所示。

以上实施贪心策略构建哈夫曼树的哈夫曼算法的时间复杂度为 $O(n^2)$。

7.6.2 实现哈夫曼编码

1. 哈夫曼编码概述

哈夫曼提出构造最优前缀码的贪心算法，由此产生的编码称为哈夫曼编码。

哈夫曼编码用字符在文件中出现的频率数据来建立一个用 0，1 串表示各字符的最优表示方式。给出现频率高的字符较短的编码，给出现频率较低的字符较长的编码，可以大大缩短总码长。

哈夫曼编码是广泛用于数据文件压缩十分有效的编码方法，其压缩率通常在 20%～90%。

表 7-1　　定长码与变长码

字符	a	b	c	d	e	f	g	h	i	j
频率	23	9	5	20	3	12	7	11	2	8
定长码	0000	0001	0010	0011	0100	0101	0110	0111	1000	1001
变长码	01	1110	11110	00	111111	101	1100	100	111110	1101

例如一个包含100 000个字符的文件，各字符出现频率不同，如表 7-1 所示。定长码需要400 000位，而按表中变长编码方案，文件的总码长为：

(23×2+9×4+5×5+20×2+3×6+12×3+7×4+11×3+2×6+8×4)×1 000=306 000。

变长码比用定长码方案总码长减少了 23%。

对每一个字符规定一个 0、1 串作为其代码，并要求任一字符的代码都不是其他字符代码的前缀。这种编码称为前缀码。

编码的前缀性质可以使译码方法非常简单。

例如，图 7-3 所示的二叉树，约定双亲到左孩子的边上标注数字"0"，到右孩子的边上标注数字"1"，从根结点到每个叶子结点都有一条路径，把该路径上的标注数字排列即可得到各叶子结点对应的二进制编码。

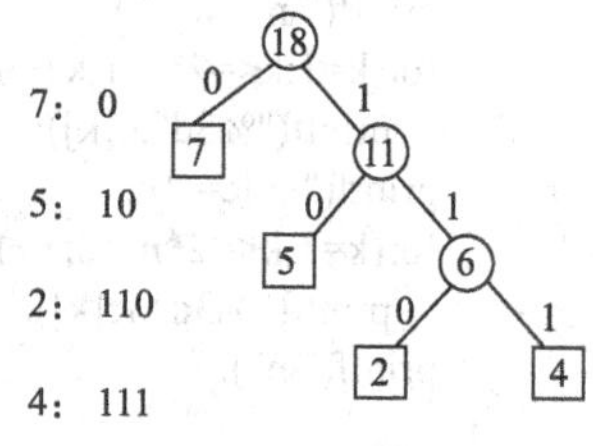

图 7-3　前缀码示例

由图可见，每一个叶结点的前缀都在"藤"上的圆圈结点上，例如⑥结点的"1"是叶结点"2""4"的前缀，⑪结点的"1"是叶结点"5"和"2""4"的前缀。而任何叶结点不在其他叶结点的路径上，即任何叶结点的编码不是其他叶结点编码的前缀。

2. 贪心算法设计要点

已知 6 个字符（a,b,c,d,e,f）的使用频率分别为（5,7,8,14,3,11），试产生各字符的哈夫曼编码。

（1）数据结构

数组 sr：$sr[k]$为第 k 个字符；

数组 w：$w[k]$为第 k 个字符(或结点)的频率。字符与对应的频率存储在相应数组中。

数组 u：各字符频率或结点权值，不参与操作。

数组 b：各字符或结点的顺序号；如 $b[2]=4$，即排序的第 2 位为第 4 号字符（结点）。

数组 lc：各字符或结点的左子号。

数组 rc：各字符或结点的右子号。

数组 p：各字符或结点的双亲号。

数组 q：计算各字符或结点的编码的十进制值。

数组 f：计算各字符或结点的二进制值位数。

数组 g：各字符或结点的编码十进制值转换成的二进制数码。

（2）构建哈夫曼树

设置 n−1 次操作的 k（1 ~ n−1）循环；对每一个 k，设置 j（1 ~ 2）循环，比较产生须去掉的两个元素号 $b[2\times k-2+j]$（每产生一个，该元素置非常大，例如 $w[b[2\times k-2+j]]=20000+k+j$，以避免干扰后面的比较）。

产生一个新的结点：

$$u[n+k]=u[b[2\times k-1]]+u[b[2\times k]];$$

标注该结点的左右后继与双亲地址：

$$lc[n+k]=b[2\times k-1];rc[n+k]=b[2\times k];$$

$$p[b[2\times k-1]]=n+k;p[b[2\times k]]=n+k;$$

至 $u[2\times n-1]$产生后结束构建哈夫曼树。

（3）编码数值运算

根据左边标注"0"右边标注"1"的规则，设置 k（$2\times n-1$ ~ $n+1$）循环逐级反推，前一级的

数值须乘 2,即

$$q[lc[k]]=q[k]\times 2+0;\ q[rc[k]]=q[k]\times 2+1;$$

$$f[rc[k]]=f[lc[k]]=f[k]+1;$$

为了输出 $q[k](k=1,2,\cdots,n)$的哈夫曼编码，应用 g 数组存储分离 $q[k]$的各个二进制数字 $g[i](i=1,\cdots,j)$。

输出时先输出 $f[k]-j$ 个前置“0”，然后输出 $g[i]$（$i=j,\cdots,1$）。

3. 实现哈夫曼编码程序设计

```
// 实现哈夫曼编码程序设计
#include <stdio.h>
void main()
{int a,k,i,j,n,u[100],b[100],lc[100],rc[100];
 int f[100],g[100],p[100],q[100];
 char sr[]=" abcdef";
 int w[]={0,5,7,8,14,3,11};                          // 应用数组存储各字符及其对应的频率
 printf("   请输入字符个数 n：");
 scanf("%d",&n);
 for(k=1;k<=2*n;k++)
     { p[k]=lc[k]=rc[k]=0;q[k]=0;}
 printf("        %d 个字符分别为:   ",n);
 for(j=1;j<=n;j++)                                   // 显示原始权值数据
     printf(" %c    ",sr[j]);
 printf("\n    对应的频率分别为:   ");
 for(j=1;j<=n;j++)                                   // 显示原始权值数据
    { printf("%2d    ",w[j]);u[j]=w[j];}
 printf("\n");
 for(k=1;k<=n-1;k++)                                 // 实施操作 n-1 次
 {for(j=1;j<=2;j++)
    {b[2*k-2+j]=1;
     for(i=2;i<=n+k-1;i++)
       if(w[i]<w[b[2*k-2+j]])
            b[2*k-2+j]=i;                            // b[i]排序后第 i 位的原号数
     w[b[2*k-2+j]]=20000+k+j;
    }
     u[n+k]=u[b[2*k-1]]+u[b[2*k]];w[n+k]=u[n+k];
     lc[n+k]=b[2*k-1];rc[n+k]=b[2*k];                // 标注左右后继,左小右大
     p[b[2*k-1]]=n+k;p[b[2*k]]=n+k;                  // 标注双亲地址
  }
  printf("\n    k   da   p    lc   rc\n");
  for(k=1;k<=2*n-1;k++)
  printf("%4d%4d%4d%4d%4d\n",k,u[k],p[k],lc[k],rc[k]);
  q[2*n-1]=0;f[2*n-1]=0;
  for(k=2*n-1;k>n;k--)
    { q[lc[k]]=q[k]*2+0; q[rc[k]]=q[k]*2+1;
      f[rc[k]]=f[lc[k]]=f[k]+1;
    }
  printf("  k   da    bite \n");
  for(k=1;k<=n;k++)
```

```
        {if(q[k]==0) {j=1;g[1]=0;}
         else
         { a=q[k];j=0;
           while(a>0)
             {j++;g[j]=a%2;a=a/2;}
         }
      printf("   %c     %2d      ",k+96,u[k]);                    // 输出各字符的频率与编码
      for(i=1;i<=f[k]-j;i++) printf("0");
      for(i=j;i>=1;i--)        printf("%d",g[i]);
      printf("\n");
    }
  }
```

4. **程序运行示例与说明**

```
请输入字符个数 n：6
  6 个字符分别为:    a    b    c    d    e    f
对应的频率分别为:    5    7    8   14    3   11
     K      da      bite
     a       5      001
     b       7      110
     c       8      111
     d      14       10
     e       3      000
     f      11       01
```

说明：如果需构建相应的哈夫曼树，（省略显示）输出的前一个表可提供方便。

后一个表直接输出相应字符的哈夫曼编码。由表可以看出，频率最高的 d,f 的编码只为 2 位，其他字符频率较低，编码为 3 位。

请运行程序，验证表 7-1 中变长码的正确性。

哈夫曼编码的时间复杂度为 $O(n^2)$。

7.7 贪心算法小结

动态规划与贪心算法都是求解最优化问题的常用算法，须明确这两种算法在应用上的不同点。

1. 着眼点不同

动态规划算法求解最优化问题，着眼全局，通过建立每一阶段状态转移之间的递推关系，并经过递推来求取最优值。

贪心算法在求解最优化问题时，着眼局部，从初始阶段开始，每一个阶段总是作一个使局部最优的贪心选择，不断地将问题转化为规模较小的子问题，最后求得最优化问题的解。

2. 求解的结果可能不同

动态规划算法是求解最优化问题的有效算法，其结果总是最优的。

贪心算法在求解最优化问题时，每一决策只着眼于当前局部最优的贪心选择。这样处理，对大多数优化问题能得到最优解，但有时并不能求得最优解。

例 7-3 应用贪心算法处理 0-1 背包问题。

已知 6 种物品和一个可载重量为 60 的背包，物品 i（i=1,2,⋯,6）的重量分别为{ 15,17,20,12,9,14 }，产生的效益分别为{ 32,37,46,26,21,30 }。在装包时每一件物品可以装入，也可以不装，但不可拆开装。确定如何装包，使所得装包总效益最大。

分以下 3 种情形作贪心选择。

（1）按物品的效益从高到低选择

效率从高到低排序为（46,37,32,30,26,21）,对应的物品重量为（20,17,15,14,12,9）。

因背包的载重量为 60，即选择物品重量为（20,17,15）装包，装包总效益为

$$46+37+32=115$$

（2）按物品的单位重量效益从高到低选择

单位重量效益从高到低排序，其对应物品效益为（21,46,37,26,30,32）,对应的物品重量为（9,20,17,12,14,15）。

因背包的载重量为 60，即选择物品重量为（9,20,17,12）的物品装包，装包总效益为

$$21+46+37+26=130$$

（3）按物品的重量从小到大作贪心选择

物品重量从小到大排序，物品重量为（9,12,14,15,17,20），其对应物品效益为（21,26,30,32,37,46）。

因背包的载重量为 60，即选择物品重量为（9,12,14,15）的物品装包，装包总效益为

$$21+26+30+32=109$$

应用第 6 章介绍的动态规划求解这一多阶段决策问题，得到结果：选择第 2,3,5,6 号物品，其重量和与效益和分别为

17+20+9+14=60（重量满足背包载重要求)

37+46+21+30=134

这一 1-0 背包问题的最优值即装包效益的最大值为 134，所用 3 种贪心选择都未能得到最优值。

3. 求解效率上的差异

动态规划存在一个空间的问题，随着问题数量的增大，数组维数的增加，其效率与求解范围受到限制。

从求解效率来说，贪心算法比动态规划要高，且一般不存在空间限制的影响，因而贪心算法常用于一些数据规模较大而动态规划无能为力时的最优化求解。

习题 7

7-1　删除数字求最小值。

给定一个高精度正整数 a，去掉其中 s 个数字后按原左右次序将组成一个新的正整数。对给定的 a,s 寻找一种方案,使得剩下的数字组成的新数最小。

7-2　枚举求解埃及分数式。

本章应用贪心算法构造了埃及分数式：3/11=1/5+1/15+1/165，试用枚举法求解分数 3/11 的所有 3 项埃及分数式，约定各项分母不超过 200。

7-3　币种统计。

单位给每个职工发工资（约定精确到元），为了保证不至临时兑换零钱，且使每个职工取款的

张数最少，请在取工资前统计所有职工所需的各种票面（约定为 100,50,20,10,5,2,1 元共 7 种）的张数，并验证币种统计是否正确。

7-4　只显示两端的取数游戏。

A 与 B 玩取数游戏：随机产生的 $2n$ 个整数排成一排，但只显示排在两端的数。两人轮流从显示的两端数中取一个数，取走一个数后即显示该端数，以便另一人再取，直到取完。

胜负评判：所取数之和大者为胜。

A 的取数策略：“取两端数中的较大数”这一贪心策略。

B 的取数策略：当两端数相差较大时，取大数；当两端数相差为 1 时，随意选取。

试模拟 A 与 B 取数游戏进程，$2n$ 个整数随机产生。

7-5　全显取数游戏。

A 与 B 玩取数游戏：随机产生的 $2n$ 个整数排成一排，但只显示排在两端的数。两人轮流从显示的两端数中取一个数，取走一个数后即显示该端数，以便另一人再取，直到取完。

胜负评判：所取数之和大者为胜。

A 说：还是采用贪心策略，每次选取两端数中较大者为好。虽不能确保胜利，但胜的概率大得多。

B 说：我可以确保不败，但有两个条件：一是我先取；二是明码，即所有整数全部显示。

试模拟 A、B 的取数游戏。

7-6　翻转硬币游戏。

随机产生一个 100×100 硬币矩阵，有的硬币正面朝上，有的硬币反面朝上。

每次可以把矩阵中一整行或者一整列的所有硬币翻过来，请问怎么翻转，才能使得正面朝上的硬币数最多。

对于如此规模矩阵，试应用贪心算法设计求解。

第 8 章 分支限界法

分支限界法（branch and bound method）是一种按层次遍历（广度优先）次序搜索解空间树求解最优化的搜索算法。

本章简要介绍分支限界法，并应用分支限界设计求解迷宫的最短通道、装载问题、0-1 背包问题与 8 数码游戏等典型案例。

8.1 分支限界法概述

分支限界法与回溯法类似，是在问题的解空间树上搜索问题解的算法。

这两个算法在求解目标上不同：回溯法的求解目标是找出解空间树上满足约束条件的所有解，而分支限界法的求解目标是找出满足条件的一个解，或是在满足约束条件下找出某一函数值达到极大或极小的解，即某种意义下的最优解。

由于求解目标不同，导致这两个算法在搜索次序不同：回溯法按前序遍历（深度优先）次序搜索解空间树，而分支限界法按层次遍历（广度优先）次序或以最优条件优先方式搜索解空间树。广度优先与深度优先搜索示意如图 8-1 所示。

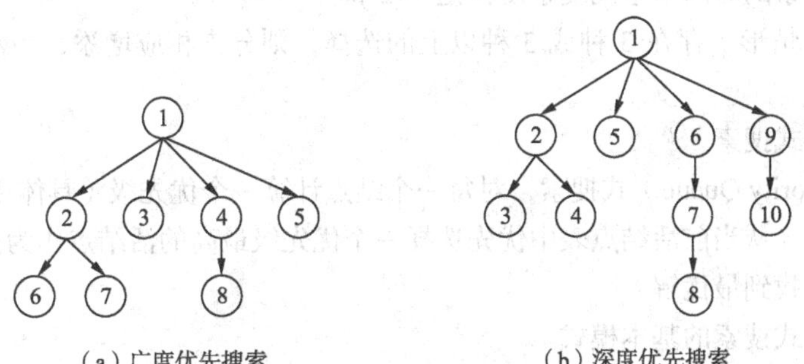

图 8-1　广度优先与深度优先搜索示意图

1. 分支限界策略组成

分支限界法由“分支”策略与“限界”策略两部分组成。

（1）“分支”策略体现在对问题解空间按广度优先的策略进行搜索。

“分支”是采用广度优先的策略，依次搜索活结点的所有分支，也就是所有相邻结点。在生成的结点中，抛弃那些不满足约束条件或不可能导出可行解的结点，其余结点加入活结点表。然后从表中选择一个结点作为下一个活结点，继续搜索。

（2）“限界”策略是为了加快搜索速度而采用启发信息剪枝的策略。

为了加速搜索进程，在每一个活结点处，计算一个函数值（限界），并根据函数值从当前活结点中选择一个最有利的结点作为扩展结点，使搜索朝着解空间树上有最优解的分支推进，以便尽快找出一个最优解。

2. 扩展结点的两种方式

（1）队列式（FIFO）搜索

先进先出 FIFO（First In First Out）搜索依赖“队”做基本数据结构。开始把根结点作为唯一活结点，根结点入队。从活结点队中取出根结点后，作为当前扩展结点。对当前扩展结点，先从左至右地产生它的所有儿子，用约束条件检查，把所有满足约束条件的儿子加入活结点队列中。再从活结点表中取出队首结点（最先进来的结点）为当前扩展结点，直至找到一个解或活结点队列为空。

尽管是先进先出，实际应用中通常根据具体实际分批进行扩展。

例如，针对二叉树 n 层搜索，实现广度优先队列式先进先出搜索的基本模式。

```
<赋初值,第 1 层处理>;
kb=0;ke=1;
for(m=2;m<=n;m++)                                   // 分 m 层扩展处理
{ for(k=kb;k<=ke;k++)                               // 前一层各结点分别扩展
     { d++; <第 k 结点 0 支处理>;
       if(<条件判断>) { d++;<第 k 结点 1 支处理 >;}
       else <截枝>
     }
   kb=ke+1;ke=d;                                    // 为下一层循环扩展赋参数
}
```

尽管在根据条件各层分支可进行部分截枝，但总体指数型的复杂度不会改变，即入队结点数 d 是 2^n 数量级，搜索的时间与空间复杂度都是 $O(2^n)$。

如果对每层（情形）存在 3 种或 3 种以上的选择，则分支相应增添，当然复杂度也相应地更高。

（2）优先队列式搜索

优先队列（Prority Queue）式搜索，对每一个结点计算一个优先级（具体用评估函数表示），并根据这些优先级，从当前活结点表中优先选择一个优先级最高的活结点作为扩展结点，加速搜索进程，以便尽快找到最优解。

实现优先队列式搜索的基本模式。

```
<赋初值,第 1 层处理>;
kb=0;ke=1;
for(m=2;m<=n;m++)                                   // 分 m 层扩展处理
  { for(k=kb;k<=ke;k++)                             // 前一层各结点分别扩展
     { <计算评估函数值 f<k>>;
       if(<f<k>比较并选择>) { d++;<第 k 结点处理 >;}
       else <截枝>
```

```
    }
  kb=ke+1;ke=d;                                    // 为下一层循环扩展赋参数
  }
```

优先队列式搜索可大大缩减活结点数，但搜索效果如何，关键取决于根据所求解问题的具体实际确定的评估函数。

8.2　搜索迷宫最短通道

所谓迷宫就是一个 0-1 数阵，数阵中每一个元素（相当于迷宫中的房子）里标注有整数 1 或 0，其中“0”表示该格可通行，“1”表示该格为障碍，不可通行。

迷宫通道为从迷宫中指定起点按该迷宫规定的行走规则走到指定终点的连贯路径。

迷宫通道的长为指定起点行走到指定终点的连贯路径所经过的“0”的个数（约定含起点与终点的“0”）。对某一个具体问题，迷宫通道可能存在多条，其中有些通道较长，有些通道较短，长度最短的通道称为最短通道。

本节应用分支限界算法探索矩阵迷宫与三角迷宫的最短通道。

8.2.1　矩阵迷宫

对于给定的 n 行 m 列的矩阵迷宫，就是一个 $n \times m$ 的 0-1 矩阵。例如，图 8-2 所示即为一个 12×11 的矩阵迷宫（复制到文件 dt81.txt）。

```
0 1 0 0 0 0 1 0 0 0 1
0 1 0 0 1 0 0 0 1 0 1
0 0 1 0 0 1 1 1 0 0 0
1 0 0 1 0 1 0 0 0 1 0
0 0 0 1 0 1 0 0 0 0 0
0 1 1 0 0 1 0 1 1 0 0
0 0 1 0 1 1 0 0 0 0 0
1 0 1 0 0 0 1 0 0 0 1
0 0 1 1 0 0 1 0 0 0 0
0 1 0 0 0 1 0 0 1 1 1
0 0 0 1 1 1 0 1 0 0 0
0 0 0 1 0 1 0 0 0 1 0
```

图 8-2　一个 12×11 的矩阵迷宫

对于给出的以上矩阵迷宫，试在矩阵上任意指定通道起点（n_1,m_1）与终点（n_2,m_2），搜索从起点到终点的最短通道。

当然，如果指定的起点或终点为不可通行的“1”格，则指出“不可通行”后退出。若迷宫不存在通道，则作“无通道”说明。

输入参数 m_1,n_1,m_2,n_2 ($1 \leqslant n_1 \leqslant n \leqslant 99$, $1 \leqslant m_1 \leqslant m \leqslant 99$) 及 0-1 矩阵迷宫文件 dt81.txt，搜索并输出迷宫的一条最短通道。

1. 广度优先搜索的基本思路

为方便理解广度优先搜索的基本思路，不妨先看一个简单迷宫图示。

图 8-3 所示为通过一个 6×8 方格迷宫，通道的起始位置是 a，终止位置是 b，阴影方格表示迷宫中被封锁不能通过的方格。

要求从“a”格至“b”格通道的最短距离与最短路径。

a	1						
1	2	3	4				
2	3	4			11	12	b
3	4	5	6		10	11	12
	5	6	7	8	9	10	11
		7	8	9	10		12

a							
1							
2	3				11	12	b
	4				10		
	5	6	7	8	9		

图 8-3　迷宫通道搜索

（1）搜索通道的最短距离

从起始方格 a 开始，a 格的四周方格按上下左右顺序搜索，如果未越界且没被封锁，则标注“1”。

“1”格的四周方格按顺序搜索，如果未越界且没被封锁且未标注，则标注“2”。

“2”格的四周方格按顺序搜索，如果未越界且没被封锁且未标注，则标注“3”。

……

直到搜索标注到通道终点方格“b”为止。

这一搜索过程就是从根结点 a 开始逐步向外扩展的过程，直至扩展到终点 b 为止。

显然，图 8-2 所示通道的最短距离为 14(含起始格 a 与目标格 b)。

（2）确定最短通道

从终点格周围格任找一标数字“12”格开始，找周围的“11”格；再找“11”格周围的“10”格，依此类推，直至找到“1”格，即形成一条从“a”开始至“b”的最短通道。

可见，最短通道可能存在多条。

2. 分支限界算法设计

（1）数据结构

设置二维数组 $a[n][m]$：

存储迷宫矩阵各格的数据，这是基础。

设置一维数组 $p[d]$：

存储队列中第 d 结点的位置（前 2 位为行，后 2 位为列），这是在扩展子结点时搜索的依据。

（2）算法扩展结点

根结点为通道的起点（n_1,m_1），即作为根结点赋初值：

$$p[1]=n1\times 100+m1;t=d=s=1;kb=ke=1;$$

其中在 d 为扩展结点队列的序号，从 1 开始递增。

s 为通道步数，s 从 1 开始在循环中递增，依次扩展循环中的已有结点 $k(kb\sim ke)$：

每一结点（队列中第 k 结点）依次按上、下、左、右搜索，每满足相应条件则扩展一个结点。

例如向上扩展，条件为：i>1 && a[i-1][j]==0。

其中边界条件“i>1”为行号须大于 1，第 1 行不能向上扩展。

可通行条件“a[i-1][j]==0”，若其上格为 0，按规定可通行。

每扩展一个结点，队列中的结点数 d 增 1，同时进行记录。

d++;a[i-1][j]=s;p[d]=(i-1)*100+j;

向上扩展的这一结点是否为终点，通过比较确定。若为终点，则标注 t=0 后退出。

第 s 轮的 kb ~ ke 结点依次搜索并扩展完成后，需决定下一轮（s++）的循环扩展，循环变量更新：kb=ke+1;ke=d;

一直扩展到指定目标格，完成搜索。

（3）输出最短通道

搜索完成，输出最短通道的长度 s，直接从终点逆推得一条最短通道。

逆推搜索中 s 递减，对于找到最短通道上的格 a 数组元素赋标志值-1；以后在输出时凡 a 数组值为“-1”输出符号“○”；为对比把所有障碍格输出“●”。

非通道上且非障碍格，显示 a 数组的值即为由起点到该格的最短步数。

当然，如果指定的起点或终点为不可通行的“1”格，则指出“不可通行”后退出。如果不存在通道，肯定出现 $s>m\times n$，则以此条件输出“起点至终点无通道!”后退出。

3. 分支限界程序设计

```
// 分支限界搜索矩阵迷宫最短通道程序设计
#include <stdio.h>
void main()
{ FILE *fp;char fname[30];
  int d,e,m,m1,m2,n,n1,n2,k,kb,ke,i,j,s,t;
  int p[10000],a[100][100];
  printf("  请输入数据文件名: ");gets(fname);                // 输入数据文件名
  if((fp=fopen(fname,"r"))==NULL)
    { printf( "The file was not opened! " ); return;}
  n=12;m=11;
  printf("  请输入通道起点行,列: "); scanf("%d,%d",&n1,&m1);
  printf("  请输入通道终点行,列: "); scanf("%d,%d",&n2,&m2);
  for(i=1;i<=n;i++)
    { for(j=1;j<=m;j++)
      { fscanf(fp,"%d",&a[i][j]);                         // 从文件读数据到二维 a 数组
        printf("%3d",a[i][j]);
      }
     printf("\n");
    }
  if(a[n1][m1]>0 || a[n2][m2]>0)
    { printf("  起点或终点不可通行。");return;}
  p[1]=n1*100+m1;
  t=d=s=1;kb=ke=1;                                        // 循环起始终止量赋初值
  while(1)
  { s++;                                                  // 统计实现目标的步数
    for(k=kb;k<=ke;k++)
    { i=p[k]/100;j=p[k]%100;                              // 当前单元 i 为行号，j 为列号
      if(i>1 && a[i-1][j]==0)                             // 向上搜索
        { d++;a[i-1][j]=s;p[d]=(i-1)*100+j;
          if(i-1==n2 && j==m2)
          {t=0;break;}                                    // 已达到目标退出
        }
       if(i<n && a[i+1][j]==0)                            // 向下搜索
         { d++; a[i+1][j]=s;p[d]=(i+1)*100+j;
           if(i+1==n2 && j==m2)
             {t=0;break;}                                 // 已达到目标退出
         }
       if(j>1 && a[i][j-1]==0)                            // 向左搜索
         { d++;a[i][j-1]=s;p[d]=i*100+j-1;
           if(i==n2 && j-1==m2)
           {t=0;break;}                                   // 已达到目标退出
         }
       if(j<m && a[i][j+1]==0)                            // 向右搜索
         { d++;a[i][j+1]=s;p[d]=i*100+j+1;
           if(i==n2 && j+1==m2)
             {t=0;break;}                                 // 已达到目标退出
```

```
            }
        }
        if(t==0) break;
        kb=ke+1;ke=d;                                          // 下一步搜索的循环参数
        if(s>m*n) {t=2; break;}
    }
    if(t>0) { printf("   起点至终点无通道！   \n");return; }
    printf("   最短通道长度为: %d\n",s);                        // 输出最短通道长度
    printf("   一条最短通道为: \n");                           // 输出一条最小的通道
    a[n1][m1]=a[n2][m2]=-1;i=n2;j=m2;
    while(s>2)                                                 // 逆推最短通道并标记
      {s=s-1;
        if(i>1 && a[i-1][j]==s)                                // 向上逆推
           {a[i-1][j]=-1;i=i-1;continue;}
        else if(i<n && a[i+1][j]==s)                           // 向下逆推
           {a[i+1][j]=-1;i=i+1;continue;}
        else if(j>1 && a[i][j-1]==s)                           // 向左逆推
           {a[i][j-1]=-1;j=j-1;continue;}
        else if(j<m && a[i][j+1]==s)                           // 向右逆推
           {a[i][j+1]=-1;j=j+1;}
      }
    for(i=1;i<=n;i++)
      { for(j=1;j<=m;j++)
          if(a[i][j]==-1) printf("  ○");                       // 输出最短通道上格的标记
          else if(a[i][j]==1) printf("  ●");
          else printf("%3d",a[i][j]);                          // 输出非最短通道上格的值
        printf("\n");
      }
}
```

4. 程序运行示例与说明

```
请输入数据文件名: dt81.txt
请输入通道起点行,列：5,11
请输入通道终点行,列：12,1
最短通道长度为: 32
一条最短通道为:
```

具体输出（最短通道由“○”组成）如图 8-4 所示。

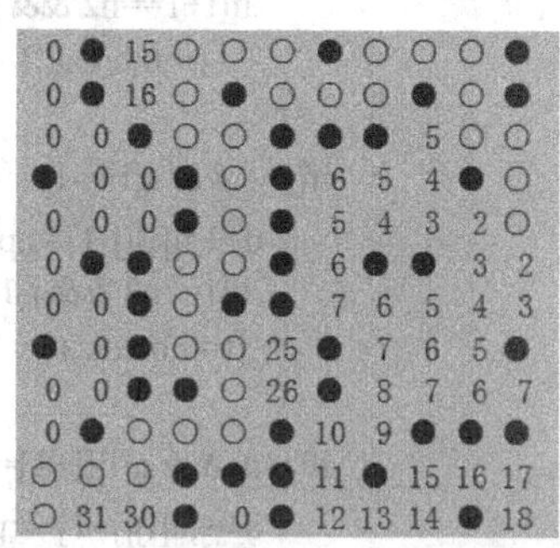

图 8-4　矩阵迷宫的最短通道示意图

输入的数据文件 dt81.txt 的具体数据如图 8-2 所示。输出的最短通道长为 32 步，包含起点与终点在内。

程序对每个结点最多扩充一次，也就是说对矩阵的 $m \times n$ 个格的操作是线性的，即算法的复杂度为 $O(n^2)$。

输出其他整数为从起点至该格的最短步数。例如，输出结果中第 1 行第 3 列的数据为“15”，就是标明从起点（5,11）到该格（1,3）的最短步数为 15 步。而其他标注“0”的点为已扩展到终点后还未曾扩展的可通行“0”格。

8.2.2 三角迷宫

在一个由 n 行，第 i 行有 i 列方格组成的三角迷宫中，每一个方格（相当于迷宫中的房子）里标注有整数 1 或 0，其中“0”表示该格可通行，“1”表示该格为障碍，不可通行。

从三角迷宫的顶点（1,1）走到指定终点（n_2,m_2）的连贯路径称为三角迷宫通道，路径中每一步能往左、往右、往左下、往右下走到相邻的“0”格，不能跳跃走，更不能走出矩阵迷宫的边界。

例如，图 8-5 所示为一个实际的三角迷宫（复制到文件 dt82.txt）。

```
                      0
                    0   1
                  1   0   0
                1   0   1   1
              0   1   0   0   1
            0   0   1   1   0   1
          1   1   0   0   0   0   1
        0   0   0   1   0   0   0   1
      1   0   1   1   1   1   1   1   1
    1   0   0   1   0   0   0   1   0   0
  0   1   0   0   1   0   0   1   1   1   0
0   0   0   0   0   0   0   0   0   0   0   0
```

图 8-5 三角迷宫示意图

1. 分支限界算法设计

（1）数据结构

设置二维数组 $a[n][m]$存储迷宫矩阵各格的数据，这是基础。

设置一维数组 $p[d]$存储队列中第 d 结点的位置（前 2 位为行，后 2 位为列），这是在扩展子结点时搜索的依据。

（2）算法设计

根结点为通道的起点（1,1），即作为根结点赋初值：

$$p[1]=101；t=d=s=1；kb=ke=1;$$

其中在 d 为扩展结点队列的序号，从 1 开始递增。

s 为通道步数，s 从 1 开始在循环中递增，依次扩展循环中各结点 $k(kb \sim ke)$：

每一结点（队列中第 k 结点）依次按左下、右下、左、右次序搜索，每一搜索满足相应条件则扩展一个结点。

例如向左下扩展，条件为："i<n && a[i+1][j]==0"。

其中边界条件 “i<n” 为行号小于 n，第 n 行显然不能向左下扩展。

可通行条件 “a[i+1][j]==0”，若其左下格为 0，按规定可通行。

每扩展一个结点，队列中的结点数 d 增 1，同时进行赋值与记录：

d++;a[i+1][j]=s;p[d]=(i+1)*100+j;

向左下扩展的这一结点是否为终点，通过比较确定。若为终点，则标注 t=0 后退出。

第 s 轮的 kb ~ ke 结点依次搜索并扩展完成后，需决定下一轮（s++）的循环扩展，循环变量更新：kb=ke+1;ke=d;

一直扩展到出现指定目标格，完成搜索。

（3）输出最短通道

搜索完成，输出最短通道的长度 s，直接从终点逆推得一条最短通道（同上）。

为显现所寻求的最短通道，通道上的格输出符号“○”；障碍格输出“●”。

非通道上且非障碍格，显示由起点到该格的最短步数。

当然，如果指定的起点（1,1）或终点（n_2,m_2）为不可通行的“1”格，则指出“不可通行”后退出。如果不存在通道，肯定出现 s>n×n，则以此条件输出“起点至终点无通道!”后退出。

2. 分支限界程序设计

```
// 分支限界搜索三角迷宫最短通道程序设计
#include <stdio.h>
void main()
{ FILE *fp;char fname[30];
int d,e,m,m1,m2,n,n1,n2,k,kb,ke,i,j,s,t;
int p[10000],a[100][100];
printf("   请输入数据文件名: ");
gets(fname);                                    // 输入数据文件名
if((fp=fopen(fname,"r"))==NULL)
{ printf( "The file was not opened！ " ); return;}
n=12;
printf("   请输入通道终点行,列："); scanf("%d,%d",&n2,&m2);
for(i=1;i<=n;i++)
{ for(j=1;j<=2*n+3-2*i;j++) printf(" ");
  for(j=1;j<=i;j++)
    { fscanf(fp,"%d",&a[i][j]);                 // 从文件读数据到二维 a 数组
      printf("%4d",a[i][j]);
    }
  printf("\n");
}
if(a[1][1]>0 || a[n2][m2]>0)
  { printf("   起点或终点不可通行。");return;}
p[1]=101;t=d=s=1;kb=ke=1;                       // 循环起始终止量赋初值
while(1)
{ s++;                                          // 统计实现目标的步数
  for(k=kb;k<=ke;k++)
    { i=p[k]/100;j=p[k]%100;                    // 当前单元 i 行 j 列(j≤i)
      if(i<n && a[i+1][j]==0)                   // 向左下搜索
        { d++;a[i+1][j]=s;p[d]=(i+1)*100+j;
          if(i+1==n2 && j==m2)
            {t=0;break;}                        // 已达到目标退出
        }
      if(i<n && a[i+1][j+1]==0)                 // 向右下搜索
        { d++; a[i+1][j+1]=s;p[d]=(i+1)*100+j+1;
          if(i+1==n2 && j+1==m2)
            {t=0;break;}                        // 已达到目标退出
        }
      if(j>1 && a[i][j-1]==0)                   // 向左搜索
        { d++;a[i][j-1]=s;p[d]=i*100+j-1;
          if(i==n2 && j-1==m2)
            {t=0;break;}                        // 已达到目标退出
        }
      if(j<i && a[i][j+1]==0)                   // 向右搜索
        { d++;a[i][j+1]=s;p[d]=i*100+j+1;
          if(i==n2 && j+1==m2)
            {t=0;break;}                        // 已达到目标退出
```

```
            }
        }
        if(t==0) break;
        kb=ke+1;ke=d;                              // 下一步搜索的循环参数
        if(s>n*n) break;
    }
  if(s>n*n)
    { printf("   起点至终点无通道！  \n");return; }
  printf("   最短通道长度为: %d\n",s);           // 输出最短通道长度
  printf("   一条最短通道为: \n");              // 输出一条最小的通道
  a[1][1]=a[n2][m2]=-1;i=n2;j=m2;
  while(s>2)                                    // 逆推最短通道并标记
    {s--;
      if(i>1 && j>1 && a[i-1][j-1]==s)          // 向左上逆推
        {a[i-1][j-1]=-1;i=i-1;j=j-1;continue;}
      else if(i>1 && j<i && a[i-1][j]==s)       // 向右上逆推
        {a[i-1][j]=-1;i=i-1;continue;}
      else if(j>1 && a[i][j-1]==s)              // 向左逆推
        {a[i][j-1]=-1;j=j-1;continue;}
      else if(j<i && a[i][j+1]==s)              // 向右逆推
        {a[i][j+1]=-1;j=j+1;}
    }
  for(i=1;i<=n;i++)
    { for(j=1;j<=2*n+3-2*i;j++) printf(" ");
      for(j=1;j<=i;j++)
        if(a[i][j]==-1) printf(" ○ ");         // 输出最短通道上格的标记
        else if(a[i][j]==1) printf(" ● ");
        else printf("%3d ",a[i][j]);           // 输出非最短通道上格的值
      printf("\n");
    }
  }
```

3. 程序运行示例与说明

```
请输入数据文件名: dt82.txt
请输入通道终点行,列：12,6
最短通道长度为: 17
一条最短通道为:
```

具体输出（最短通道由“○”组成）如图 8-6 所示。

输入的数据文件 dt82.txt 的具体数据如图 8-4 所示。输出的最短通道长为 17 步，标注“○”，包含起点与终点在内。

输出矩阵中的“1”为障碍格，输出标注“●”。其他整数为从起点至该格的最短步数。例如，输出结果中第 8 行第 1 列的数据为“13”，就是标明从起点（1,1）到（8,1）的最短步数为 13 步。至于其他输出为“0”的格，为尚未

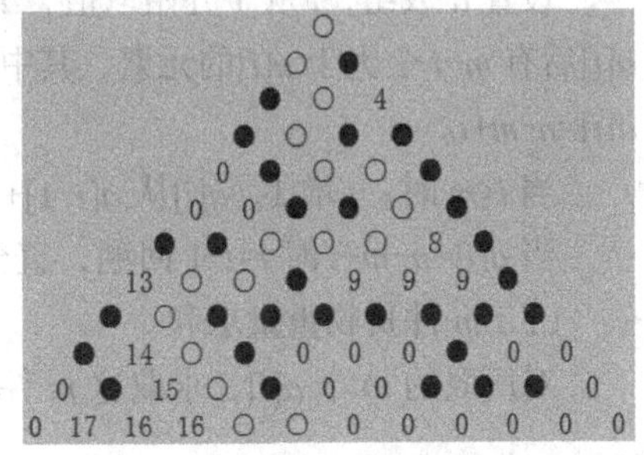

图 8-6　三角迷宫的最短通道输出

搜索到的可行格。

程序对每个可行方格结点最多扩充一次，也就是说对三角数阵的可行格的操作是线性的。以上分支限界算法的实际运行时间与输入的起点与终点实际密切相关，易确定算法的时间复杂度为 $O(n^2)$。

三角迷宫的三角矩阵的 0-1 数据也可以随机产生。

8.3 装载问题

有 n 件货物要装上两艘载重量分别为 c_1,c_2 的轮船，其中货物 i 的重量为 w_i，且 $\sum_{i=1}^{n} w_i \leqslant c_1 + c_2$（这里，$w_i,c_1,c_2$ 均为正数，不考虑货物的体积）。

试求解一个合理的装载方案，把所有 n 件货物装上这两艘船。

若应用动态规划设计求解装载问题，要求各件货物的重量 $w(i)$与两船的载重量 c_1,c_2 均为正整数。当货物的重量或两船的载重量带有小数时，动态规划设计受阻。

以下试应用回溯与分支限界两个不同的算法分别设计求解。

8.3.1 回溯设计

1. 转化策略

装载问题转化为一艘船的装载：设所有货物的重量之和为 s，两船的载重量 c_1，c_2，若载重量为 c_1 的船所载的实际重量 s_1 满足条件：

$$s-c_2 \leqslant s_1 \leqslant c_1 \quad => \quad s-s_1 \leqslant c_2$$

可知两船可顺利完成装载。

因此问题转化为寻求载重量为 c_1 的船的实际载重量 s_1 能否在区间$[s-c_2,c_1]$。也就是说，如果搜索到若干件货物的重量之和满足 $s-c_2 \leqslant s_1 \leqslant c_1$，即为装载问题的一个解。

2. 回溯设计要点

（1）求出装载 c_1 船的货物件数区间

首先应用逐一比较对 n 件货物按重量从小到大排序。

通过求和求出装载 c_1 船的货物最多为 me 件，至少为 mb 件。

（2）在 n 件货物中取 m 件的组合

设置循环 $m(mb \sim me)$，对每一个 m，应用回溯法实现从 1 ~ n 这 n 个数中每次取 m 个数的组合。

设置 a 数组，i 从 1 开始取值，$a[1]$从 1 开始到 n 取值。约定 $a[1],\cdots,a[i],\cdots,a[m]$按升序排列，$a[i]$后有 $m-i$ 个大于 $a[i]$的元素，其中最大取值为 n，显然 $a[i]$最多取 $n-m+i$，即 $a[i]$回溯的条件是 $a[i]=n-m+i$。

当 $i<m$ 时，i 增 1，$a[i]$从 $a[i-1]+1$ 开始取值；直至 $i=m$ 时输出结果。

当 $a[i]=n-m+i$ 时 $i=i-1$ 回溯，直至 $i=0$ 时结束。

（3）m 件货物重量求和

对所取的 m 个 $a[i]$，求取这 m 件货物的重量 $w[a[i]]$之和 c，若满足条件

$$s-c_2 \leqslant c \leqslant c_1$$

则输出一个解，并用 d 统计解的个数。

（4）最后输出装载解的个数 d。若最后 d=0，说明此装载问题无解。

3. 回溯程序设计

```
// 装载问题回溯程序设计
#include <stdio.h>
void main()
{int d,i,j,m,mb,me, n,a[100]; float c,c1,c2,c0,s;
 float w[]={0,26.2,19.1,24,13.3,10,20.4,15.2,12.1,6.3,5,22,7.1,17,27.4,20};
 n=15;                                          // 各货物的重量存储在 w 数组
 printf("  请输入两船的载重量 c1,c2: ");
 scanf("%f,%f",&c1,&c2);
 s=w[1];
 printf("    %d 件货物重量分别为：\n",n);
 printf("    %.1f",w[1]);
 for(i=2;i<=n;i++)
    { printf(", %.1f",w[i]);s+=w[i];}           // s 统计所有货物的重量之和
 printf("\n    总重量为：  %.1f\n",s);
 if(s>c1+c2)  return;                           // 确保 n 件货物重量之和 s 不大于 c1+c2
 c0=s-c2;                                       // 只要装船 1 重量在[c0,c1]即有解
 for(i=1;i<=n-1;i++)
 for(j=i+1;j<=n;j++)
   if(w[i]>w[j])                                // n 件货物按重量从小到大排序
     {c=w[i];w[i]=w[j];w[j]=c;}
 for(c=0,i=1;i<=n;i++)
   { c=c+w[i];
       if(c>c1) {me=i-1;break;}                 // 装载船 1 最多 me 件
   }
 for(c=0,i=n;i>=1;i--)
   { c=c+w[i];
       if(c>c0) {mb=n-i+1;break;}               // 装载船 1 至少 mb 件
   }
 d=0;
 for(m=mb;m<=me;m++)                            // 从 n 件中取 m 件
   {i=1;a[i]=1;
    while(1)
      {if(i==m)
         { for(c=0,j=1;j<=m;j++)
              c=c+w[a[j]];
           if(c0<=c && c<=c1)                   // 满足条件时输出一个解
              { d++; printf("  %d: ",d);
                for(j=1;j<=m;j++)
                    printf("%.1f,",w[a[j]]);
                printf(" s1=%.1f; s2=%.1f\n",c,s-c);
              }
         }
      else
         { i++; a[i]=a[i-1]+1; continue;}
      while(a[i]==n-m+i) i--;                   // 调整或回溯
      if(i>0) a[i]++;
```

```
            else break;
        }
    }
    if(d>0)
        printf("  共有以上%d 种装载法。\n",d);              // 输出所有装载种数
    else   printf("  此装载问题无解。\n");
}
```

4. 程序运行示例与说明

```
请输入两船的载重量 c1,c2:  120,125.2
15 件货物重量分别为:
      26.2, 19.1, 24.0, 13.3, 10.0, 20.4, 15.2, 12.1, 6.3, 5.0,
      22.0, 7.1, 17.0, 27.4, 20.0
总重量为:  245.1
     1: 7.1,19.1,20.4,22.0,24.0,27.4, s1=120.0; s2=125.1
     2: 12.1,17.0,19.1,20.4,24.0,27.4, s1=120.0; s2=125.1
     3: 13.3,17.0,19.1,20.4,24.0,26.2, s1=120.0; s2=125.1
  ……
     34: 5.0,6.3,10.0,12.1,13.3,15.2,17.0,19.1,22.0, s1=120.0; s2=125.1
共有以上 34 种装载法。
```

因为回溯算法的搜索模式是“深度优先”，把所有满足装载条件的共 34 个解全部搜索到。如果把输入的两船的载重量变更，例如输入两船的载重量 c_1=120，c_2=126，则装载条件更为宽松，满足装载条件的解将大幅增加。

8.3.2 分支限界设计

应用“广度优先”搜索的分支限界法探索装载问题，装载的转化策略同上，即转化为船 1 的装载重量 s_1 满足条件：$s-c_2 \leqslant s_1 \leqslant c_1$。

1. 分支限界设计要点

采用广度优先实施搜索，设置 *ws*[*d*]存储活结点队列第 *d* 结点后的重量之和，*r*[*d*]记录第 *d* 结点的父结点。

（1）首先面对 *w*[1]，为 *m*=1 即第一层（初始条件）:

0 分支为不取 *w*[1]，即 *ws*[0]=0; (队列的起点，即第 0 个结点)

1 分支必须先判断：

　　if(w[1]<=c1)，则取，即 ws[1]=w[1];(队列第 1 个结点)

　　if(w[1]>c1)，不可能取，即截枝。

（2）面对 *w*[*m*]，为第 *m*（2～*n*）层，对上一层扩展的第 *k*（*kb*～*ke*）个结点 *ws*[*k*]进行扩展：

0 分支扩展: d++;ws[d]=ws[k];r[d]=k; (此扩展不能省，队列第 d 个结点)

1 分支扩展需判断：

　　若 w[m]+ws[k]>c1，则截枝，不能扩展。

　　若 w[m]+ws[k]<=c1，则扩展：d++;ws[d]=w[m]+ws[k];r[d]=k; (队列第 d 个结点)

（3）在 1 分支扩展情形下判断是否成功：

若满足条件：$s-c_2 \leqslant ws[d] \leqslant c_1$，则 $s_1=ws[d]$完成搜索，退出。

若不满足条件，则继续搜索，直到 *w*[*n*]，即第 *n* 层为止。

（4）第 m 层可能有 2^m 个结点，时间与空间复杂度均为指数级。

为了减少时间与空间复杂度，对每一“1 分支”扩展后查验所得重量 *ws*[*d*]是否处于目标区间内，即若满足条件（ws[d]>=s-c2 && ws[d]<=c1)，所得重量符合装船要求，可省略余下各层及本层余下各个结点的扩展操作，直接退出输出结果。

这一优化无论对缩减时间复杂度，还是对缩减空间复杂度，实际效果明显。尤其当区间间距$[s-c_2,c_1]$比较大时，效果相当显著。

2. 分支限界程序设计

```
// 装载问题分支限界程序设计
#include <stdio.h>
void main()
{int d,m,n,i,t,k,kb,ke,r[30000];
 float c1,c2,c0,s,s1,ws[30000];
 float w[]={0,26.2,19.1,24,13.3,10,20.4,15.2,12.1,6.3,5,22,7.1,17,27.4,20};
 n=15;                                                  // 各货物的重量数据存储在 w 数组
 printf("   请输入两船的载重量  c1,c2: ");
 scanf("%f,%f",&c1,&c2);
 t=0;s=w[1];
 printf("     %d 件货物重量分别为：\n",n);
 printf("     %.1f",w[1]);
 for(i=2;i<=n;i++)
     { printf(", %.1f",w[i]); s+=w[i];}
 printf("\n       货物总重量为：  %.1f\n",s);
if(s>c1+c2)   return;                                  // 确保 n 件货物重量之和 s 不大于 c1+c2
 c0=s-c2; ws[0]=0;
 if(w[1]<=c1)
     { ws[1]=w[1];d=1;r[1]=0; }                        // 赋初值：第 1 层处理
 if(ws[d]>=c0 && ws[d]<=c1)                            // 重量在区间内时退出
     { printf("   船 1 装以下货物：%.1f, ",w[1]);
       printf("   船 2 装其余货物, 共重%.1f.\n ",s- w[1]);
       return;
     }
 kb=0;ke=1;
 for(m=2;m<=n;m++)                                     // 分层扩展处理
     { for(k=kb;k<=ke;k++)                             // 前一层各结点分别扩展
         { d++; ws[d]=ws[k];r[d]=k;                    // 第 k 结点 0 支处理
           if(w[m]+ws[k]<=c1)                          // 第 k 结点 1 支截枝处理
               { d++; ws[d]=w[m]+ws[k];r[d]=k;}        // 记录父结点 r[d]=k;
           if(ws[d]>=c0 && ws[d]<=c1)                  // 重量在区间内时退出
               { s1=ws[d];t=1;break;}
         }
     if(t==1) break;
     kb=ke+1;ke=d;                                     // 本层扩展结点留为下一层循环处理
     }
 if(t==1)
     { printf("    船 1 装以下货物：%.1f, ",w[m]);
       while(d>0)
```

```
        { d=r[k];                                    // 根据父结点记录反推输出
          if(ws[k]>ws[d])
            printf("%.1f, ",ws[k]-ws[d]);
          k=d;
        }
      printf("共重%.1f.\n ",s1);
      printf("    船 2 装其余货物, 共重%.1f.\n ",s-s1);
    }
  else    printf("    此装载问题无解！ \n");              //  输出无解信息
}
```

3. 程序运行示例与分析

```
请输入两船的载重量 c1,c2: 121,125
15 件货物重量分别为：
26.2, 19.1, 24.0, 13.3, 10.0, 20.4, 15.2, 12.1, 6.3, 5.0, 22.0, 7.1, 17.0, 27.4, 20.0
货物总重量为： 245.1
船 1 装以下货物：6.3, 12.1, 15.2, 20.4, 10.0, 13.3, 24.0, 19.1, 共重 120.4.
船 2 装其余货物, 共重 124.7.
```

以上分支限界设计应特别注意。

面对每一件物品，0 分支扩展不能省。同时注意 0 分支扩展后可免除查验是否超重，也无需检查是否为解。

面对每一件物品，1 分支要注意查验重量不超重时才能扩展，超重时“截枝”；且在 1 分支扩展后需检查装载重量是否在目标区间内，如果已达目标区间，即为一个装载解，输出后退出。

对于 n 件物品装包，分支限界对每一物品都面临 2 个选择，尽管有转化策略与部分截枝处理，按广度优先搜索的分支限界的时间复杂度与空间复杂度均为 $O(2^n)$，不适宜 n 比较大时设计求解。

8.4　0-1 背包问题

0-1 背包问题是应用动态规划设计求解的典型案例，在第 6 章已进行过设计探索，但限于背包载重量与各物品重量、各物品产生的效益均为正整数情形。

如果背包载重与各物品重量为正实数，可应用分支限界法设计求解。

已知 n 种物品和一个可载重 c 的背包，物品 i 的重量为 w_i，产生的效益为 p_i。这里诸参量 c,w_i 与 p_i 均可带小数，在装包时每一件物品可以装入，也可以不装，但不可把物品拆开装。

目标函数：$\max\sum_{i=1}^{n} x_i p_i$ ；

约束条件：$\sum_{i=1}^{n} x_i w_i \leqslant c$， $x_i \in \{0,1\}; c, w_i, p_i \in \mathbf{R}^+; i=1,2,\cdots,n$ 。

设计如何装包，使得背包装包总效益最大。

1. 分支限界设计要点

对每一物品，面临装与不装两个选择，即面临选择 0 分支与 1 分支。

采用广度优先搜索，设置 *ws*[*d*]存储活结点队列第 *d* 个结点的装包总重量，*ps*[*d*]存储活结点队列第 *d* 个结点的装包总效益，*r*[*d*]记录第 *d* 个结点的父结点。

（1）首先面对物品 *w*[1],为 *m*=1 即第一层（初始条件）

0 分支为不取 *w*[1]: *d*=0; *ws*[0]=*ps*[0]=0; (队列第 0 个结点，扩展基础)

1 分支为取 *w*[1]，必须先判断:

若 w[1]<=c，则扩展：d=1;ws[1]=w[1];ps[1]=p[1]; (队列第 1 个结点)

若 w[1]>c，则截枝，不作扩展。

同时给出扩展结点循环的起始与终止量 kb=0;ke=d;

（2）面对 *w*[*m*],为第 *m*（2 ~ *n*）层

在 *k* 循环中对上一层扩展的第 *k*（*kb* ~ *ke*）个结点 *ws*[*k*]逐一进行扩展:

0 分支扩展: d++;ws[d]=ws[k];ps[d]=ps[k];r[d]=k; (此扩展不能省)

1 分支先需判断，后扩展:

若 w[m]+ws[k]>c，则截枝，不予扩展。

若 w[m]+ws[k]<=c，则扩展：

d++;ws[d]=w[m]+ws[k];ps[d]=p[m]+ws[k];r[d]=k; (队列第 d 个结点)

如此循环搜索，直到 *w*[*n*]，即第 *n* 层为止。

（3）在 1 分支扩展情形下求取最大效益

在每一个 1 分支扩展后，ps[d]与最大变量 max 比较。

若 ps[d]>max，则{ max=ps[d];w1=ws[d];d1=d;m1=m;}，其中 w1,d1,m1 为记录最大效益时的装包重量、结点序号与层序号。

若 ps[d]<=max，则保持 max 不变。

（4）以表格形式输出

在实施扩展时，应用 *r*[*d*]=*k* 记录 *d* 结点的父结点，同时应用 *t*[*d*]=*m* 记录 *d* 结点所在的层数，即该扩展是对哪一号物品的操作。

输出从 d_1 开始，应用 *r* 数组往前反推，直至 *d*=0 为止。

为实现只对所取物品输出，应用条件“ps[d]>ps[k]”可跳过 0 分支。

2. 分支限界程序设计

```
// 0-1 背包问题分支限界程序设计
#include <stdio.h>
void main()
  { int d,m,n,i,k,kb,ke,m1,d1,x,r[10000],t[10000];
    float c,w1,max,ps[10000],ws[10000];
    float w[]={0,15.1,16.2,19.8,12.2,9.5,13.7,17.6 };
    float p[]={0,32.3,36.5,45.7,16.4,21.8,29.5,41.3};
    n=7;                                              // 各物品的重量与效益存储在数组
    printf("    请输入背包的载重量 c: ");
    scanf("%f",&c);
    printf("    %d 件物品的重量与效益分别为: \n",n);
    printf("    %.1f,%.1f ",w[1],p[1]);
    for(i=2;i<=n;i++)
      printf("; %.1f, %.1f ",w[i],p[i]);
    printf("\n");
    max=0;
```

```
    ps[0]=ws[0]=0;d=r[0]=t[0]=0;
    if(w[1]<=c)
      { ws[1]=w[1];ps[1]=p[1];d=t[1]=1;r[1]=0;} // 赋初值：第 1 层处理
    kb=0;ke=1;
    for(m=2;m<=n;m++)                                 // 分层扩展处理
    { for(k=kb;k<=ke;k++)                             // 前一层各结点分别扩展
      { d++; ws[d]=ws[k];ps[d]=ps[k];r[d]=k;          // 第 k 结点 0 支处理
        if(w[m]+ws[k]<=c)                             // 第 k 结点 1 支处理判别
          { d++; ws[d]=w[m]+ws[k];ps[d]=p[m]+ps[k];
            r[d]=k; t[d]=m;
            if(ps[d]>max)                             // 比较效益最大值
              { max=ps[d];w1=ws[d];d1=d;m1=m;}
          }
      }
    kb=ke+1;ke=d;                                     // 为下一层循环赋参数
  }
  printf("    背包所装物品：\n");
  printf("    编号     重量        效益  \n");
  printf("    %d         %.1f        %.1f \n",m1,w[m1],p[m1]);   // 以表格形式输出
  d=r[d1];
  while(d>0)
    { k=r[d];                                         // 根据父结点记录反推输出
      if(ps[d]>ps[k])
        { x=t[d];
          printf("    %d         %.1f        %.1f\n",x,w[x],p[x]);
        }
      d=k;
    }
  printf("    背包装重%.1f,最大效益为%.1f\n",w1,max);
}
```

3. 程序运行示例与分析

```
请输入背包的载重量 c: 60
7 件物品的重量与效益分别为：
15.1,32.3 ; 16.2, 36.5 ; 19.8, 45.7 ; 12.2, 16.4 ; 9.5, 21.8 ; 13.7, 29.5 ; 17.6, 41.3
背包所装物品：
编号    重量      效益
6       13.7      29.5
5        9.5      21.8
3       19.8      45.7
2       16.2      36.5
背包装重 59.2,最大效益为 133.5
```

对于 n 件物品装包，分支限界对每一物品都面临 2 个选择，尽管有部分截枝处理，按广度优先搜索的分支限界的时间复杂度与空间复杂度均为 $O(2^n)$，不适宜 n 较大时设计求解。

在一般 0-1 背包案例基础上，增加一个约束条件即为二维约束 0-1 背包问题。

已知 n 种物品和一个载重 c，容积 q 的背包，物品 i 的重量为 w_i，容积为 v_i，产生的效益为 p_i。在装包时物品 i 可以装入，也可以不装，但不可拆开装，物品 i 可产生的效益为 $x_i p_i$，这里 x_i

$\in \{0,1\}, c, w_i, v_i, p_i \in \mathbf{R}^+$。

设计如何装包，在载重量不超过 c 且所占容积不超过 q 的限制下使装包效益最大。

这里增添了一个容积条件，因而在 1 分支时判断条件变更：

w[m]+ws[k]<=c && v[m]+vs[k]<=q

算法设计参照以上，这里不予详述。

8.5 8 数码游戏

8 数码游戏是一个有趣的也有难度的二维操作游戏，有些资料称为 8 数码难题。

在一个 3×3 方格矩阵中安放有 8 张编有数码 1～8 的滑牌，同时矩阵中还有一个是空格（用数字“0”表示），各数码能滑向与它相邻的空格。

对指定的 8 数码初始状态与目标状态，试用最少的滑动次数完成从初始状态滑到目标状态，并给出游戏滑动中空位（即“0”）滑动示意轨迹。

例如，图 8-7 所示的初始状态与目标状态，最少需多少次滑动才能完成？

2	6	8
7	1	3
0	5	4

（a）初始状态

1	2	3
8	0	4
7	6	5

（b）目标状态

图 8-7 8 数码游戏的初始状态与目标状态

8.5.1 移动常规设计

问题涉及二维的 9 方格与 8 数码，由于指定的初始状态与目标状态之间的关系不明确，第一步如何滑？接着第二步又如何滑？怎样才能达到目标状态？可见通过最少的滑动次数由初始状态达到目标状态的难度是比较大的。

试用分支限界法设计求解。

1. 游戏是否存在解的讨论

对指定的初始状态是否存在滑动序列达到指定的目标状态，即所指定的问题是否有解？

为此，对每一个状态定义状态变量

$$s = \sum_{k=1}^{8} N(k)$$

为了说明 $N(k)$，试把二维状态按从左到右从上往下的排列次序转化为一维状态（即一个 9 位整数），例如以上的初始状态可转化为整数 268 713 054。

数字 k 的标志量 $N(k)$ 为数字 $k(1\leqslant k\leqslant 8)$在该 9 位整数中其左边（前面）比 k 大的数字的个数。例如数字 3 的前面比 3 大的数字有 3 个（数字 6,8,7），即 $N(3)=3$。

状态量 s 为 8 个数字的 $N(k)$ $(1\leqslant k\leqslant 8)$之和。若状态量 s 为奇数，则该状态为奇状态；若状态量 s 为偶数，则该状态为偶状态。

若初始状态与目标状态同为奇状态或同为偶状态，问题有解。否则，若初始状态与目标状态为一奇一偶，问题无解。

我们证明这一结论。

首先注意到，在矩阵的一行内某一数码和空格左右互换不改变状态的奇偶性，因为各个数码的 $N(k)$没有改变。

在矩阵的一列内一个数码和空格上下互换也不改变状态的奇偶性。

不妨假设空格在下面，上下互换要改变三个数的次序及它们的 $N(k)$值。假设这三个数字的排列依次是 abc，变换后次序变为 bca，在这 3 个数字串中数字 a 由串头变为了串尾，$N(k)$值也相应发生了变化，具体分以下三种情形：

（1）如果 a 小于 b,c，变换后 $N(a)$增 2，其他未改变，显然不改变状态的奇偶性。

（2）如果 a 大于 b,c，变换后 $N(b), N(c)$均减少 1，其他未改变，也不改变状态的奇偶性。

（3）如果 a 介于 b,c 之间：

若 $b<a<c$ 变换后 $N(b)$减少 1，$N(a)$增加 1，$N(c)$未改变，不改变状态的奇偶性。

若 $c<a<b$ 变换后 $N(c)$减少 1，$N(a)$增加 1，$N(b)$未改变，不改变状态的奇偶性。

也就是说，各数码按规则的任何滑动，都不改变状态的奇偶性。若两状态的奇偶性不同，无论怎么滑动，无论滑动多少次，都不能由其中一个状态变为另一个状态。

根据初始状态与目标状态的奇偶性来判别问题是否有解。

例如，以上所列的初始状态容的状态量 sa 为：

```
2 6 8                          sa=N(2)+ N(6)+ N(8)+ N(7)+ N(1)+ N(3)+ N(5)+ N(4)
7 1 3  —>268713054  —>  =  0 + 0 + 0 + 1 + 4 + 3 + 3 + 4
0 5 4                           = 15
```

同样计算得以上目标状态的状态量 sb 为：

```
1 2 3                          sb=N(1)+ N(2)+ N(3)+ N(8)+ N(4)+ N(7)+ N(6)+ N(5)
8 0 4  —>123804765  —>  =  0 + 0 + 0 + 0 + 1 + 1 + 2 + 3
7 6 5                           = 7
```

可见初始状态与目标状态同为奇状态，问题有解。

若把目标状态变更为：

```
1 2 3                          sb=N(1)+ N(2)+ N(3)+ N(8)+ N(4)+ N(7)+ N(5)+ N(6)
8 0 4  —>123804756  —>  =  0 + 0 + 0 + 0 + 1 + 1 + 2 + 2
7 5 6                           = 6
```

初始状态与目标状态为一奇一偶，问题无解，即无论如何滑动，从初始状态均无法达到目标状态。

2. 分支限界常规设计要点

问题求最少的滑动次数，试应用广度优先搜索求解。

（1）算法概述

从初始状态开始，在所有滑动方向滑动一次得到若干个 1 次子状态，这些子状态分别与目标状态比较，是否达到目标。

若没有达到目标，则从每一个 1 次子状态在所有滑动方向分别滑动一次，得到若干个 2 次子状态，这些子状态分别与目标状态比较，是否达到目标。

依此类推，滑动 s 次得到所有的 s 次子状态，这些子状态分别与目标状态比较，是否达到目标，直至达到目标结束。

这样，从滑动一步开始，每滑动一步得到若干个子状态都与目标状态比较。最先得到目标状态的无疑是所求的最少的滑动次数。

对于某一状态来说，空位 0 的位置有以下 3 种情形。

如果空位 0 位于 4 角，则存在 2 个滑动方向，即可产生 2 个子状态。

如果空位 0 位于 4 边，则存在 3 个滑动方向，即可产生 3 个子状态。

如果空位 0 位于矩阵中间，则存在 4 个滑动方向，则可产生 4 个子状态。

如果次数 s 比较大，则 s 次子状态的数量非常大，占用的内存必然非常大。因此有必要实施截枝，以减少子状态的数量。

截枝的依据是不走回头路，即不能回到母状态。例如空格从上往下滑动到中央，不走回头路就是此时空格不能立即从下往上滑动。

通过截枝，对于过程中某一状态来说，空位 0 的位置有以下 3 种情形。

如果空位 0 位于 4 角，则只存在 1 个滑动方向，即只产生 1 个子状态。

如果空位 0 位于 4 边，则只存在 2 个滑动方向，即只产生 2 个子状态。

如果空位 0 位于矩阵中间，则只存在 3 个滑动方向，则只产生 3 个子状态。

（2）数据结构

为便于搜索、比较与记忆搜索路径，设置以下数组。

3 维数组 $a[k][i][j]$，存储搜索过程中的状态队列中第 k 个状态的第 i 行第 j 列的数字。

2 维数组 $b[i][j]$存储目标状态中第 i 行第 j 列的数字。

一维数组 $p[k]$ 存储第 k 个状态中空格即“0”的位置，其值 $i\times 2+j$ 表示“0”在矩阵的第 i 行第 j 列（$0\leqslant i\leqslant 2,0\leqslant j\leqslant 2$）。

一维数组 $q[k]$ 存储第 k 个状态的父状态，例如 $q[45]=7$，即第 45 个状态是由第 7 个状态生成的。

一维数组 $r[k]$ 存储第 k 个状态的路标。

同时，由数组 $or[9]$提供初始状态的 9 数码（含空格“0”），数组 $ta[9]$提供目标状态的 9 数码。

（3）截枝实现

字符↑，↓，→，←的 ASCII 码分别是 24,25,26,27,为打印方便，用数组 $r[m]$表示状态 $a[m][i][j]$ 的空格“0”的移动：

$r[m]=1$ 表示向上“↑”，$r[m]=2$ 表示向下“↓”，$r[m]=3$ 表示向右“→”，$r[m]=4$ 表示向左“←”。

为避免走回头路（例如父状态“0”为下移，此时又上移，回到原状态），对“0”的移动设置截枝条件。

例如对“0”上移设置截枝条件：i0>=1 && r[k]-2

其中“i0>=1”表明要上移，“0”的行号需大于等于 1，如果 $i=0$，即在矩阵的最前面一行无法上移。

而“r[k]-2”为避免走回头路的截枝：其父状态若为下移（$r[k]=2$），此时 $r[k]-2=0$，即此时的上移无法实现；其父状态不为下移（$r[k]\neq 2$），此时 $r[k]-2\neq 0$，即此时不影响上移实现。

（4）状态比较

对搜索过程中得到的每一个状态 $a[k][i][j]$都必须与目标状态 $b[i][j]$进行比较，为此设计比较函数 $g()$：若与目标状态完全相同，返回 1，退出搜索循环，输出“0”路径后结束；否则，继续搜索。

搜索过程可能比较长，即生成的状态个数 m 可能相当大，以至超出内存所能容纳的数额 N（程序约定为 5 000,可根据实际增减）。为此，当 $m\geqslant N$ 时强制退出搜索。

（5）输出“0”的移动路径

在记录的 m 个路标中，实际起作用的只有 s(为最少移动次数)个。

首先，由 q 数组提供的数据在 r 数组中找出最优路径并压缩至 $r[m],r[m-1],\cdots,r[m-s+1]$。最后由 $r[m-s+1]$ 至 $r[m]$ 输出最优路径的路标。

3. 分支限界常规程序设计

```
// 8 数码游戏分支限界常规设计
#include <stdio.h>
#define N 5000
int m,t,a[N][3][3],b[3][3];
void main()
{ int i,j,i0,j0,k,kb,ke,s,as,bs,y,p[N],q[N],r[N];
int g();
int or[9] = {2,6,8,7,1,3,0,5,4};                    // 初始状态数据
int ta[9] = {1,2,3,8,0,4,7,6,5};                    // 目标状态数据
as=bs=0;                                            // 检验初始与目标的奇偶性
for(i=0;i<=7;i++)
for(j=i+1;j<=8;j++)
     { if(or[i]>or[j] && or[j]>0) as++;
     if(ta[i]>ta[j] && ta[j]>0) bs++;
     }
if((as+bs)%2>0)   return;                           // 初始与目标状态不同奇偶，无解!
for(i=0;i<=2;i++)
for(j=0;j<=2;j++)
     a[0][i][j]=or[i*3+j];
printf("    给出的初始状态:   \n");
for(i=0;i<=2;i++)
{ for(j=0;j<=2;j++)
   { printf("   %d",a[0][i][j]);
     if(a[0][i][j]==0)   p[0]=i*3+j;                // 记录初状态数字"0"所在位置
   }
   printf("\n");
}
printf("    需达到的目标状态: \n");
for(i=0;i<=2;i++)
{ for(j=0;j<=2;j++)
   { b[i][j]=ta[i*3+j];printf("   %d",b[i][j]);}
   printf("\n");
}
kb=ke=s=m=0;r[0]=0;                                 // 路标量赋初值
while(1)
{ s++;                                              // 统计实现目标的步数
   for(k=kb;k<=ke;k++)
   { i0=p[k]/3;j0=p[k]%3;
     if(i0>=1 && r[k]-2)                            // "0"可向上移
     { m++;                                         // 统计实现目标过程中状态数
       for(i=0;i<=2;i++)
        for(j=0;j<=2;j++)
```

```
            a[m][i][j]=a[k][i][j];
          a[m][i0][j0]=a[k][i0-1][j0];a[m][i0-1][j0]=0;
          p[m]=(i0-1)*3+j0; q[m]=k; r[m]=1;            // 截枝量赋值确保下次不往下
          if(g() || m>=N) break;                        // 已达到目标，输出结束
        }
      if(i0<=1 && r[k]-1)                               // "0"可向下移
      {   m++;
        for(i=0;i<=2;i++)
        for(j=0;j<=2;j++)
          a[m][i][j]=a[k][i][j];
        a[m][i0][j0]=a[k][i0+1][j0];a[m][i0+1][j0]=0;
        p[m]=(i0+1)*3+j0; q[m]=k; r[m]=2;               // 截枝量赋值确保下次不往上
        if(g() || m>=N) break;                          // 已达到目标，输出结束
      }
    if(j0<=1 && r[k]-4)                                 // "0"向右移
      { m++;
        for(i=0;i<=2;i++)
        for(j=0;j<=2;j++)
          a[m][i][j]=a[k][i][j];
        a[m][i0][j0]=a[k][i0][j0+1];a[m][i0][j0+1]=0;
        p[m]=i0*3+j0+1; q[m]=k; r[m]=3;                 // 截枝量赋值确保下次不往左
        if(g() || m>=N) break;                          // 已达到目标，输出结束
      }
    if(j0>=1 && r[k]-3)                                 // "0"可向左移
      { m++;
        for(i=0;i<=2;i++)
        for(j=0;j<=2;j++)
          a[m][i][j]=a[k][i][j];
        a[m][i0][j0]=a[k][i0][j0-1];a[m][i0][j0-1]=0;
        p[m]=i0*3+j0-1; q[m]=k; r[m]=4;                 // 截枝量赋值确保下次不往右
        if(g() || m>=N) break;                          // 已达到目标，输出结束
      }
    }
    kb=ke+1;ke=m;                                       // 为下一轮扩展结点循环提供参数
    if(t==1) break;
    if(m>=N) return;
    }
    printf("  从初始状态经最少%d 次移动达到目标状态.\n",s);
    printf("  空格%d 次移动依次为:\n",s);
    y=q[m];
    for(k=1;k<=s-1;k++)
      { r[m-k]=r[y];y=q[y];}
    for(k=1;k<=s;k++)
      printf("  %c",r[m-s+k]+23);                       // 输出空格移动路径字符标志
    printf("\n");
    }
    int g()
    { int c,d;
```

```
    for(t=1,c=0;c<=2;c++)                         // 中间第 m 状态与目标状态比较
    for(d=0;d<=2;d++)
      if(a[m][c][d]!=b[c][d]) {t=0;c=2;break;}
  return t;
  }
```

4. 程序运行结果与说明

```
给出的初始状态:
          2 6 8
          7 1 3
          0 5 4
需达到的目标状态:
          1 2 3
          8 0 4
          7 6 5
从初始状态经最少 12 次移动达到目标状态.
空格 12 次移动依次为:
↑ → ↑ → ↓ ↓ ← ↑ ↑ ← ↓ →
```

输出问题的解，即空格“0”的 12 次移动过程。这里的 12 为所求的最小次数，因为算法是“广度优先”搜索，小于 12 次的所有情形均未达到目的。

如果把初始与目标互换，得移动次数相同，移动路径为以上路径的逆反路径。建议修改程序，把初始与目标互换，比较一下程序的运行结果。

8.5.2 数组优化设计

分支限界的突出问题是占用空间太多，精简数组是一项有意义的优化尝试。

1. 数组改进

试把二维状态按从左到右从上往下的排列次序精简为一维状态，即一个 9 位整数。例如以上的初始状态转化为整数 268 103 754。

设置一维数组 long a[40000]，目标为 long b;

其中 $a[0]$为初始状态数，$a[m]$为中间第 m 结点的状态数。此时是否达到目标状态，只需进行 $a[m]$与 b 比较即可。

设 $a[m]$的父结点为 $a[k]$，分析 $a[k]$->$a[m]$，其中 $a[k]$的“0”位于（i,j）位。

这里的关键在于由 $a[k]$分 4 种滑动方向计算 $a[m]$，这是关键，也是难点。

令 v=10^($i\times3+j$)),u=10^(8−($i\times3+j$))。

（1）“0”上移

矩阵位于（i,j）位的“0”上移到(i−1,j)，相当于 $a[k]$位于（i−1,j）位的数字 h 下移到(i,j)，即数字 h 在数 $a[k]$中后移 3 位。

因而 h=($a[k]$/u/1000)%10; 操作：h=$u\times1000$; h=($a[k]$/h)%10;

h 在数 $a[k]$中后移 3 位，即 $a[k]$减少 $h\times(999\times u)$:

$a[m]$=$a[k]$−$h\times(999\times u)$;

例如，由 268734510 的“0”上移得到 268 730 514，需减少 4×(999×1)。注意，此时 h 是与 0 交换的数字 4，u 是 1。

（2）“0”下移

$a[k]$位于（i,j）位的“0”下移到(i+1,j)，相当于 $a[k]$位于（i+1,j）位的数字 h 上移到(i,j)，即

数字 h 在数 $a[k]$中前移 3 位。

因而 $h=(a[k]/u\times 1000)\%10$; 操作：$c=u/1000;h=(a[k]/c)\%10$;

h 在数 $a[k]$中前移 3 位，即 $a[k]$增加 $h\times(999\times u/1000)$:

$a[m]=a[k]+h\times(999\times c)$;

例如，280 163 754 的“0”下移得到 283 160 754，需增加 3*(999*10^6/1000)。注意，此时 h 是与 0 交换的数字 3，u 是 10^6。

（3）“0”右移

$a[k]$位于（i,j）位的“0”右移到$(i,j+1)$，相当于 $a[k]$位于（$i,j+1$）位的数字 h 左移一位到(i,j)，即数字 h 在数 $a[k]$中前移 1 位。

因而 $h=(a[k]/u\times 10)\%10$; 操作：$c=u/10;h=(a[k]/c)\%10$;

数字 h 在数 $a[k]$中前移 1 位，即 $a[k]$增加 $h\times(9\times u/10)$:

$$a[m]=a[k]+h\times(9\times c);$$

例如，268 734 501 的“0”右移得到 268 734 510，需增加 1×(9×10/10)。注意，此时 h 是与 0 交换的数字 1，u 是 10。

（4）“0”左移

$a[k]$位于（i,j）位的“0”左移到$(i,j-1)$，相当于 $a[k]$位于（$i,j-1$）位的数字 h 右移一位到(i,j)，即数字 h 在数 $a[k]$中后移 1 位。

因而 $h=(a[k]/u/10)\%10$; 操作：$h=u\times 10;h=(a[k]/h)\%10$;

h 在数 $a[k]$中后移 1 位，即 $a[k]$减少 $h\times(9\times u)$:

$$a[m]=a[k]-h\times(9\times u);$$

例如，268 730 514 的“0”左移得到 268 703 514，需减少 3*(9*10^3)。注意，此时 h 是与 0 交换的数字 3，u 是 10^3。

当得到一个中间状态 $a[m]$时，通过 $q[m]=k$; 记录 $a[m]$的父状态的下标 k。同时通过 $p[m]=(i-1)\times 3+j$;记录该状态“0”的位置。

在输出结果时，可以利用 r 数组输出 s 步“0”的移动标志。

2. 精简数组程序设计

```
// 8 数字游戏分支限界精简数组设计
#include <stdio.h>
#define N 50000
void main()
{ int i,j,g,s,as,bs,p[N],r[N];
  long b,c,h,k,kb,ke,m,u,v,y,a[N],q[N];
  int or[9] = {2,6,8,7,3,4,5,0,1};              // 初始状态数据
  int ta[9] = {1,2,3,8,0,4,7,6,5};              // 目标状态数据
  as=bs=0;                                       // 检验初始与目标的奇偶性
  for(i=0;i<=7;i++)
  for(j=i+1;j<=8;j++)
    { if(or[i]>or[j] && or[j]>0) as++;
      if(ta[i]>ta[j] && ta[j]>0) bs++;
    }
  if((as+bs)%2>0)   return;                      // 初始与目标状态不同奇偶，无解!
  a[0]=b=0;
  for(i=0;i<=2;i++)
  for(j=0;j<=2;j++)
```

```
    a[0]=a[0]*10+or[i*3+j];                          // 计算初始状态的长数 a[0]
  printf("    给出的初始状态:  \n");
  for(i=0;i<=2;i++)
    { for(j=0;j<=2;j++)
       { printf("   %d",or[i*3+j]);
         if(or[i*3+j]==0) p[0]=i*3+j;                // 记录初状态数字"0"所在位置
       }
     printf("\n");
    }
  printf("   需达到的目标状态: \n");
  for(i=0;i<=2;i++)
    { for(j=0;j<=2;j++)
       { printf("   %d",ta[i*3+j]);
         b=b*10+ta[i*3+j];                           // 计算目标状态的长数 b
       }
       printf("\n");
    }
  kb=ke=m=s=r[0]=0;                                  // 循环起始终止量赋初值
  while(1)
  { s++;                                             // 统计实现目标的步数
    for(k=kb;k<=ke;k++)
      { i=p[k]/3;j=p[k]%3;
        for(v=1,g=1;g<=i*3+j;g++)
           v=v*10;                                   // v=10^(i*3+j)
        u=100000000/v;
        if(i>=1 && r[k]-2)                           // "0"向上移
          { m++; h=u*1000;h=(a[k]/h)%10;             // a[k]位于（i-1,j）位的数字
            a[m]=a[k]-h*(999*u); q[m]=k;             // 数值减少 h(999*u)
            p[m]=(i-1)*3+j; r[m]=1;                  // 截枝量赋值确保下次不往下
            if(a[m]==b || m>=N) break;               // 已达到目标，出结束
          }
        if(i<=1 && r[k]-1)                           //  "0"可向下移
          { m++; c=u/1000;h=(a[k]/c)%10;
            a[m]=a[k]+h*(999*c); q[m]=k;
            p[m]=(i+1)*3+j; r[m]=2;                  // 截枝量赋值确保下次不往上
            if(a[m]==b || m>=N) break;               // 已达到目标，输出结束
          }
        if(j<=1 && r[k]-4)                           // "0"向右移
          { m++;c=u/10;h=(a[k]/c)%10;
            a[m]=a[k]+h*(9*c); q[m]=k;
            p[m]=i*3+j+1; r[m]=3;                    // 截枝量赋值确保下次不往左
            if(a[m]==b || m>=N) break;               // 已达到目标，输出结束
          }
        if(j>=1 && r[k]-3)                           // "0"可向左移
          { m++;h=u*10;h=(a[k]/h)%10;
            a[m]=a[k]-h*(9*u); q[m]=k;
            p[m]=i*3+j-1; r[m]=4;                    // 截枝量赋值确保下次不往右
            if(a[m]==b || m>=N) break;               // 已达到目标，输出结束
          }
      }
```

```
        if(a[m]==b) break;
        if(m>=N) return;
        kb=ke+1;ke=m;
    }
    printf("    从初始状态经最少%d 次移动达到目标状态: \n",s);
    printf("    初始：%09d\n",a[0]);
    y=q[m];
    for(k=1;k<=s-1;k++)
      { r[m-k]=r[y];a[m-k]=a[y];y=q[y];}
    for(k=1;k<=s;k++)
    printf("    %2d: %c,%09d\n",k,r[m-s+k]+23,a[m-s+k]); // 输出空格移动路径字符标志
    printf("\n");
}
```

3. 程序运行结果与说明

```
给出的初始状态:                                   5: ←,268713054
 2  6  8                                         6: ↑,268013754
 7  3  4                                         7: →,268103754
 5  0  1                                         8: ↑,208163754
需达到的目标状态:                                 9: →,280163754
 1  2  3                                        10: ↓,283160754
 8  0  4                                        11: ↓,283164750
 7  6  5                                        12: ←,283164705
 从初始状态经最少 17 次移动达到目标状态:          13: ↑,283104765
 初始: 268734501                                14: ↑,203184765
  1: →,268734510                                15: ←,023184765
  2: ↑,268730514                                16: ↓,123084765
  3: ←,268703514                                17: →,123804765
  4: ↓,268713504
```

可以在程序中输出 s 时输出 m 的值，可知为 m=40 288，即程序产生并检验了 40 288 个中间状态。可见算法尽管作了改进，其占用空间还是非常大的。

8 数码问题具有可逆性，也就是说，如果可以从一个状态 A 移动生成状态 B，那么同样可以从状态 B 移动生成状态 A，这种问题既可以从初始状态出发，搜索目标状态，也可以从目标状态出发，搜索初始状态。

很自然的思路就是双向搜索，以缩减所占用的空间。作为练习，设计双向搜索求解 8 数码问题。

8.6　分支限界法小结

分支限界法是由“分支”策略与“限界”策略两部分组成。“分支”策略体现对问题空间是按广度优先的策略进行搜索；“限界”策略是为了加快搜索速度而采用启发信息剪枝的策略。

1. 分支限界法与回溯法比较

分支限界法与回溯法类似，都是在问题的解空间树上搜索问题的解的算法。这两个算法的主要区别如下。

（1）求解目标不同

回溯法通常求出满足要求的所有解。而分支限界法的求解目标通常是找出满足要求的一个解，或是在满足约束条件的解中找出使某一目标函数值达到最值的最优解。

例如，装载案例中的回溯设计给出了多个解，而分支限界法只给出一个解。

（2）搜索方式不同

回溯法按深度优先进行搜索，而分支限界法按广度优先进行搜索。

例如，装载案例中的回溯设计就是按深度优先进行搜索，而分支限界法设计则是按广度优先进行搜索。

（3）占用内存不同

分支限界法按广度优先搜索，占内存多。而回溯法按深度优先搜索，占内存少。

2. 数据的输入方式

最后顺便谈谈数据的输入方式。

对于个别数据的输入，通常采用从键盘输入，直接而简单。

若数据量较多，例如“装载问题”的各个货物重量，“0-1 背包问题”各物品的重量与效益，“8 数码游戏”的初始与目标状态等，若采用键盘输入则比较费时而烦琐，可采用定义数组赋初值的方式存储在数组元素中。

若数据为二维矩阵形式，如“迷宫”数据，则采用文件输入的方式较为简便。

习题 8

8-1 搜索矩阵迷宫中的最少拐弯通道。

在由文件（dt81.txt）给出的矩阵迷宫中，从指定起点（n_1,m_1）至指定终点（n_2,m_2）可能存在很多的通道，有些通道拐弯（通道中由水平到垂直为拐弯，或由垂直到水平也为拐弯）数较少，而有些通道拐弯数较多。

试搜索矩阵迷宫所有通道的最少拐弯数。

8-2 搜索三角迷宫中的最少拐弯通道。

在由文件(dt82.txt)给出的三角迷宫(如图 8-5 所示)中，从指定起点(1,1)至指定终点(n_2,m_2)，路径中每一步能往左、往右、往左下、往右下走到相邻的“0”格，可能存在很多的通道，有些通道拐弯（通道中由水平到左下、右下为拐弯，或由左下、右下到水平为拐弯，或由左下到右下、由右下到左下也为拐弯）数较少，而有些通道拐弯数较多。

试搜索三角迷宫所有通道的最少拐弯数。

8-3 应用动态规划设计求解矩阵迷宫(dt81.txt)最短通道。

8-4 8 数码游戏双向搜索。

8 数码问题具有可逆性，也就是说，如果可以从一个状态 A 移动生成状态 B，那么同样可以从状态 *B* 移动生成状态 *A*，这种问题既可以从初始状态出发，搜索目标状态，也可以从目标状态出发，搜索初始状态。很自然的思路就是双向搜索，以缩减搜索所占用的空间。

试应用分支限界设计双向搜索求解 8 数码问题。

第9章 模 拟

模拟（simulate）是程序设计生动而难以把握的课题之一。

在自然界与日常生活中，许多现象带有不确定性，有些问题甚至很难建立确切的数学模型，因而对这些实际问题应用常用递推、递归或回溯等算法处理并不适宜，此时可试用模拟进行探索求解。

本章特别推介的“竖式乘除模拟”，是总结推广用于数论高精计算的创新成果。涉及某些高精度计算问题，可尝试模拟竖式乘、除运算进行有效而快捷的处理。

9.1 模拟概述

9.1.1 模拟概念

根据模拟对象的不同特点，计算机模拟可分为随机模拟与决定性模拟两类。

1. 随机模拟

随机模拟的对象是随机事件，其变化过程相当复杂。

随机模拟就是应用计算机语言提供的随机函数值来模拟随机发生的事件，或模拟自然界的一些随机现象。对计算机语言提供的随机函数，设定某一范围内的随机值，并将这些随机值作为参数实施模拟。

在 C 语言中，rand()函数可以用来产生随机数，但不是真正意义上的随机数，是一个伪随机数。rand()函数是根据一个称之为种子的数为基准以某个递推公式推算出来的一个系数，当这个系数很大的时候，就符合正态公布，从而相当于产生了随机数。当计算机正常开机后，这个种子的值是定了的，可以改变这个种子的值使随机数更加贴近自然。C 语言提供了 srand(t)函数，其中参数 t 可根据操作的时间差来定。调用 srand(t)函数相当于随机数发生器初始化，使得随机函数 rand() 产生一个 0 ~ 32 767 的随机整数。

在随机模拟设计时，为了产生某一区间[a,b]中的随机整数，可以应用 C 语言的整数求余运算实现：

```
rand()%(b-a+1)+a;
```

模拟自然界的随机现象与特定条件下的操作过程，可解决一些人工操作力所不及的疑难问题。蒙特卡罗算法是一种以概率和统计理论方法为基础的一种随机模拟方法，可使用随机数（或更常见的伪随机数）来求解很多计算问题的近似解。

例如，用蒙特卡罗算法计算定积分

$$s=\int_a^b f(x)\mathrm{d}x$$

其中：$a<b,0<f(x)<d,x\in[a,b],d\geqslant\max[f(x)]$，如图 9-1 所示。

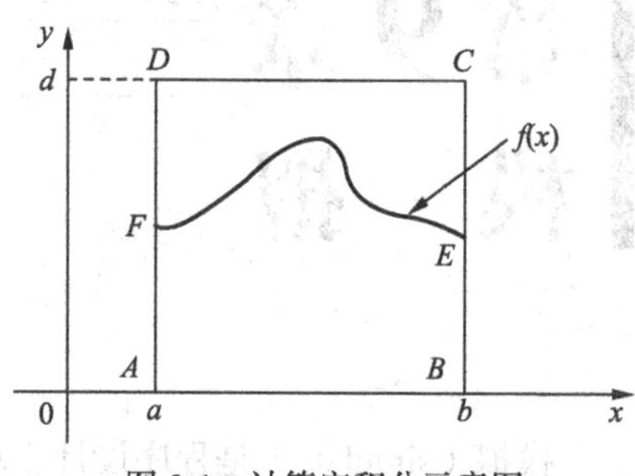

图 9-1 计算定积分示意图

产生 n(n 足够大)个随机分布在长方形 $ABCD$ 上的随机点（x,y），其中 x 是随机分布在$[a,b]$上的随机数，y 是随机分布在$[0,d]$上的随机数。设其中落在曲边梯形 $ABEF$ 上的随机点数为 m，则曲边梯形 $ABEF$ 的面积即定积分 s 的值为：

$$s=\frac{m}{n}(b-a)d$$

例 9–1 应用蒙特卡罗算法计算定积分

$$s=\int_0^3\frac{x\sqrt{1+x^3}}{x^2+2}\mathrm{d}x$$

（1）应用蒙特卡罗算法设计要点

注意到 C 语言中随机函数 rand()表现为整数，作变换：

rand()%10000/10000.0 为（0,1）中的随机数。

a+(b−a)×(rand()%10000/10000.0)为（a,b）中的随机数。

d×(rand()%10000/10000.0)为（0,d）中的随机数。

（2）应用蒙特卡罗算法计算定积分算法描述

```
// 蒙特卡罗算法计算定积分
#include <stdio.h>
#include <math.h>
#include <time.h>
#include <stdlib.h>
void main()
{ long    m,n,k,t;
  double a,b,c,d,s,x,y;
  printf("请输入 n: ");
  scanf("%ld",&n);                          // 输入试验次数
  printf("请输入 a,b: ");
  scanf("%lf,%lf",&a,&b);                   // 输入积分的上下限
  t=time(0)%1000;srand(t);                  // 随机数发生器初始化
  m=0; d=0;
  for(x=a;x<=b;x=x+0.01)
    { c=x*sqrt(1+x*x*x)/(x*x+2);
      if(c>d) d=c;                          // 计算函数纵坐标最大值 d
    }
  for(k=1;k<=n;k++)
    { x=a+(b-a)*(rand()%10000/10000.0);
```

```
        y=d*(rand()%10000/10000.0);
        if(y<=x*sqrt(1+x*x*x)/(x*x+2))              // 体现积分函数式
            m=m+1;                                  // 随机点在曲边梯形内 m 增 1
        }
    s=m*(b-a)*d/n;                                  // 计算曲边梯形的面积
    printf("所求定积分 s=%4.3f \n",s);
    }
```

（3）程序运行与说明

```
请输入 n：10000000
请输入 a,b：1,2
    所求定积分 s= 0.744
```

用蒙特卡罗法模拟计算，应用的程序设计语言的随机函数，属于随机性模拟，计算的结果不是决定性的。如果对相同的参数测试多次，每一次所得结果会有随机偏差。

为了使随机更加贴近自然，在应用随机模拟时，要注意应用 srand(t)函数对所提供的随机数发生器进行初始化。

2. 决定性模拟

决定性模拟是对决定性过程进行的模拟，其模拟的事件按其固有的规律发生发展，最终得出一个明确的结果。

例 9–2 特定洗牌。

给你 $2n$ 张牌，编号为 $1,2,3,\cdots,n,n+1,\cdots,2n$，这也是最初牌的顺序。一次洗牌是把该序列变为 $n+1,1,n+2,2,n+3,3,n+4,4,\cdots,2n,n$。可以证明，对于任意自然数 n，都可以在经过 m 次洗牌后重新得到初始顺序。

编程对小于 10 000 的自然数 n 的洗牌，求出重新得到初始顺序的洗牌次数 m 的值，并显示洗牌过程。

（1）模拟设计要点

设洗牌前位置 k 的编号为 $p(k)$，洗牌后位置 k 的编号变为 $b(k)$。

我们寻求与确定洗牌前后牌的顺序改变规律。

前 n 个位置的编号赋值变化：位置 1 的编号赋给位置 2，位置 2 的编号赋给位置 4，…，位置 n 的编号赋给位置 $2n$，即 $b(2k)=p(k)$（$k=1,2,\cdots,n$）。

后 n 个位置的编号赋值变化：位置 $n+1$ 的编号赋给位置 1，位置 $n+2$ 的编号赋给位置 3，…，位置 $2n$ 的编号赋给位置 $2n-1$，即 $b(2k-1)=p(n+k)(k=1,2,\cdots,n)$。

在循环中每洗一次牌后输出洗牌后的编号，并检测是否复原。若没复原（$y=1$），继续；若已复原（保持 $y=0$），则退出循环。

每次洗牌用 m 统计洗牌次数，复原后输出 m 即洗牌复原的次数。

（2）模拟程序设计

```
// 模拟洗牌复原过程程序设计
#include<stdio.h>
void main()
{int k,n,m,y,p[20000],b[20000];
  printf("   请输入 n：");   scanf("%d",&n);
```

```
printf("初始：");
for(k=1;k<=2*n;k++)                          // 最初牌的顺序
  { p[k]=k; printf("%4d",p[k]);}
m=1;
while(1)
  {y=0;
   for(k=1;k<=n;k++)                          // 实施一次洗牌
      { b[2*k]=p[k]; b[2*k-1]=p[n+k]; }
  for(k=1;k<=2*n;k++)
        p[k]=b[k];
  printf("\n%4d: ",m);                        // 打印第m次洗牌后的结果
  for(k=1;k<=2*n;k++)
     printf("%4d",p[k]);
  for(k=1;k<=2*n;k++)                         // 检测是否回到初始的顺序
     if(p[k]!=k) {y=1;break;}
  if(y==0)
     { printf("\n 经%d次洗牌回到初始状态。\n",m);
       break;
     }
   m++;
  }
}
```

（3）程序运行示例

```
请输入n：10
初始：   1   2   3   4   5   6   7   8   9  10  11  12  13  14  15  16  17  18  19  20
   1:  11   1  12   2  13   3  14   4  15   5  16   6  17   7  18   8  19   9  20  10
   2:  16  11   6   1  17  12   7   2  18  13   8   3  19  14   9   4  20  15  10   5
   3:   8  16   3  11  19   6  14   1   9  17   4  12  20   7  15   2  10  18   5  13
   4:   4   8  12  16  20   3   7  11  15  19   2   6  10  14  18   1   5   9  13  17
   5:   2   4   6   8  10  12  14  16  18  20   1   3   5   7   9  11  13  15  17  19
   6:   1   2   3   4   5   6   7   8   9  10  11  12  13  14  15  16  17  18  19  20
经6次洗牌回到初始状态。
```

如果输入 n=2 018，得经1 830次洗牌回到初始状态。

9.1.2 竖式乘除模拟

竖式乘除运算模拟是模拟整数的四则运算法则的决定性模拟，主要是模拟整数逐位乘或除的竖式计算过程，以求解一些高精度计算与判定问题。

在实施乘除竖式计算模拟之前，必须根据参与运算整数的实际设置模拟量，以模拟乘除竖式计算进程中数值的变化，并判定运算是否结束。

1. 竖式除模拟

（1）变量设置

竖式除模拟，设竖式除过程中被除数为 a，除数为 p，试商所得的商为 $b=a/p$，所得余数为 $c=a\%p$。

实施模拟，可根据问题的具体实际设置模拟循环，并确定终止循环的条件。通常以试商的余数是否为 0 作为竖式除过程是否完成的终止条件：当 $c\neq0$ 时，继续试商下去，直至余数 $c=0$ 时，实现整除，终止模拟。

（2）竖式除示例

例如，被除数是 n 个 1，除数是 2 017，竖式运算如图 9-2 所示。

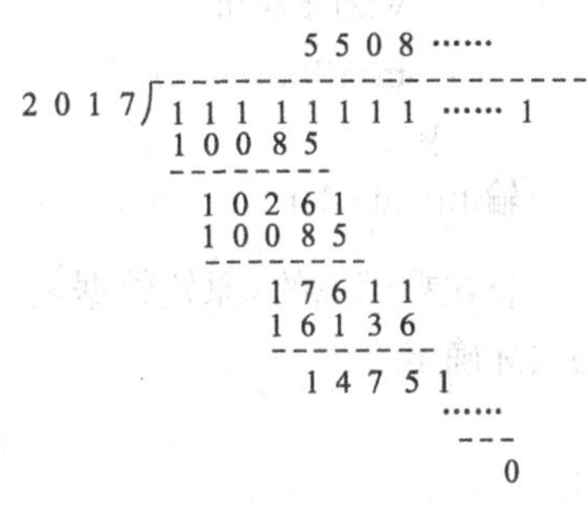

图 9-2　竖式除运算示意

在以上竖式除过程中，在试商循环外余数赋初值 c=1 111,n=4；在条件为 c>0 的试商循环中试商：被除数为 $a=c\times10+1$，除数为 p=2 017，所得的商为 $b=a$/2 017，所得余数为 $c=a$%2 017。

（3）竖式除模拟框架描述

```
输入<原始数据>
确定<初始量>
while(<循环条件>)
   { a=c*t+m;                        // 构造被除数 a，其中 t,m 为<构造量>
     b=a/p;                          // 实施除运算,计算商 b
     printf(b);
     c=a%p;                          // 试商得余数 c
   }
```

其中<原始数据>，<初始量>，<循环条件>与<构造量>等，必须根据所处理案例的具体实际确定。

2. 竖式乘模拟

（1）变量设置

竖式乘模拟通常从低位开始，乘积结果须从高位到低位输出，因此有必要设置数组。通常设 w 数组表示乘运算的一个乘数，也表示该数乘以 p（另一个乘数）的积：

$w(1)$表示个位数，$w(2)$为十位数……

实施竖式乘模拟必须考虑进位，设进位数为 m(通常赋初值 m=0;)。

（2）竖式乘模拟设计要点

乘数的第 k 位数 $w(k)$乘以另一个乘数 p 加上进位数 m 的结果为 $a=w(k)\times p+m$;

然后把所得到的乘积 a 的个位数存储为积的第 k 位数 $w(k)=a\%10$;

而乘积 a 的十位及以上的值作为下轮运算的进位数 $m=a/10$;

乘数 p 与进位数 m 的初值、乘运算的结束条件由所求问题的具体实际确定，通常使乘运算达到某一特定值或达到某一规定位数后结束。

（3）竖式乘模拟框架描述

```
输入<原始数据>
确定<初始量>
while(<循环条件>)
   { k=k+1;
     a=w(k)*p+m;                     // 计算乘积 a，m 为<进位数>
```

```
        w(k)=a%10;                    // 乘积 a 的个位存储到 w(k)
        m=a/10;                       // 乘积 a 的十位以上作为下轮的进位数
     }
   输出(w(d ~ 1));                    // 从高位到低位输出乘积
```

竖式乘模拟的<原始数据>，<初始量>，<循环条件>与<进位数>，须根据所模拟的具体案例的实际确定。

9.2　探求乘数

两位计算机爱好者 A、B 在老师 C 的指导下进行乘数探求游戏。

A：请你任给定一个正整数 p（约整数 p 为个位数字不是 5 的奇数），我可寻求正整数 q，使得 p 与 q 之积为全是“1”组成的整数。

B：也请你任给定一个正整数 p（同样约定整数 p 为个位数字不是 5 的奇数），我可寻求正整数 q，使得 p 与 q 之积为全是由老师指定的“23”组成的整数。

请完成以上两例乘数探求设计。

9.2.1　积为“1”构成

给定正整数 p（约定整数 p 为个位数字不是 5 的奇数），寻求最小的正整数 q，使得 p 与 q 之积为全是“1”组成的整数。

（1）竖式除模拟设计要点

设整数除竖式计算每次试商的被除数为 a，除数为 p（即给定的正整数），每次试商的商为 b，相除的余数为 c。

以余数 $c\neq0$ 作为条件设置条件循环，循环外赋初值：c=111,n=3;或 c=11,n=2 等。

被除数 $a=c\times10+1$，试商余数 $c=a\%p$，商 $b=a/p$ 即为所寻求数 q 的一位。若余数 c=0，结束；否则，继续下一轮试商，直到 c=0 为止。

每商一位，设置变量 n 统计积中“1”的个数，同时输出商 b（整数 q 的一位数）。

“积为 n 个 1 的乘数探求”实施竖式除模拟的参量：

原始数据：个位数字不是 5 的奇数 p（从键盘输入）；

初始量：c=1；n=1；（或 c=11；n=2；设置循环确保 a>p）

循环条件：c!=0；

构造量：m=1（因积的每一位都是“1”）。

（2）竖式除模拟程序设计

```
// 积为 1 构成乘数探求程序设计
#include<stdio.h>
void main()
{ int a,b,c,p,n;
  printf("  请输入整数 p: "); scanf("%d",&p);
  if(p%2==0 || p%10==5)
    { printf("  使乘积 p*q 为若干个 1 的乘数 q 不存在。");
      return;
```

```
    }
   printf("   寻求的最小乘数 q 为: ");
   n=1; c=1;                                    // 确定初始值 n,c
   while(c*10+1<p)
     { n++;c=c*10+1;}                           // 确保后面的 a=c*10+1≥p
   while(c!=0)
     { a=c*10+1;
       c=a%p; b=a/p; n++;                       // 实施除乘竖式计算模拟
       printf("%d",b);                          // 输出整数 q 的一位数
     }
 printf("\n   乘积 p×q 为%d 个 1.\n",n);
 }
```

（3）程序运行示例与说明

```
请输入整数 p: 93
寻求的最小乘数 q 为：1194743130227
乘积 p×q 为 15 个 1.
```

程序中关于初始值 n,c 设定的考虑如下。

若设置 n,c 太大，则可能对 p（例如 p=11）比较小时求得的 q 不是最小。

若设置 n,c 太小，则可能对 p 比较大时求得的 q 前面带“0”。

为此，从 n=1,c=1 开始，应用条件循环确保进入循环后 $a=c\times 10+1\geqslant p$。

9.2.2　积为指定数构成

以上探讨了积的构成元素为“1”探索设计。

一般地，如果积的构成元素为从键盘输入的任意正整数 z，给出一个乘数 p，探求另一个最小乘数 q，使得 p 与 q 之积为全是由 z 组成的整数。

1. 竖式除模拟设计要点

分两步实施：

（1）模拟除运算求出 n 个 z 被 p 整除。由抽屉原理，n 个 z 若能被 p 整除，则 $n\leqslant p$。如果 $n>p$，说明乘积 $p\times q$ 为若干个 z 的乘数 q 不存在。

（2）求出 n 个 z 能被 p 整除之后，再次模拟除运算，对每一个 z 的每一位逐位试商，每试商一位，输出所寻求的 q 的一位。

2. 竖式除模拟程序设计

```
//   积为指定构成乘数探求程序设计
#include<stdio.h>
void main()
{ int b,c,j,k,p,n,x,y,z,d[5]; long a;
   printf("   请确定构成乘积的整数 z: "); scanf("%d",&z);
   y=z;x=1;k=0;
   while(y>0)
     { k++;d[k]=y%10;                     // 求出构成数 z 的位数 k 及各位数字 d[k]
       y=y/10;x=x*10;
     }
```

```
    printf("    请输入整数 p: "); scanf("%d",&p);
    n=1; c=z%p;                                    // 确定初始值
    while(c!=0 && n<=p)
      { n++;
        a=c*x+z;c=a%p;                             // 实施除竖式计算模拟,确定 n 个 z 被 p 整除
      }
    if(n>p)
      { printf("    乘积 p*q 为若干个%d 的乘数 q 可能不存在。",z);
        return;
      }
    y=z;
    while(y<p) y=y*x+z;                            // 确定若干个 z 大于 p
    printf("    寻求的整数 q 为: %d",y/p);
    c=y%p;                                         // 确定初始值
    while(c!=0)
      { for(j=k;j>=1;j--)
          { a=c*10+d[j];
            c=a%p; b=a/p;                          // 实施逐位除竖式计算模拟
            printf("%d",b);                        // 输出整数 q 的一位数
          }
      }
    printf("\n    乘积 p×q 为%d 个%d.\n",n,z);
}
```

3. 程序运行示例与分析

```
请确定构成乘积的整数 z: 63
请输入整数 p: 29
寻求的整数 q 为: 219435736677115987460815047
乘积 p×q 为 14 个 63.
```

以上应用竖式除模拟快捷地求解了“乘数探求”中的两个案例，其中后一个“积的任意指定”案例是前一个案例的拓广。也就是说，前面程序探求的具体数据问题都可以通过后一个程序实现。

这些乘数探求案例尽管涉及高精度计算，算法的时间复杂度均很低，只涉及到积的构成位数。

9.3 尾数前移问题

尾数前移是一个有趣的高精度计算问题，是应用竖式乘除模拟的典型案例。本节在论述一位尾数前移的基础上拓展到多位尾数前移的设计求解。

9.3.1 尾数限一个数字

1. 案例提出

整数 n 的尾数是 9，把尾数 9 移到其前面(成为最高位)后所得的数为原整数 n 的 3 倍，原整数 n 至少为多大?

这是一个曾在《数学通报》上发表的具体的尾数前移问题。

我们要求解一般的尾数前移问题：整数 n 的尾数 q（限为一位）移到 n 的前面所得的数为 n 的 p 倍，记为 $n(q,p)$，这里约定 $1<p\leqslant q\leqslant 9$。

对于指定的尾数 q 与倍数 p，求解 $n(q,p)$。

下面试用竖式乘、除模拟两种方法设计求解。

2. 竖式除模拟设计

（1）模拟设计要点

设 n 为 $efg\cdots wq$（每一个字母表示一位数字），尾数 q 移到前面变为 $qefg\cdots w$，它是 n 的 p 倍，意味着 $qefg\cdots w$ 可以被 p 整除，商即为 $efg\cdots wq$。

注意到尾数 q 前移后数的首位为 q，而第二高位 e 即为所求 n 的首位，第三高位 f 即为 n 的第二高位……这一规律将是构造被除数的依据。

应用竖式除模拟：首先第一位数 q 除以 p（注意约定 $q\geqslant p$），余数为 c，商为 b。输出数字 b 作为所求 n 的首位数。

进入模拟循环，当余数 $c=0$ 且商 $b=q$ 时结束，因而循环条件为：$c!=0 \| b!=q$。

在循环中计算被除数 $a=c\times 10+b$，注意 b 上一轮试商的商；

试商得 $b=a/p$，输出作为所求 n 的一位；

求得余数 $c=a\%p$；

然后 b 与 c 构建下一轮试商的被除数，依此类推。

（2）模拟竖式除程序设计

```
// 尾数前移模拟竖式除程序设计
#include<stdio.h>
void main()
{ int a,b,c,p,q;
  printf("  请输入整数 n 的指定尾数 q:");  scanf("%d",&q);
  printf("  请输入前移后为 n 的倍数 p(q≥p):");  scanf("%d",&p);
  b=q/p;c=q%p;                              // 确定初始条件
  printf("n(%d,%d)=%d",q,p,b);              // 输出 n 的首位 b
  while(c!=0 || b!=q)                       // 试商循环处理
     { a=c*10+b;
       b=a/p;c=a%p;                         // 模拟整数除竖式计算
       printf("%d",b);
     }
 printf("\n");
 }
```

（3）程序运行示例

```
请输入整数 n 的指定尾数 q:9
请输入前移后为 n 的倍数 p(q≥p):3
  n(9,3)=3103448275862068965517241379
```

3. 竖式乘模拟设计

（1）模拟设计要点

设置存储数 n 的 w 数组。从尾数 $w(1)=q$ 开始，乘数 p 与 n 的每一位数字 $w(i)$ 相乘后加进位数

m，得 $a=w(k)\times p+m$；积 a 的十位以上的数作为下一轮的进位数 $m=a/10$；而 a 的个位数此时需赋值给乘积的下一位 $w(i+1)=a\%10$。

当计算的被除数 a 为尾数 q 时结束。

因而尾数前移问题竖式乘模拟参量为：

原始数据：输入尾数字 q，倍数 p；

初始量：$w(1)=q;m=0;k=1;a=p\times q$；

循环条件：$a!=q$；

进位数：$m=a\%10$。

（2）模拟竖式乘程序设计

```
// 尾数前移模拟竖式乘程序设计
#include<stdio.h>
void main()
{ int a,m,j,k,p,q,w[100];
  printf("   请输入尾数字 q,倍数 p(q≥p): ");
  scanf("%d,%d",&q,&p);
  for(j=1;j<100;j++) w[j]=0;                    // 数组清零
  w[1]=q;m=0;k=1;a=p*q;                          // 输入初始量
  while(a!=q)
    { a=w[k]*p+m;
      k++;  w[k]=a%10;m=a/10;                    // 模拟整数乘竖式计算，m 为进位数
    }
  printf("n(%d,%d)=",q,p);
  for(j=k-1;j>=1;j--)                            // 从高位到低位打印每一位
    printf("%d",w[j]);
  printf("\n 共%d 位。\n",k-1);
}
```

（3）程序运行示例与说明

```
请输入尾数字 q,倍数 p(q≥p): 7,6
n(7,6)=1186440677966101694915254237288135593220338983050847457627
共 58 位。
```

对于相同的参数 p,q，应用模拟除与模拟乘设计都可以得到相同的 $n(p,q)$结果，且两种模拟算法复杂度都是位数的线性函数。

9.3.2 尾数为多位数

以上尾数前移设计限尾数为 1 位，我们将把前移的尾数拓广为多位。

整数 n 的尾数 q（可为多位）移到 n 的前面所得的数为 n 的 p 倍，记为 $n(q,p)$。这里约定正整数 p 不大于尾数 q 的首位。

对于指定的尾数 q 与倍数 p，求解 $n(q,p)$。

1．模拟设计要点

设置 e 数组，$e[j]$存储尾数 q 从高位开始的第 j 位；设置 d 数组，$d[j]$存储所求 n 从高位开始的第 j 位。

尾数前移后为 n 的 p 倍，即前移后的整数能被 p 整除，以此实施竖式除模拟求 n 的各位数。

（1）应用逐位求余求得尾数 q 的位数 k 及各位数字。

（2）对 q 的 k 位实施竖式除模拟，求得 n 的前 k 位。

（3）设计竖式除模拟循环，求出 n 的第 $i+k$ 位（$i=1,2,\cdots$）。

循环条件为 $c!=0 \| b!=q$，这里 c 为试商的余数，b 为 $d[i+1],d[i+2],\cdots,d[i+k]$这 k 个数字组成的整数。

当试商余数 c 为 0，且最后的 k 位数字组成的 b 等于尾数 q 时，终止探索，输出 d 数组的共 $i+k$ 位，即所求的 n。

2. 多位尾数前移程序设计

```
// 多位尾数前移模拟除程序设计
#include<stdio.h>
void main()
{ int a,b,c,i,j,k,p,q,x,d[100],e[100];
  printf("  请输入整数 n 的指定尾数 q:");
  scanf("%d",&q);
  printf("  请输入前移后为 n 的倍数 p:");
  scanf("%d",&p);
  k=0;x=q;
  while(x>0)
    { k++;d[k]=x%10;x=x/10;}
  for(j=1;j<=k;j++) e[j]=d[k+1-j];
  if(e[1]<p)
     { printf("  输入的 倍数 p 太大，无解！  \n"); return;}
  for(c=0,j=1;j<=k;j++)
    { a=c*10+e[j];d[j]=a/p;c=a%p;}
  printf("  n(%d,%d)=",q,p);
  i=0;b=0;
  while(c!=0 || b!=q)                          // 试商循环处理
    { i++; a=c*10+d[i];
      d[i+k]=a/p;c=a%p;                        // 模拟整数除竖式计算
      b=0;
        for(j=1;j<=k;j++) b=b*10+d[i+j];
    }
  for(j=1;j<=i+k;j++)
      printf("%d",d[j]);
  printf("\n  共有%d 位。\n",i+k);
}
```

3. 程序运行示例

```
请输入整数 n 的指定尾数 q:31
请输入前移后为 n 的倍数 p:2
n(31,2)=155778894472361809045226130653266331658291457286432
        160804020100502512562814070351758793969849246231
共有 99 位。
```

“尾数前移”案例的竖式乘除模拟求解，从限为 1 位尾数到多位尾数，算法的时间复杂度均很低，只涉及到所求整数 n 的位数。

以上所求的数为高精度数，应用模拟乘除竖式计算得到快速解决。

9.4 阶乘幂与排列组合计算

高精度计算阶乘 $n!$,乘方 n^m,排列数 p(n,m)与组合数 c(n,m)是高精度计算领域中的重要组成部分，这里应用竖式乘除模拟设计统一解决这些高精度计算问题。

根据输入的整数 n 与 m，通过选择准确计算并输出阶乘 $n!$,乘方 n^m,排列数 p(n,m)与组合数 c(n,m)。

1. 竖式乘除设计要点

该题的综合高精度计算涉及 4 个计算项,主要操作是竖式乘除计算。

（1）竖式乘模拟

$$x=a[j]\times b+f;\quad f=x/10;\quad a[j]=x\%10;$$

其中 f 是进位数。乘数 b 随所选计算种类而不同：

当选"^"计算幂 m^n 时，b 固定为 $b=m$。

当选"!"计算阶乘时，$b=i,(i=1,2,\cdots,n)$。

当选"p"计算排列数 p(n,m)时,$b=i,(i=n-m+1,\cdots,n)$。

（2）竖式除模拟

只在选"c"计算组合数 c(n,m)时才会有除模拟：

$$x=f\times 10+a[j];\quad a[j]=x/i;\quad f=x\%i;$$

其中 f 为余数，x 是被除数，除数 i 是变化的，商为 x/i。

2. 高精度综合计算程序设计

```
// 高精度计算阶乘,乘方,排列,组合程序设计
#define MAX 6000
#include<stdio.h>
void main()
{ int d,i,j,x,b,f,n,t,m,a[MAX];
char z;
printf(" !: 计算阶乘  n!   \n");
printf(" ^: 计算乘方  m^n \n");
printf(" p: 计算排列数  p(n,m) \n");
printf(" c: 计算组合数  c(n,m) \n");
printf("------------------\n");
printf("  请选择(!,^,p,c):");scanf("%c",&z);                    // 选择计算项目
if(z!='!' &&   z!='p' &&   z!='^' &&   z!='c')
    { printf("   项目选择错误！ ");return;}
if(z=='!') printf("    计算 n!:\n");
if(z=='^') printf("    计算 m^n:\n");
if(z=='p') printf("    计算 p(n,m):\n");
if(z=='c') printf("    计算 c(n,m):\n");
for(i=0;i<MAX;i++) a[i]=0;a[0]=1;
```

```
    printf("  请输入整数 n:"); scanf("%d",&n);
    if(z!='!')                                          // 输入整数 n,m
        { printf("  请输入整数 m:"); scanf("%d",&m);}
    if(n==0) n=1;
    t=1;
    if(z=='!') printf("  %d!=",n);
    if(z=='^') printf("  %d^%d=",m,n);
    if(z=='p') printf("  p(%d,%d)=",n,m);
    if(z=='c') printf("  c(%d,%d)=",n,m);
    if(z=='p'|| z=='c') t=n-m+1;
    for(d=0,i=t;i<=n;i++)                               // 实施竖式乘模拟
      {if(z=='^')b=m; else  b=i;
        for(f=0,j=0;j<=d || f>0;j++)
          { x=a[j]*b+f; f=x/10; a[j]=x%10;}
        d=j-1;
      }
    if(z=='c')                                          // 当求组合数时实施竖式除模拟
        {for(i=m;i>=2;i--)
            { for(f=0,j=d;j>=0;j--)
                  {x=f*10+a[j]; a[j]=x/i; f=x%i;}
              while(a[d]==0)d--;
            }
        }
    for(f=1,j=d;j>=0;j--)
        printf("%d",a[j]);                              // 逐位输出计算结果
    printf("\n");
    printf("  所得结果共%d 位.\n",d+1);
    }
```

3. 程序运行示例与说明

```
请选择(!,^,p,c):^
请输入整数 n:30
请输入整数 m:23
23^30=71094348791151363024389554286420996798449
共有 41 位.
请选择(!,^,p,c):c
请输入整数 n:90
请输入整数 m:50
c(90,50)=59870908646972742699313758
所得结果共 26 位.
```

以上乘模拟设计数组预定计算到 6000 位，必要时可进行增减。乘模拟的时间复杂度为 $O(nz)$，其中 z 为乘积的位数。

9.5 圆周率高精度计算

应用运算模拟可进行整数的准确计算，也可以进行一些无理数指定精度的近似计算。本节探讨综合应用竖式乘除模拟完成圆周率的高精度计算。

1. 涉及圆周率计算的背景

关于圆周率 π 的计算，历史非常久远，史料相当丰富。

首先是我国古代数学家祖冲之最先把圆周率计算到 3.141 592 6，领先世界一千多年。

其后，德国数学家鲁特尔夫把 π 计算到小数点后 35 位，日本数学家建部贤弘把 π计算到 41 位等。

应用计算机计算圆周率π 曾有过计算到数千万位的报导，主要是通过π的计算宣示大型计算机的运算速度。

试计算圆周率π，精确到小数点后指定的 x 位。

2. 建立数学模型

（1）选择计算公式

计算圆周率π的公式很多，选取收敛速度快且容易操作的计算公式是设计的首要一环。

我们选用以下公式

$$\frac{\pi}{2}=1+\frac{1}{3}+\frac{1\cdot 2}{3\cdot 5}+\frac{1\cdot 2\cdot 3}{3\cdot 5\cdot 7}+\cdots+\frac{1\cdot 2\cdot\cdots\cdot n}{3\cdot 5\cdot\cdots\cdot(2n+1)}$$

$$=1+\frac{1}{3}\left[1+\frac{2}{5}\left(1+\cdots+\frac{n-1}{2n-1}\left(1+\frac{n}{2n+1}\right)\cdots\right]\right. \tag{9.1}$$

（2）确定计算项数

首先，要依据输入的计算位数 x 确定所要加的项数 n。显然，若 n 太小，不能保证计算所需的精度；若 n 太大，会导致作过多的无效计算。可证明，式中分式第 n 项之后的所有余项之和 $R_n < a_n$。因此，只要选取 n，满足 $a_n < \frac{1}{10^{x+1}}$ 即可。即只要使

$$\lg 3+\lg\frac{5}{2}+\cdots+\lg\frac{2n+1}{n}>x+1 \tag{9.2}$$

于是可设置对数累加实现计算到 x 位所需的项数 n。为确保准确，算法可设置计算位数超过 x 位（例如 x+5 位），计算完成后只打印输出 x 位。

3. 竖式乘除模拟设计要点

设置 a 数组，下标根据计算位数预设 20000，必要时可增加。计算的整数值存放在 $a(0)$，小数点后第 i 位存放在 $a(i)$中(i=1,2,⋯)。

依据式（9.1），应用竖式乘除模拟进行计算。

（1）竖式除模拟

数组除以 2n+1，乘以 n，加上 1；再除以 2n−1，乘以 n−1，加上 1……这些数组操作设置在 j (j=n,n−1,⋯,1) 循环中实施。

按公式实施竖式除法模拟操作：被除数为 c，除数 d 分别取 2n+1,2n−1,⋯,3。商仍存放在各数组元素($a(i)$=c/d)。余数(c%d)乘 10 加在后一数组元素 $a(i+1)$上，作为后一位的被除数。

（2）竖式乘模拟

按公式实施竖式乘法模拟操作：乘数 j 分别取 n,n−1,⋯,1。乘积要注意进位，设进位数为 b，则对计算的积 $a(i)$=$a(i)$ × j+b，取其十位以上数作为进位数 b=$a(i)$/10，取其个位数仍存放在原数组元素 $a(i)$=$a(i)$%10。

（3）输出结果

循环实施竖式乘除模拟完成后，按数组元素从高位到低位顺序输出。因计算位数较多，为方便查对，每一行控制打印50位，每10位空一格。

4. 圆周率π的高精度计算程序设计

```
// 高精度计算圆周率π程序设计
#include <math.h>
#include<stdio.h>
void main()
{ float s; int b,x,n,c,i,j,d,l,a[20000];
  printf("    请输入精确位数:");
  scanf("%d",&x);
  for(s=0,n=1;n<=10000;n++)                       // 累加确定计算的项数 n
    { s=s+log10((2*n+1)/n);
      if (s>x+1) break;
    }
  for(i=0;i<=x+5;i++)
    a[i]=0;
  for(c=1,j=n;j>=1;j--)                           // 按公式分步计算
    { d=2*j+1;
      for(i=0;i<=x+4;i++)                         // 各位实施除 2j+1
        { a[i]=c/d; c=(c%d)*10+a[i+1];}
      a[x+5]=c/d;
      for(b=0,i=x+5;i>=0;i--)                     // 各位实施乘 j
        { a[i]=a[i]*j+b;
          b=a[i]/10;a[i]=a[i]%10;
        }
      a[0]=a[0]+1;c=a[0];                         // 整数位加 1
    }
  for(b=0,i=x+5;i>=0;i--)                         // 按公式各位乘 2
    { a[i]=a[i]*2+b;
      b=a[i]/10;
      a[i]=a[i]%10;
    }
  printf("          pi=%d.",a[0]);                // 顺位输出计算结果
  for(l=10,i=1;i<=x;i++)
    { printf("%d",a[i]);l++;
      if (l%10==0) printf(" ");
      if (l%50==0) printf("\n");
    }
  printf("\n");
}
```

5. 程序运行示例与分析

```
请输入精确位数: 200
          pi=3.1415926535 8979323846 2643383279 5028841971
    6939937510 5820974944 5923078164 0628620899 8628034825
    3421170679 8214808651 3282306647 0938446095 5058223172
    5359408128 4811174502 8410270193 8521105559 6446229489
    5493038196
```

设计算π的位数为 n 数量级，所需计算的项数估算约为 $\log n$，以上综合竖式乘除模拟的时间复杂度为 $O(n\log n)$。

9.6 模拟发扑克牌

模拟分发扑克牌，是应用随机模拟的一个典型案例。

试分发扑克“升级”牌，把扑克牌中含有大小王共 54 张牌随机分发给“东、南、西、北” 4 家，每家 12 张，最后底牌保留 6 张。

1. 模拟算法设计

为了确保发牌的随机性，需巧妙应用 C 语言配备的随机函数。

（1）模拟发牌的随机性

模拟发牌必须注意随机性。所发的一张牌是草花还是红心，是随机的；是 5 点还是 J 点，也是随机的。

同时要注意不可重复性。如果在一局发牌中出现两个“黑桃 A”就是笑话了。同时局与局之间也必须随机，如果某两局牌雷同，也不符合发牌要求。

（2）模拟扑克的花色与点数

注意到扑克牌中除大小王之外，有红心、方片、草花与黑桃（其图案分别对应 ASCII 码 3, 4, 5, 6）4 种花色，每一花色有 A、2、3、…、10、J、Q、K 共 13 种点数。

为此，设置取随机整数 x=rand()%4+1，取值为 1 ~ 4，对应 4 种花色；同时设置取随机整数 y=rand()%14，取值为 0 ~ 13，对应王与每种花色的 13 点。

为避免重复，把 x 与 y 组合为 3 位数：$z=x\times 100+y$，并存放在数组 $m(54)$中。发第 i+1 张牌，产生一个 x 与 y，得一个 3 位数 z，数 z 与已有的 i 个数组元素 $m(0),m(1),\cdots,m(i-1)$逐一进行比较。

若不存在相同，则打印与 x,y 对应的牌(相当于分发一张牌)后，然后赋值给 $m(i)$，作为以后发牌的比较之用。

若存在相同，则重新产生随机整数 x 与 y 得 z，再与 m 数组已有的 i 个元素值进行比较。直至产生 54 张牌为止。

（3）模拟大小王

注意到在升级扑克中有大王、小王（其图案的 ASCII 码对应 2，1），它的出现也是随机的。为此，把随机整数 y 的取值放宽到 0 ~ 13，则整数 $z=x\times 100+y$ 可能出现 100,200,300,400。定义若 z=200 时对应大王，z=100 时对应小王，同上作打印与赋值处理。若出现 z=300 或 400，这是没有定义的，则返回重新产生 x 与 y。

（4）随机生成模拟描述

在已产生 i 张牌并存储在 m 数组的 $m(0),m(1),\cdots,m(i-1)$中，产生第 i+1 张牌的模拟算法。

```
for(j=1;j<=10000;j++)
  { x=rand()%4+1; y=rand()%14;          // x 表花色，y 表点数
    z=x*100+y;
    if(z==300 || z==400) continue;
    t=0;
    for(k=0;k<=i-1;k++)
      if(z==m[k]) {t=1;break;}          // 与前产生的牌比较确保不重复
```

```
    if(t==0)
      { m[i]=z;break;}                        // 产生的新牌赋值给 m(i)
  }
```

（5）打印输出

打印直接应用 C 语言中 ASCII 码 1，2 的字符显示小王、大王；ASCII 码 3 ~ 6 的字符显示各花色（对应数值为 x+2）。

同时设置字符数组 d，打印点数时把 y=1, 13, 12, 11 分别转化为 A, K, Q, J。当点数为 10 时（为 2 个字符），需另行设置输出。

注意每一行输出 4 张，对应东、南 、西、北共 4 家。输出 12 行即每家 12 张牌后，从第 49 张开始的 6 张为底牌。

为实现真正的随机，根据时间的不同，设置 t=time()%10000;srand(t) 初始化随机数发生器，从而达到真正随机的目的。

2. 发扑克牌程序设计

```
// 模拟发扑克升级牌程序设计
#include <stdio.h>
#include <stdlib.h>
#include <time.h>
void main()
{int x,y,z,t,i,j,k,m[55];
 char d[15]=" A234567891JQK";
 printf("\n   东      南      西      北 \n");
 t=time(0)%1000;srand(t);                          // 随机数发生器初始化
 m[0]=0;
 for(i=1;i<=54;i++)
   {if(i==49)
      printf("  底牌 6 张：  \n");                  // 第 49 张开始属底牌
    for(j=1;j<=10000;j++)
      {x=rand()%4+1; y=rand()%14;
       z=x*100+y;
       if(z==300 || z==400) continue;
       t=0;
       for(k=0;k<=i-1;k++)
         if(z==m[k]) {t=1;break;}                  // 比较确保扑克牌不重复
       if(t==0)
         { m[i]=z;break;}
      }
   if(z==100 || z==200)
       printf("     %c     ",x);                     // 打印大、小王
   else if(y==10)
       printf("     %c10    ",x+2);                  // 打印 x 花色点数为 10 的牌
   else
       printf("     %c%c     ",x+2,d[y]);            // 打印 x 花色（非 10）点数牌
   if(i%4==0) printf("\n");
   }
 printf("\n");
}
```

3. 程序运行示例与分析

程序随机产生并分发的一付扑克牌如图 9-3 所示。

东	南	西	北
♠2	♥K	♥10	♣2
♣A	♦2	♣7	♥5
♥J	♥6	♦J	♦3
♦A	♥8	♦9	♥7
♦K	♣K	♣8	♣4
♣5	♦7	♠J	♣J
♣3	♥Q	♠7	♠9
♥3	♠K	♦6	♠8
♦Q	♦10	♣10	♥9
♠6	♠5	♦5	♣Q
♠A	♥4	♦4	♠3
☺	♠4	♣6	♥A
底牌6张：			
☺	♣9	♦8	♥2
♠10	♠Q		

图 9-3　随机分发的一付扑克牌

程序只涉及产生 54 个不同的随机整数，简洁快捷。

若模拟发桥牌（不产生大小王），需分发到 4 家并按各花色排序输出，技巧性更强。

9.7　泊松分酒问题

泊松分酒是一个著名的智力测试题，也是一个有难度的过程模拟经典案例。

1. 问题提出

法国数学家泊松(Poisson)曾提出以下分酒趣题：某人有一瓶 12 品脱(容量单位)的酒，同时有容积为 5 品脱与 8 品脱的空杯各一个。借助这两个空杯，如何将这瓶 12 品脱的酒平分？

我们要解决一般的平分酒案例：借助容量分别为 bv 与 cv（单位为整数）的两个空杯，用最少的分倒次数把总容量为偶数 a 的酒平分。这里正整数 bv，cv 与偶数 a 均从键盘输入。

2. 模拟设计要点

求解一般的“泊松分酒”问题：借助容积分别为整数 bv,cv 的两个空杯，用最少的分倒次数把总容量为偶数 a 的酒（并未要求满瓶）平分，直接模拟平分过程的分倒操作。

为了把键盘输入的偶数 a 通过分倒操作平分为两个 i: $i=a/2$（i 为全局变量），设在分倒过程中：

瓶 A 中的酒量为 a,$(0\leqslant a\leqslant 2\times i)$;

杯 B（容积为 bv）中的酒量为 b,$(0\leqslant b\leqslant bv)$;

杯 C（容积为 cv）中的酒量为 c,$(0\leqslant c\leqslant cv)$;

我们模拟下面两种个方向的分倒操作。

（1）按 A→B→C 顺序分倒操作

① 当 B 杯空(b=0)时，从 A 瓶倒满 B 杯。

② 从 B 杯分一次或多次倒满 C 杯。

若 $b>cv-c$，倒满 C 杯，操作③;

若 $b\leqslant cv-c$,倒空 B 杯，操作①。

③ 当 C 杯满(c=cv)时，从 C 杯倒回 A 瓶。

分倒操作中，用变量 n 统计分倒次数，每分倒一次，n 增 1。

若 b=0 且 a<bv 时，步骤①无法实现（即 A 瓶的酒倒不满 B 杯）而中断，记 n=−1 为中断标志。

分倒操作中若有 a=i 或 b=i 或 c=i 时，显然已达到平分目的，分倒循环结束，用试验函数 Probe(a,bv,cv)返回分倒次数 n 的值。否则，继续循环操作。

模拟操作描述：

```
while (!(a==i || b==i || c==i))
  { if(!b) {a-=bv;b=bv;}                    // 从 A 瓶倒满 B 杯
    else if (c==cv) {a+=cv;c=0;}            // 从 C 杯倒回 A 瓶
    else if (b>cv−c) {b-=(cv-c);c=cv;}      // 从 B 倒满 C 杯
    else {c+=b;b=0;}                        // 从 B 倒 C，倒空 B 杯
    printf("%6d%6d%6d\n",a,b,c);
  }
```

（2）按 A→C→B 顺序分倒操作

按 A→C→B 顺序分倒操作与上述（1）所描述的按 A→B→C 顺序分倒操作比较，实质上是 C 与 B 杯互换，相当于返回函数值 Probe(a,cv,bv)。

试验函数 Probe()的引入是巧妙的，可综合摸拟以上两种分倒操作避免了关于 cv 与 bv 大小关系的讨论。

同时设计实施函数 Practice(a,bv,cv)，与试验函数相比较，把 n 增 1 操作改变为输出中间过程量 a，b，c，以标明具体操作进程。

在主函数 main()中，分别输入 a，bv，cv 的值后，为寻求较少的分倒次数，调用试验函数并比较 m_1=Probe(a,bv,cv)与 m_2=Probe(a,cv,bv);

若 $m_1<0$ 且 $m_2<0$，表明无法平分（均为中断标志）。

若 $m_2<0$，只能按上述（1）操作；若 $0<m_1<m_2$，按上述（1）操作分倒次数较少（即 m_1）。此时调用实施函数 Practice(a,bv,cv)。

若 $m_1<0$，只能按上述（2）操作；若 $0<m_2<m_1$，按上述（2）操作分倒次数较少（即 m_2）。此时调用实施函数 Practice(a,cv,bv)。

实施函数打印整个模拟分倒操作进程中的 a,b,c 的值。最后打印出最少的分倒次数。

3. 泊松分酒程序设计

```
// 泊松分酒模拟操作程序设计
#include<stdio.h>
void practice(int,int,int);                 // 调用函数声明
int i,n,probo(int,int,int);
void main()
  { int a,bv,cv,m1,m2;
    printf("  请输入酒总量(偶数):");
    scanf("%d",&a);
    printf("  两空杯容量 bv,cv 分别为:");
    scanf("%d,%d",&bv,&cv);
    i=a/2;
    if(bv+cv<i)
      { printf("  空杯容量太小，无法平分!\n"); return; }
    m1=probo(a,bv,cv); m2=probo(a,cv,bv);
```

```
    if (m1<0 && m2<0)
       { printf("无法平分!\n");return;}
    if (m1>0 && (m2<0 || m1<=m2))
       { n=m1;practice(a,bv,cv);}
    else
       { n=m2;practice(a,cv,bv);}
  }
void practice(int a,int bv,int cv)                    // 模拟实施函数
{ int   b,c,n;
  b=0,c=0,n=0;
  printf("   平分酒的分法:\n");
  printf("   次数   酒瓶%d   空杯%d   空杯%d\n",a,bv,cv);
  printf("   开始  %6d %6d %6d\n",a,b,c);
  while (!(a==i || b==i || c==i))
     { if(!b) {a-=bv;b=bv;}
       else if(c==cv) {a+=cv;c=0;}
       else if(b>cv-c) {b-=(cv-c);c=cv;}
       else {c+=b;b=0;}
       printf("%6d %6d %6d %6d\n",++n,a,b,c);
     }
  printf("   平分酒共分倒%d 次.\n",n);
}
int probo(int a,int bv,int cv)                        // 模拟试验函数
 { int n=0,b=0,c=0;
    while (!(a==i || b==i || c==i))
       { if(!b)
          if(a<bv) {n=-1;break;}
          else { a-=bv;b=bv;}
          else if(c==cv) {a+=cv;c=0;}
          else if(b>cv-c) {b-=(cv-c);c=cv;}
          else {c+=b;b=0;}
          n++;
       }
  return(n);
}
```

4. 程序运行示例与讨论

```
请输入酒总量(偶数): 12
两空杯容量 bv,cv 分别为: 5,8
平分酒的分法:
  次数   酒瓶 12   空杯 8   空杯 5
  开始      12        0        0
     1       4        8        0
     2       4        3        5
     3       9        3        0
     4       9        0        3
     5       1        8        3
     6       1        6        5
  平分酒共分倒 6 次.
```

以上程序中，对 m_1 和 m_2 的全路径判断虽然可以获得分倒次数较少的方法，但这是建立在程序有解的前提之下，而程序有没有解并不能通过对 m_1 和 m_2 的全路径判断以完全确定。例如，当输入 a=10，bv=4，cv=6 时，显然没有解，这时程序进入死循环。那输入的数据在满足什么条件下才有解呢？

令 $d=gcd(bv,cv)$表示 bv 与 cv 的最大公约数，且满足基本条件：$bv+cv \geqslant a/2$ 时，可以证明，当 $mod(a/2,d)=0$ 时，所输入的数据一定有解。

其实，案例的求解除了采用以上的模拟方法外，还可以采用求解模线性方程的方法，具体求解步骤请参考有关数论的算法。

9.8 模拟小结

本章应用竖式乘除模拟非常简捷地解决了高精度整除问题的乘数探求、尾数前移问题，阶乘、幂、排列与组合数的高精计算，同时求解了圆周率π的指定位数的计算。

这些案例所求解的，既有整数，也有实数。其中有些案例，既可以应用竖式乘模拟求解，也可以应用竖式除模拟来求解，有些案例需综合应用竖式乘、除模拟来求解。如果应用我们前面介绍的递推、递归、回溯或动态规划等算法来求解这些案例，不容易奏效。

在应用竖式除模拟时，要注意联系案例的具体实际设置被除数、除数与商等模拟量。需要特别指出的是，试商过程中被除数的确立比较灵活。

（1）在“积为 1 构成”求解时，被除数为：$a=c\times10+1$;（因为每一位均为 1）。

（2）若“积为‘2017’构成”的求解时，被除数变为：$a=c\times10\,000+2\,017$。

（3）在“积为任意指定构成”的求解时，被除数变为：$a=c\times10+d(j)$;其中 $d(j)$为构成整数 z 从高位开始的第 j 位数字。

（4）在进行“尾数前移“的求解时，被除数又变为：$a=c\times10+b$;其中 b 为上一轮试商的商。

在应用竖式乘模拟时，要注意联系案例的具体实际设置数组。因为乘是从低位开始的，而输出却从高位开始，不设置数组难以顺利实现这一转换。

随机模拟是通过 C 语言提供的随机函数来实现的。随机模拟自然界的随机现象，除了要注意随机函数发生器的初始化，以避免雷同之外，还要注意联系问题的具体实际，控制随机数的范围。

随机模拟是通过 C 语言提供的随机函数来实现的。随机模拟自然界的随机现象，除了要注意随机函数发生器的初始化，以避免雷同之外，还要注意联系问题的具体实际，控制随机数的范围。

例如，在模拟发扑克牌时，x 代表 4 花色，y 代表每色的 13 点，应用

$$x=\text{rand}()\%4+1;\ y=\text{rand}()\%14;$$

来实现是适合的。rand()%4 的值为 0,1,2,3,则 rand()%4+1 的值为 1,2,3,4,共 4 个，代表 4 花色。rand()%14 的值为 0,1,⋯13, 则取 0 对应“王”，取 1,2,⋯13 对应 13 个点数。

另外，由 C 语言产生随机整数可能有重复，如果实际案例不允许有重复（例如扑克牌），则必须设置数组，每产生一个随机整数，与已产生并存储在数组的整数逐一进行比较，如果出现相同，则重新产生；直到未出现相同时，再进行确认赋值。

应用程序设计模拟一些操作或过程时，注意模拟量随过程的实际变化而变化，同时注意应用模拟量来控制过程的转换或结束。这些，都不能离开所求解案例的具体实际。

习题 9

9-1　连写数积探求。

从数字“1”开始按正整数的递增顺序不间断连续写下去所构成的整数称为连写数。例如连写到 12 的连写数为 123 456 789 101 112。

给出一个整数 n，寻求一个最小的整数 b，使得积 nb 为一个连写数。

输入正整数 n（小于 10 000），输出寻求的最小的整数 b 及连写数积 nb。

9-2　自然对数底 e 的高精度计算。

自然对数的底数 e 是一个无限不循环小数，是“自然律”的一种量的表达，在科学技术中用得非常多。学习了高数后我们知道，以 e 为底数的对数是最简的，用它是最“自然”的，所以叫“自然对数”。

试设计程序计算自然对数的底 e，精确到小数点后指定的 x 位。

9-3　进站时间模拟。

根据统计资料，车站进站口进一个人的时间至少为 2 秒，至多为 8 秒。试求 n 个人进站所需时间。

9-4　模拟发桥牌。

玩扑克牌是人们喜爱的文娱活动，常见的有桥牌、升级等不同玩法。通过程序设计模拟发扑克牌是随机模拟的有趣课题。

桥牌共 52 张，无大小王。按 E, S, W, N 顺序把随机产生的 52 张牌分发给各方，每方 13 张。发完后，分花色从大到小整理各方的牌。

9-5　坐标系漫步。

一个机器人在坐标系第一象限（包括 x 轴与 y 轴）按以下规律漫步：设位置坐标为(x,y)，第 1 步它从原点(0,0)运动到(0,1)，然后接着按示意图 9-4 中箭头所示方向漫步，即(0,0) →(0,1) →(1,1)→(1,0)→(2,0)→(2,1)→(2,2)→(1,2)→(0,2)…，每步移动一个单位长。显然，第 7 步时机器人所到的位置坐标为(1,2)。

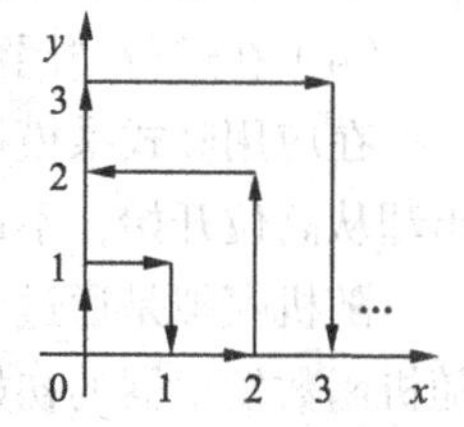

图 9-4　坐标系漫步示意

试确定第 n 步时机器人所在的位置坐标，并显示 n 步内机器人的漫步过程。

9-6　二部数积。

定义形如 $a\cdots ab\cdots b$ 的数叫作二部数（bipartite number），比如 1 222，333 999 999，50，8 888，1，等等都是。给出一个整数 $x(x\leqslant 99\,999)$，求出 x 的最小的倍数 $n=kx(k>1)$，使得 n 是二部数。

输入正整数 x，输出最小二部数积。

第 10 章 算法综合应用与优化

本章综合应用前面所介绍的各种常用算法求解幂积序列、指定码串积、高斯皇后与马步遍历等几个难度较高、拓展空间较大的应用案例，并对其中一些案例设计进行了适当综合、引申、改进与优化。

本章的题材可作为“算法设计与分析”课程设计素材。

10.1 幂积序列

幂积序列的项为双幂或多幂及其积组成，难点在“积”字上，如何寻求“积”的突破是设计探索的关键。本节从探讨双幂积序列入手，进而引申到 3 幂积序列。

10.1.1 双幂积探索

设 x,y 为非负整数，试计算集合

$$M=\{2^x\cdot 3^y \mid x\geqslant 0, y\geqslant 0\}$$

的元素不大于指定正整数 n 的个数，并求这些元素从小到大排序的第 m 项。

双幂积序列与前面第 3 章的“双幂序列”相比，复杂体现在一个“积”字上，双幂积序列的项既可以是双幂，也可以是这双幂的乘积。

双幂积序列的前 8 项为：1,2,3,4(2^2),6(2×3),8(2^3),9(3^2),12(2^2×3)，其中第 5 项“6”与第 8 项“12”均为双幂的积组成。

探讨双幂积，可以从枚举设计入手，也可以应用递推设计求解。

1. 在[3,n]区间内递增枚举

幂积序列的项 a 限制不大于 n，同时为 2 与 3 的幂积，因而枚举设计可以针对这两个方面展开：在[3,n]区间内递增枚举整数 a，检测 a 是否为 2 与 3 的幂积。

（1）递增枚举要点

设元素从小到大排序的双幂积序列第 k 项为 $f(k)$，显然 $f(1)=1, f(2)=2$。

设置 a 循环，a 从 3 开始递增 1 枚举至 n，对每一个 a（赋值给 j，确保在以后的试商中保持 a 不变），逐次试用 2 试商，然后逐次试用 3 试商。

试商后若 j>1，说明原 a 有 2，3 以外的因数，不属于该序列。

若 j=1，说明原 a 只有 2，3 的因数，属于该序列，把 a 赋值给 f 序列第 k 项 $f(k)$。

由于实施从小到大枚举测试与赋值，所得序列无疑是升序的双幂积序列，$f(m)$就是所求序列

的第 m 项。

当 a 递增达到指定的 n，退出循环，输出不大于指定正整数 n 的个数 k 及指定项 $f(m)$。

（2）递增枚举程序设计

```
// 在[3,n]中递增枚举程序设计
#include <stdio.h>
void main()
{int   k,m;
 long   a,j,n,f[10000];
 printf("  请指定整数 n，m："); scanf("%ld,%d",&n,&m);
 f[1]=1;f[2]=2;k=2;
 for(a=3;a<=n;a++)
   { j=a;
     while(j%2==0) j=j/2;                          // 反复用 2 试商
     while(j%3==0) j=j/3;                          // 反复用 3 试商
     if(j==1) f[++k]=a;                            // 确定 a 给 f[k]赋值
   }
 printf("  集合中不大于%ld 的整数有%d 个。\n",n,k);
 if(m<=k)
     printf("  从小到大排序的第%d 项为：%ld\n",m,f[m]);
 else
     printf("  所输序号 m 大于序列的项数！ \n");
}
```

（3）程序运行示例

```
请指定整数 n，m：  100000000,200
集合中不大于 100000000 的整数有 244 个。
从小到大排序的第 200 项为：15116544
```

2. 构造幂积有针对性枚举

以上对区间[3,n]内的所有整数递增枚举，盲目性大，做了大量无效操作，致使算法的搜索效率太低。

为了增强针对性，试先行分别构造 2 与 3 的幂，通过双重循环产生双幂积数 a，对检测满足条件 $a \leqslant n$ 的项经排序确定幂积指定的第 m 项。

（1）有针对性枚举要点

设置 f 数组，存储集合 M 中不大于指定整数 n 的元素。

设置 $t2$ 数组存储 2 的幂：$t2[0]$为 2^0, $t2[1]$为 2^1,…，$t2[p2-1]$为 2^{p2-1}(这里 $2^{p2}>n$)。

设置 $t3$ 数组存储 3 的幂：$t3[0]$为 3^0, $t3[1]$为 3^1,…，$t3[p3-1]$为 3^{p3-1}(这里 $3^{p3}>n$)。

设置 i,j 二重循环(i:0 ~ $p2-1$；j:0 ~ $p3-1$)，构造 $t=t2[i]\times t3[j]$；

其中当 $i=0$ 时，t 即为 3 的幂；

当 $j=0$ 时，t 即为 2 的幂；

当 $i>0$ 且 $j>0$ 时，t 为 2 与 3 的幂积。

若 $t>n$，超出范围，不对 f 数组赋值；

若 $t \leqslant n$，对 f 数组赋值：k++; f [k]=t;

通过以上按幂有针对性枚举，求出集合 M 中不大于指定整数 n 的所有 k 个元素。

对这 k 个元素进行排序，以求得从小到大排序的第 m 项。

注意到集合 M 中不大于指定整数 n 的元素个数 k 大大低于 n，采用较为简明的“逐项比较”排序法是可行的。

实施排序中，从小到大排序到第 m 项即可，没有必要对所有 k 个元素排序。

（2）构造幂积有针对性枚举程序设计

```
//  构造幂积有针对性枚举程序设计
#include <stdio.h>
void main()
{int i,j,k,m,p2,p3;
 double d,n,t,t2[100],t3[100],f[10000];
 printf("  请指定 n，m：");scanf("%lf,%d",&n,&m);
 t=1;p2=0;
 while(t<=n)                                        // 构建 2 幂数组
     {t=t*2;t2[++p2]=t;}
 t=1;p3=0;
 while(t<=n)                                        // 构建 3 幂数组
     {t=t*3;t3[++p3]=t;}
 t2[0]=t3[0]=1;k=0;
 for(i=0;i<=p2-1;i++)
 for(j=0;j<=p3-1;j++)
     { t=t2[i]*t3[j];                               // 确定幂积项
       if(t<=n) f[++k]=t;
     }
printf("  集合中不大于%.0f 的整数有%d 个。\n",n,k);
if(m<=k)
   { for(i=1;i<=m;i++)                              // 逐项比较排序
     for(j=i+1;j<=k;j++)
       if(f[i]>f[j]) { d=f[i];f[i]=f[j];f[j]=d;}
     printf("  从小到大排序的第%d 项为：%.0f\n",m,f[m]);
   }
else
   printf("  所输入的 m 大于序列的项数！\n");
}
```

（3）程序运行示例

```
请指定 n，m： 1000000000000,500
集合中不大于 1000000000000 的整数有 534 个。
从小到大排序的第 500 项为：391378894848
```

3. 双幂积递推设计

注意到集合 $M=\{2^x\cdot 3^y|x\geqslant 0,y\geqslant 0\}$ 中，$x+y=i$ 时各元素与 $x+y=i-1$ 时各元素之间有一定的关系可循，可考虑应用递推进行设计求解。

（1）确定递推关系

为探索 $x+y=i$ 时各项与 $x+y=i-1$ 时各项之间的递推规律，剖析 $x+y$ 的前几个值情形：

$x+y=0$ 时，元素为 1（初始条件）；

$x+y=1$ 时，元素为 $2\times 1=2,3\times 1=3$，共 2 项；

$x+y=2$ 时，元素有 $2\times 2=4,2\times 3=6,3\times 3=9$，共 3 项；

$x+y=3$ 时，元素有 $2\times 4=8,2\times 6=12,2\times 9=18,3\times 3\times 3=27$，共 4 项；

……

因而可归纳出以下递推关系：

$x+y=i$时，序列共$i+1$项，其中前i项是$x+y=i-1$时的所有i项分别乘2所得；最后一项为$x+y=i-1$时的最后一项乘3所得（即$t=3$^i）。

注意，对$x+y=i-1$的所有i项分别乘2，设为$f[h]\times 2$，必须检测是否小于n而大于0。同样，对t也必须检测是否小于n而大于0。只有小于n且大于0时才能赋值。

这里要指出，最后若干行可能不是完整的，即可能只有前若干项能递推出新项。为此设置变量u：当一行有递推项时$u=1$；否则$u=0$。只有当$u=0$时停止，否则会影响序列的项数。

（2）以$n=1\,000$为例具体说明递推的实施

	$f(1)=1$						
$i=1$：	$f(2)=2$	$f(3)=3$					
$i=2$：	$f(4)=4$	$f(5)=6$	$f(6)=9$				
$i=3$：	$f(7)=8$	$f(8)=12$	$f(9)=18$	$f(10)=27$			
$i=4$：	$f(11)=16$	$f(12)=24$	$f(13)=36$	$f(14)=54$	$f(15)=81$		
$i=5$：	$f(16)=32$	$f(17)=48$	$f(18)=72$	$f(19)=108$	$f(20)=162$	$f(21)=243$	
$i=6$：	$f(22)=64$	$f(23)=96$	$f(24)=144$	$f(25)=216$	$f(26)=324$	$f(27)=486$	$f(28)=729$
$i=7$：	$f(29)=128$	$f(30)=192$	$f(31)=288$	$f(32)=432$	$f(33)=648$	$f(34)=972$	
$i=8$：	$f(35)=256$	$f(36)=384$	$f(37)=576$	$f(38)=864$			
$i=9$：	$f(39)=512$	$f(40)=768$					

每一列的下一个数是上一个数的2倍。而每一行的最后一个数为3的幂。

当所有递推项完成后，对所有k项应用逐项比较进行从小到大排序。

排序后输出指定的第m项。

（3）递推排序程序设计

```
// 双幂积递推排序程序设计
#include <stdio.h>
void main()
{int i,j,h,k,m,u,c[100];
 double d,n,t,f[10000];
 printf("  请指定 n，m：  "); scanf("%lf,%d",&n,&m);
 k=1;t=1.0; i=1;
c[0]=1; f[1]=1.0;
 while(1)
   { u=0;
     for(j=0;j<=i-1;j++)
       { h=c[i-1]+j;
         if(f[h]*2<n && f[h]>0)                // 第 i 行各项为前一行各项乘 2
             { k++;f[k]=f[h]*2;u=1;
                if(j==0) c[i]=k;               //该行的第 1 项的项数值赋给 c(i)
             }
         else break;
       }
    t=t*3;                                     // 最后一项为 3 的幂
    if(t<n && t>0) f[++k]=t;                   // 用 t 给 f[k]赋值
```

```
    if(u==0) break;
    i++;
  }
  for(i=1;i<=m;i++)                              // 逐项比较排序
  for(j=i+1;j<=k;j++)
     if(f[i]>f[j])
        { d=f[i];f[i]=f[j];f[j]=d;}
  printf("  集合中不大于%.0f 的整数有%d 个。\n",n,k);
  if(m<=k)
     printf("  从小到大排序的第%d 项为：%.0f\n",m,f[m]);
  else
     printf("  所输入的 m 大于序列的项数！\n");
}
```

（4）程序运行示例

```
请指定 n，m： 100000000000000,700
集合中不大于 100000000000000 的整数有 720 个。
从小到大排序的第 700 项为：61004779879896
```

4. 以上 3 种设计复杂度分析

（1）递增枚举算法复杂度分析

递增枚举算法简单明了，无需排序，对整数 a 操作，每一个 a 反复进行除 2、除 3 操作，平均估算为 10 次，对 n 个数的操作为 $10n$ 次，算法复杂度为 $O(n)$。

当 n 数量很大时，搜索时间较长。

（2）构造幂积有针对性枚举复杂度分析

构建 2 的幂循环次数 p_2 数量为 $\log_2 n$，构建 3 的幂循环次数 p_3 数量为 $\log_3 n$，因而产生幂积的双重循环次数为 $\log_2 n\times\log_3 n$。当 n 充分大时，如果按项数 k 估值为 $\sqrt[4]{n}$，算法的排序循环频数<mk。注意到：

$$\log_2 n\times\log_3 n<mk<\sqrt{n}$$

因而构造幂积有针对性枚举复杂度为 $O(\sqrt{n})$。

（3）递推排序算法复杂度分析

注意到完成构建递推项循环次数要小于排序循环次数，该算法的复杂度由排序决定。由上推算，递推排序算法复杂度与构造幂积有针对性枚举复杂度相同，即为 $O(\sqrt{n})$。

10.1.2 探讨 3 幂积序列

把以上的双幂积拓广至多幂积问题是有趣的，也是可行的。现以 3 幂积为例展示多幂积问题的设计求解。

设 x,y,z 为非负整数，互质的正整数 q_1,q_2,q_3（约定 $1<q_1<q_2<q_3$）为 3 幂的底数，集合

$$M=\{\,q_1^x q_2^y q_3^z \mid x\geqslant 0, y\geqslant 0, z\geqslant 0\,\}$$

试计算集合 M 的元素在指定区间$[c,d]$中的个数，把该区间中的元素从小到大排序，输出其中指定的第 m 项，具体给出该项的带指数的幂积表达式。

在双幂积基础上拓广到 3 幂，且增加了区间要求与幂积表达式带指数。考虑到递推规律的复杂性，拟采用构造幂积有针对性枚举设计求解。

1. 构造幂积有针对性枚举要点

（1）数据结构

设置一维数组 $q[i]$存储三个幂的底数（要求彼此互质）；

一维数组 $p[i]$存储三个幂的指数；

一维数组 $w[i]$存储的第 m 项的三个幂指数；

一维数组 $f[i]$存储序列的各项；

设置二维数组 $t[i][j]$存储第 i 个幂其指数为 j 的值，即 $t[i][j]=q[i]$^j。

（2）构造各单幂

设置 j 循环构建单幂 $t[j][p[j]]=q[j]$^$p[j]$（j=1，2，3），为构建幂积项提供依据。

```
for(j=1;j<=3;j++)
   { y=1;p[j]=0;
     while(y<=d)
         { y=y*q[j];p[j]++;t[j][p[j]]=y;}
   }
```

注意：初始条件 $t[1][0]=t[2][0]=t[3][0]=1$;

$t[1][1]=q[1];t[2][1]=q[2];t[3][1]=q[3]$;

$t[1][p[1]]>d;t[2][p[2]]>d;t[3][p[3]]>d$;

（3）构造幂积项

设置 i,j,u 三重循环(i：0 ~ $p[1]-1$；j：0 ~ $p[2]-1$；u：0 ~ $p[3]-1$).

构造 $y=t[1][i]\times t[2][j]\times t[3][u]$：

当 $i=j=u=0$ 时，t=1 即为集合的首项 1；

当 i，j，u 中有两个为 0 时，t 为单幂；

当 i，j，u 中有一个为 0 时，t 为双幂积；

当 i，j，u 全大于 0 时，t 为 3 幂积；

若 $t<c$ 或 $t>d$，t 超出区间范围，不对 f 数组赋值；

若 $c\leqslant t\leqslant d$，t 对 f 数组赋值：f [++k]=t;

（4）实施排序

通过以上按幂有针对性枚举，求出集合 M 在区间$[c,d]$中的所有 k 个元素。

对这 k 个元素进行排序，以求得从小到大排序的第 m 项。

注意到集合 M 在区间$[c,d]$中的元素个数 k 数量不大，采用较为简明的"逐项比较"排序法是可行的。

实施排序中，从小到大排序到第 m 项即可，没有必要对所有 k 个元素排序。

（5）规范输出

当排序得到序列的第 m 项 $y=f[m]$后，按规范的幂积带指数形式输出。

1）幂指数为"0"时不输出，为"1"时只输出底数，指数大于 1 时才输出指数。

2）中间插入乘号"×"，有一个乘号、两个乘号与没有乘号等多种可能情形，要满足所有这些情形的输出需要。

2. 按幂有针对性枚举程序设计

```
// 3 幂积按幂有针对性枚举程序设计
#include <stdio.h>
#include <math.h>
```

```
void main()
{ int i,j,u,k,m,p[4],q[4],w[4];
  double c,d,h,n,y,t[4][100],f[10000];
  printf("  请输入 3 个互质整数为幂底：\n");
  for(i=1;i<=3;i++)
    { printf("    输入第%d 个幂底数：",i);
      scanf("%d",&q[i]);
    }
  printf("  请指定区间 c,d：");  scanf("%lf,%lf",&c,&d);
  printf("  请指定排序号 m：");  scanf("%d",&m);
  for(j=1;j<=3;j++) t[j][0]=1;
  for(j=1;j<=3;j++)
   { y=1;p[j]=0;
     while(y<=d)                                   // 这里 t[j][p[j]]=q[j]^p[j]
      { y=y*q[j];p[j]++;t[j][p[j]]=y;}
   }
  k=0;
  for(i=0;i<=p[1]-1;i++)                           // 三重循环筛选满足条件的数
  for(j=0;j<=p[2]-1;j++)
  for(u=0;u<=p[3]-1;u++)
    { y=t[1][i]*t[2][j]*t[3][u];
      if(y>=c && y<=d) f[++k]=y;                   // 区间内的元素赋值给数组元素
    }
  printf("  集合在区间[%.0f,%.0f]中的整数有%d 个。\n",c,d,k);
  if(m<=k)
  { for(i=1;i<=m;i++)                              // 逐项比较排序
    for(j=i+1;j<=k;j++)
    if(f[i]>f[j]) { h=f[i];f[i]=f[j];f[j]=h;}
    y=f[m];
    for(j=1;j<=3;j++)
      { w[j]=0;
        while(fmod(y,q[j])==0)
          { w[j]++;y=y/q[j];}                      // 计算第 m 项各幂指数
      }
  printf("  其中从小到大排序的第%d 项为：%.0f=",m,f[m]);
  for(j=1;j<=3;j++)                                // 输出幂积式
    { if(w[j]==1) printf("%d",q[j]);
      if(w[j]>1) printf("%d^%d",q[j],w[j]);
      if(j<3 && w[j]>0 && w[j+1]+w[3]>0) printf("×");
    }
  printf("\n");
  }
  else   printf("  所输入的 m 大于区间中数的个数！\n");
}
```

3. 程序运行示例与分析

```
请输入 3 个互质整数为幂底：
    输入第 1 个幂底数：2
    输入第 2 个幂底数：3
    输入第 3 个幂底数：5
```

```
请指定区间 c,d：100000000,1000000000000
请指定排序号 m：2018
集合在区间[100000000,1000000000000]中的整数有 2325 个。
其中从小到大排序的第 2018 项为：407686348800=2^26×3^5×5^2
```

算法的时间复杂度与所涉区间相关。注意到构造幂积枚举的循环次数一般要小于排序的循环次数，算法的时间按排序时间估算。当范围上限 n 充分大时，如果按项数 k 估值为 $\sqrt[4]{n}$，该算法的时间复杂度为 $O(\sqrt{n})$。

10.2 指定码串积

本节从探索基本的 0-1 串积开始，引申至探索任意指定 2 码串积，进一步拓广至探索任意指定 n 码串积。

10.2.1 探求 0-1 串积

对于给定的正整数 b，探求最小的正整数 $a(a>1)$,使得 a,b 之积全为数字 0 与 1 组成的 0-1 串积。

例如，对于给出 b=23，找到最小的整数 a=4 787，其积为 110 101。

1．存在解的讨论

0-1 串积问题相对前面第 9 章的积全为“1”的乘数探索问题要复杂一些。

对于输入的任一正整数 b，分解出 b 的 2 因子与 5 因子后，b 的其余因数为个位数字不为 5 的奇数 b_1。

根据前面已述，总可以搜索出整数 a_1,使得 $a_1\times b_1$ 全为“1”组成；另外对于分解出来的 2 因子与 5 因子，总有整数使其乘积为“100…0”。

因而对任意正整数 b，总存在 0-1 串积。

以下应用枚举乘数 a 与枚举 0-1 串积两种枚举设计求解，并比较其优劣。

2．枚举乘数 a 设计

（1）设置 a 枚举循环

乘数 a 从 0 开始递增 1 枚举。

对每一个积 $d=a\times b$，设置检验 d 循环，逐位试商检验 $f=d$ 是否为 0-1 串。

若其中某一位数字大于 1 即非 0,1 退出检验。

若乘积 d 的每一位数字均为 0 或 1，找到乘数 a 与 01 串积，退出循环输出结果。

本程序约定一个乘积界限：若乘积 d>1e30 仍未找到，则输出“尚未找到 0-1 串积!”后结束。

（2）枚举 a 程序设计

```
// 最小 0-1 串积枚举乘数程序设计
#include<stdio.h>
void main()
  { long a,b,d,f,t;
     printf("   请给出整数 b：  "); scanf("%ld",&b);
     a=0;d=0;
     while(d<=1e30)                                    // 枚举乘积 d 循环
       { a++;t=0;d=a*b;f=d;
```

```
            while(f>0)                                   // 检验乘积是否为 0-1 串
              { if(f%10>1) {t=1;break;}
                f=f/10;
              }
            if(t==0) break;
          }
      if(t==0)                                           // 输出 0-1 串积结果
          { printf("  探索得最小整数 a 为：%ld\n",a);
            printf("  乘积 a×b 的 0-1 串积为：%ld\n",d);
          }
      else if(d>1e30)                                    // 超限时退出
          printf("  尚未找到 0-1 串积。\n");
  }
```

（3）程序运行示例

```
请给出整数 b： 107
探索得最小整数 a 为：934673
乘积 a×b 的 0-1 串积为：100010011
```

3. 枚举 0-1 串积设计

（1）枚举设计要点

1）设置数组

设置 3 个一维数组：

数组 *d* 存储整数 *k* 转换为二进制数的各位数字 0 或 1，*d*[1]为个位数字；

数组 *c* 存储各位“1”除以整数 *b* 的余数，*c*[*i*]为从个位开始第 *i* 位“1”除以 *b* 的余数；

数组 *a* 存储 *d* 从高位开始除以 *b* 的商的各位数字。

2）余数计算、求和与判别

① 注意到 0-1 串积为十进制数，应用求余运算“%”可分别求得个位“1”，十位“1”，…，分别除以已给 *b* 的余数，存放在 *c* 数组中：*c*(1)为 1,*c*(2)为 10 除以 *b* 的余数,*c*(3)为 100 除以 *b* 的余数……

② 要从小到大搜索 01 串，不重复也不遗漏，从中找出最小的能被 *b* 整除 0-1 串积。为此，设置 *k* 从 0 开始递增，把 *k* 转化为二进制，就得到所需要的这些 0-1 串。不过，这时每个串不再看作二进制数，而是十进制数。

③ 在某一 *k* 转化为二进制数过程中，每转化一位 *d*(*i*)(0 或 1)，求出该位除以 *b* 的余数 *d*(*i*)×*c*(*i*)（如果 *d*(*i*)=0,余数为 0；*d*(*i*)=1,余数为 *c*(*i*)）。

同时通过 *s* 累加求和得 *k* 转化的整个二进制数除以 *b* 的余数 *s*。

④ 判别余数 *s* 是否被 *b* 整除：若 *s*%*b*=0，即找到所求最小的 0-1 串积。

3）模拟整数除法求另求一乘数

01 串积 *d* 数组从高位开始除以 *b* 的商存储在 *a* 数组中，实施整数除法运算：

```
x=e*10+d[j];            // e 为上轮余数，x 为被除数
a[j]=x/b;               // a 为 d 从高位开始除以 b 的商
e=x%b;                  // e 为试商余数
```

去掉 *a* 数组的高位“0”后，输出 *a* 即为所寻求的最小乘数。

4）最后从高位开始打印 *d* 数组，即为 0-1 串积。

（2）枚举 0-1 串积程序设计

```
//  最小 0-1 串积枚举串积程序设计
#include<stdio.h>
void main()
 { int b,e,i,j,t,x,a[2000],c[2000],d[2000];
   long k,s;
   printf("  请给出整数 b："); scanf("%d",&b);
   c[1]=1;
   for(i=2;i<200;i++)
     c[i]=10*c[i-1]%b;                       // c(i)为右边第 i 位 1 除以 b 的余数
   k=0;
   while(1)
     { k++;j=k;i=0;s=0;
     while(j>0)
       { d[++i]=j%2; s+=d[i]*c[i];
         j=j/2; s=s%b;                       // k 除 2 取余转化为 d 数组
       }
     if(s%b==0)                              // 判断 0-1 串是否被 b 整除
        { for(e=0,j=i;j>=1;j--)
            { x=e*10+d[j];
              a[j]=x/b; e=x%b;               // d 从高位开始除以 b 商为 a
            }
        j=i;
        while(a[j]==0) j--;                  // 去掉 a 数组的高位"0"
        printf("  探索得最小整数 a：");
        for(t=j;t>=1;t--)
          printf("%d",a[t]);                 // 逐位输出 a 即为寻找的乘数
        printf("\n  乘积 a×b 为 01 串积为：");
        for(t=i;t>=1;t--)
          printf("%d",d[t]);                 // 逐位输出 d 即为 0-1 串积
        printf("\n");
        break;
      }
   }
}
```

（3）程序运行示例

```
请给出整数 b：2018
探索得最小整数 a：49603573395
乘积 a×b 为 0-1 串积为：100100011111110
```

4. 两个设计分析比较

若得到的结果全为 1 组成，可看成 0-1 串积的一个特例。

分析比较以上两个枚举设计，枚举乘数 *a* 设计简单直观，一目了然；而枚举 0-1 串积设计略显复杂，性能较优。

（1）适用的范围不同

枚举乘数 a 的乘积不能超出限定范围 1e30，而枚举 0-1 串积设计没有限定范围，后者适用范围更广。

例如对以上的运行示例，当 b=2018 时枚举乘数 a 的设计就不适用。

（2）时间复杂度存在差异

时间复杂度与搜索的整数 a 直接相关。枚举 a 设计循环次数与枚举 01 串积设计的循环次数相比，前者是 a 的线性数量级，而后者是乘积的二进制数量级，显然后者更低。

由前者的运行示例数据，枚举 a 设计循环 1 ~ 934 673；而由二进制数$(100010011)_2$=275，即枚举 0-1 串设计的循环次数降低至 275，时间复杂度自然要低得多。

10.2.2 指定 2 码串积

从键盘输入指定 2 个数码 v,u(约定 $0 \le v < u \le 9$)，对指定的正整数 b，试探求最小的正整数 a（$a>1$），使 a,b 之积全为数字 v 与 u 组成。

如果对 b 不存在 v,u 串积，请予指出。

例如，指定 2 个数码 3,8，给出 b=2 017，探求到最小的整数 a=41 317 964，其积为 3,8 串积 83 338 333 388。

显然，指定 2 码串积是前面的 0-1 串积的拓广。

1. 算法设计要点

还是应用求余数判别设计求解指定 2 码串积问题。

对前面求 0-1 串积程序加以改造，以适应指定的 2 码串积。数据结构与程序结构设置同前。

（1）是否存在 2 码串积的分析

若 2 数码 v,u 均为奇数，而 b 为偶数，显然无解。

若 2 数码 v,u 的个位数字均不为 0 或 5，而 b 的个位数字为 5，显然也无解。

注意到存在解的必要条件：b 的个位数字“b%10”与所寻求 a 的个位数字（不外乎 0 ~ 9）之积的个位数字必须是指定数码 v,u 之一。

设置循环 i(0 ~ 9)循环，检测：

若 b%10 与 i(0 ~ 9)之积的个位数字为 v 或 u，可能有解；

若 b%10 与 i(0 ~ 9)之积的个位数字不为 v 也不为 u，肯定无解；

在以上检测基础上，设置第 2 道检测：

若当探求循环次数 k 达到 10 000 000（此时乘积可达 24 位左右，必要时可调整）还未寻找到相应的解，则显示“所求 2 码串积可能不存在”后退出。

（2）对 0-1 串积的改造

对应 0-1 串积的两个数码 0,1 相应改为 v,u（$v<u$），为此设置变量 f 并赋值：

$$f=d[i]\times(u-v)+v;$$

当 $d[i]$=0 时，对应 f=v;

当 $d[i]$=1 时，对应 f=u;

1）在求 $d[i]$循环中，每得到一个 $d[i]$后，用 $f\times c[i]$替代 $d[i]\times c[i]$。

2）在求 a 数组循环中，用 $x=e\times10+d[j]\times(u-v)+v$ 替代 $x=e\times10+d[j]$。

3）在输出串积循环中，用 $d[t]\times(u-v)+v$ 替代 $d[t]$。

通过以上替代，把求解 0-1 串积改造为求解 2 码（v,u）串积。

2. 指定 2 码串积程序设计

```
// 最小指定 2 码串积程序设计
#include<stdio.h>
void main()
 { int b,e,f,i,v,u,s,t,x,a[1000],c[1000],d[1000];
   long j,k;
   printf("  请指定 2 码 v,u(v<u)："); scanf("%d,%d",&v,&u);
   printf("  请输入整数 b："); scanf("%d",&b);
   for(t=0,i=0;i<=9;i++)
      if((i*(b%10))%10==v || (i*(b%10))%10==u) t=1;
   if(t==0)
{ printf("  所求%d,%d 串积不存在！\n",v,u); return; }
   c[1]=1;
   for(i=2;i<1000;i++)
      c[i]=10*c[i-1]%b;                          // c(i)为右边第 i 位 1 除以 b 的余数
   k=0;
   while(1)
    { k++;j=k;i=0;s=0;
      if(k>1e30)
        { printf("  所求%d,%d 串积可能不存在！\n",v,u); return; }
      while(j>0)
        { i++; d[i]=j%2; f=d[i]*(u-v)+v;
          s+=f*c[i];j=j/2; s=s%b;                // 除 2 取余法转化为二进制
        }
      if(s%b==0)
        { for(e=0,j=i;j>=1;j--)
           { x=e*10+d[j]*(u-v)+v;
             a[j]=x/b; e=x%b;                    // d 从高位开始除以 b 的商为 a
           }
          j=i;
          while(a[j]==0) j--;                    // 去掉 a 数组的高位"0"
          printf("  探索得最小整数 a：");
          for(t=j;t>=1;t--)
            printf("%d",a[t]);
          printf("\n  乘积 a×b 的 2 码%d,%d 串积为：",v,u);
          for(t=i;t>=1;t--)
            printf("%d",d[t]*(u-v)+v);
          printf("\n");break;
        }
    }
}
```

3. 程序运行示例与说明

```
请指定 2 码 v,u(v<u)：3,8
请输入整数 b：2018
探索得最小整数 a：41297491741
乘积 a×b 的 2 码 3,8 串积为：83338338333338
```

如果得到的结果全为数码 v 或 u 组成，可看成 2 码串积的一个特例。

运行以上程序时如果指定 2 码为 0,1，所得结果即为 0-1 串积。可见，求解指定 2 码串积是对

01 串积的推广。

由 01 串积程序改造为指定 2 码 v,u 串积程序可知，对已有程序的变通改造是推广或引申案例的有效手段。

10.2.3 指定多码串积

从键盘指定正整数 n（$1<n<9$），并从键盘指定 n 个数码 $f(i)$(约定 $0\leqslant f(i)\leqslant 9$)，同时输入正整数 b，探求最小的正整数 a（$a>1$），输出 a,b 之积全为指定数码 $f(i)$组成。

如果对 b 不存在指定 n 串积，请予指出。

例如，指定 3 数码 0，3，6，给出 b=2 018，找到最小的正整数 a=3 122 202，其积为由数字 0，3，6 组成的最小串积 6 300 603 636。

显然，指定 n 码串积是前面指定 2 码串积的拓广。

1．算法设计要点

还是应用求余数判别设计求解指定 n 码串积问题。

对前面指定 2 码串积程序加以改造，以适应指定的 n 码串积。数据结构设置同前,增加存储 n 个数码的数组 $f(i)(i=0,1,\cdots,n-1)$。

（1）是否存在 n 码串积的分析

若 n 数码均为奇数，而 b 为偶数，显然无解。

若 n 数码的个位数字均不为 0 或 5，而 b 的个位数字为 5，显然也无解。

注意到存在解的必要条件：b 的个位数字“b%10”与所寻求 a 的个位数字（不外乎 0～9）之积的个位数字必须是 n 个指定数码 $f(i)$之一。

设置循环 i(0～9)循环，检测：

若 b%10 与 i(0～9)之积的个位数字为 $f(i)$ $(i=0,1,\cdots,n-1)$，可能有解；

若 b%10 与 i(0～9)之积的个位数字不为 $f(i)$ $(i=0,1,\cdots,n-1)$，无解；

在以上检测基础上，同样设置第 2 道检测：

若当探求循环次数 k 达到 10 000 000（此时乘积可达 24 位左右，必要时可调整）还未寻找到相应的解，则显示“所求 n 码串积可能不存在”后退出。

（2）对指定 2 码串积程序改造

对应指定 2 码串积的两个数码 v,u（$v<u$）相应改为 $f(i)$ $(i=0,1,\cdots,n-1)$，数码 $f(i)$依次从键盘输入（约定 $0\leqslant f(0)<f(1)<\cdots<f(n-1)\leqslant 9$）。

对除 2 取余改造为除 n 取余，所得余数为 $d[i]$($i=0,1,\cdots,n-1$)。

指定对应关系 $f[d[i]]$：

当 $d[i]=0$ 时，对应数码 $f[0]$；

当 $d[i]=1$ 时，对应数码 $f[1]$；

……

当 $d[i]=n-1$ 时，对应数码 $f[n-1]$；

1）在求 $d[i]$循环中，每得到一个 $d[i]$后，用 $f[a[i]]\times c[i]$替代 $d[i]\times c[i]$。

2）在求 a 数组循环中，用 $x=e\times 10+f[d[i]]$ 替代 $x=e\times 10+d[j]$。

3）在输出串积循环中，用 $f[d[t]]$替代 $d[t]$。

通过以上替代，把求解 2 码（v,u）串积改造为求解 n 码串积。

2. 指定 *n* 码串积程序设计

```
// 探求最小 n 码串积程序设计
#include<stdio.h>
void main()
  { int b,e,i, n,u, s,t,x,a[1000],c[1000],d[1000],f[10];
    long j,k;
    printf("    请输入正整数 n（n<9）：");
    scanf("%d",&n);                                    // 输入已知条件
     printf("     请从小到大输入%d 个数码：\n",n);
    for(i=0;i<=n-1;i++)
      { printf("     输入第%d 个数码：",i+1);
        scanf("%d",&f[i]);
      }
    printf("     请输入正整数 b："); scanf("%d",&b);
    for(t=0,i=0;i<=9;i++)
    for(j=0;j<=n-1;j++)
      if((i*(b%10))%10==f[j])
      { t=1;break;}
    if(t==0)                                           // 排除明显无解情形
      { printf("     所求%d 串积不存在！ \n",n); return; }
    c[1]=1;
    for(i=2;i<1000;i++)
      c[i]=10*c[i-1]%b;                                // c(i)为右边第 i 位 1 除以 b 的余数
    k=0;
    while(1)
      { k++;j=k;i=0;s=0;
        if(k>1e30)                                     // 指出可能无解情形
          { printf("    所求%d 码串积可能不存在！ \n",n); return; }
        while(j>0)
          { i++;d[i]=j%n;s=s+c[i]*f[d[i]];
            j=j/n; s=s%b;                              // 除 n 取余法转化为 n 进制统计余数
          }
        if(s%b==0)                                     // 检测 n 串积是否整除 b
          { for(e=0,j=i;j>=1;j--)
              { x=e*10+f[d[j]];
                a[j]=x/b; e=x%b;                       // 从高位开始试商寻求 a
              }
            j=i;
            while(a[j]==0) j--;                        // 去掉 a 数组的高位"0"
            printf("     探索得最小整数 a：");
            for(t=j;t>=1;t--)
              printf("%d",a[t]);                       // 输出所得整数 a
            printf("\n      乘积 a×b 的%d 码串积为：",n);
            for(t=i;t>=1;t--)
              printf("%d",f[d[t]]);                    // 输出 a*b 的 n 串积
            printf("\n");break;
          }
      }
  }
```

3. 程序运行示例与说明

```
请输入正整数 n（n<9）：3
请从小到大输入 3 个数码：
输入 3 个数码：0  3  6
请输入正整数 b：2018
探索得最小整数 a：3122202
乘积 a×b 的 3 码串积为：6300603636
```

如果得到的结果全为某一数码或指定数码中的某些数码所组成，可看成指定 n 码串积的一个特例。

显然，指定 n 码串积是指定 2 码串积的推广。

由指定 2 码串积改造为指定 n 码串积程序可知，对已有程序的变通改造是推广或引申案例的有效手段。

10.3　皇后问题

高斯 8 后问题是著名数学大师高斯（Gauss）借助国际象棋这一平台高度抽象出来的一个形象有趣的组合数学问题，实际上是一个有着复杂要求的排列设计。

本节从高斯 8 皇后问题的枚举设计入手，综合应用回溯与递归拓广至 n 皇后，进而探讨皇后全控棋盘问题。

10.3.1　高斯 8 后问题

1. 案例背景

在国际象棋中，皇后可以吃掉同行、同列或同一与棋盘边框成 45 度角斜线上的任何棋子，其攻击力是最强的。

数学大师高斯于 1850 年借助国际象棋抽象出著名的 8 后问题。

在国际象棋的 8×8 方格棋盘上如何放置 8 个皇后，使得这 8 个皇后不相互攻击，即没有任意两个皇后处在同一横行，同一纵列，或同一与棋盘边框成 45 度角的斜线上。

高斯当时认为 8 后问题有 76 个解，至 1854 年在柏林的象棋杂志上不同作者共发表了 40 个不同解。高斯 8 后问题到底有多少个不同的解？

2. 皇后问题解的表示

图 10-1 就是高斯 8 皇后问题的一个解。我们看到，图中的 8 个皇后互不同行、不同列，也没有同处一斜线上，即任意两个皇后都不相互攻击。

这个解如何简单地表示？

试用一个 8 位整数表示高斯 8 后问题的一个解：8 位数中的第 k 个数字为 j，表示棋盘上的第 k 行第 j 列方格放置一个皇后。因而图 10-1 所示的解可表示为整数 27 581 463。

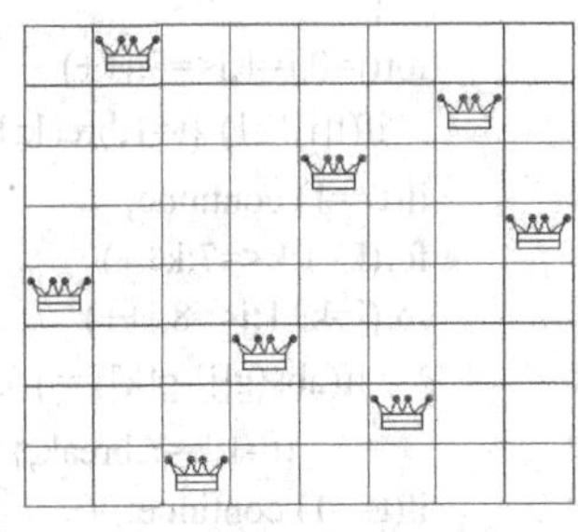

图 10-1　高斯 8 后问题的一个解

其次，这一解是如何求得的？高斯 8 后问题共有多少个不同的解？

3. 枚举设计求解 8 后问题

（1）设置枚举循环

设置枚举 a 循环，循环变量 a 的取值范围确定为区间[12 345 678, 87 654 321]。

注意到数字 1 ~ 8 的任意一个排列的数字和为 9 的倍数，即数字 1 ~ 8 的任意一个排列组成的 8 位数均为 9 的倍数，因而循环的枚举范围定为[12 345 678, 87 654 321]，其循环步长可优化为 9。

（2）任两个皇后不允许处在同一横排，同一纵列

要求 8 位数中数字 1 ~ 8 各出现一次，不能重复。

设置 f 数组，设置循环分离 a 的 8 个数字，用 $f(x)$ 统计 a 中数字 $x(x=1,2,\cdots,8)$ 的个数。若 $f(1)$ ~ $f(8)$ 中有某一个不等于 1，即数字 1 ~ 8 在整数 a 中没有或重复，则返回。

（3）任两个皇后不允许处在同一斜线上

设置 g 数组，在循环中给 g 数组赋值。若 $g(k)=x$ 表明 8 位整数 a 的第 k 个数字为 x。要求第 j 行与第 k 行的皇后不处在与棋盘边框成 45° 角的斜线上，即解的 8 位数的第 j 个数字与第 k 个数字差的绝对值 $|g(j)-g(k)|$ 不等于 $j-k$（设 $j>k$）。若出现

$$|g(j)-g(k)|=j-k$$

表明 j 与 k 表征的皇后处在与棋盘边框成 45° 角的斜线上，则返回。

（4）输出解

在枚举循环中通过以上（2）（3）两道筛选的 8 位整数 a 即为一个解，打印输出（每行打印 6 个解），同时用变量 s 统计解的个数。

4. 求解 8 后问题枚举程序设计

```
// 高斯 8 后问题枚举程序设计
#include <stdio.h>
#include <math.h>
void main()
{int a,i,j,k,s,t,x,y,f[9],g[9];
 s=0;
 printf("   高斯 8 皇后问题的解为：\n");
 for(a=12345678;a<=87654321;a=a+9)              // 步长为 9 枚举 8 位数
  {y=a;
   for(i=1;i<=8;i++) f[i]=0;
   for(k=1;k<=8;k++)
     { x=y%10;f[x]++;
       g[k]=x;y=y/10;                            // 分离 a 各个数字并用 f,g 数组统计
     }
   for(t=0,i=1;i<=8;i++)
     if(f[i]!=1) {t=1;break;}                    // 数字 1--8 出现不为 1 次，返回
   if(t==1) continue;
   for(k=1;k<=7;k++)
   for(j=k+1;j<=8;j++)
      if(abs(g[j]-g[k])==j-k)                    // 同处在 45 度斜线上，返回
          {t=1;k=7;break;}
   if(t==1) continue;
   s++;                                          // 输出 8 皇后问题的解
   printf("%d  ",a);
```

```
      if(s%6==0) printf("\n");
      }
printf("\n    高斯 8 后问题共有以上%d 个解。\n",s);
}
```

5. **程序运行与说明**

```
15863724  16837425  17468253  17582463  24683175  25713864
25741863  26174835  26831475  27368514  27581463  28613574
      ……
73825164  74258136  74286135  75316824  82417536  82531746
83162574  84136275
高斯 8 后问题共有以上 92 个解。
```

注意到上面的图示解处于上述运行结果中的第 2 行。

以上枚举设计把循环步长定为 9 的优化处理，提高了枚举效率。

枚举法求解程序设计比较简单，速度相对较慢。但上述求解 8 后问题的枚举程序运行时间还是可以接受的。

10.3.2　探索 *n* 皇后问题

高斯 8 后问题的直接推广就是 *n* 皇后问题：

要求在广义的 $n\times n$ 方格棋盘上放置 *n* 个皇后，使它们互不攻击，共有多少种不同的放置方式？试分别求出 *n* 皇后问题的各个解。

下面试应用枚举与回溯算法分别设计求解 *n* 皇后问题。

1. ***n* 皇后问题枚举设计**

（1）枚举设计要点

在上述求解 8 皇后问题的枚举设计基础上进行适当修改。

1）首先通过循环求出 *n* 皇后问题枚举循环的起始数 *b* 与终止数 *e*。

例如，当 n=5 时，b=12 345，e=54 321；当 n=9 时，b=123 456 789，e=987 654 321。

2）其次，设置循环分离所枚举的 *n* 位数 *a* 的 *n* 个数字并用 *f*,*g* 数组统计，$f[x]$表示数字 *x* 的个数，$g[k]$表示整数 *a* 的第 *k* 位数字。

3）然后实施两重检测：

① 若 $f[x]\neq 1(x=1,2,\cdots,n)$，表明 *a* 中的一个数字 *x* 不唯一（没有或重复），则返回。

② 在 *j*,*k*（设 $j>k$）循环中，若$|g[j]-g[k]|=j-k$，表明数字 $g[j]$与 $g[k]$所代表的皇后同处在 45 度角的斜线上，则返回。

4）凡通过以上两道检测的整数 *a* 即为 *n* 皇后问题的一个解，用 *s* 统计个数并输出。

（2）枚举程序设计

```
// 探求 n 皇后问题枚举程序设计
#include <stdio.h>
#include <math.h>
void main()
 {int a,b,e,i,j,k,n,s,t,x,y,f[10],g[10];
  s=0;
  printf("  请输入整数 n（n<10）：");  scanf("%d",&n);
for(b=0,e=0,i=1;i<=n;i++)                              // 确定 n 位起始数 b 与终止数 e
  { b=b*10+i;e=e*10+n+1-i;}
```

```
for(a=b;a<=e;a++)                                    // 从 b 至 e 枚举 n 位数
  { y=a;
    for(i=1;i<=n;i++) f[i]=0;
    for(k=1;k<=n;k++)
       { x=y%10;f[x]++;
         g[k]=x;y=y/10;                              // 分离 a 的 n 个数字并用 f,g 数组统计
       }
     for(t=0,i=1;i<=n;i++)
        if(f[i]!=1) {t=1;break;}                     // 数字 1--n 出现不为 1 次，返回
     if(t==1) continue;
     for(k=1;k<=n-1;k++)                             // 同处在 45 度角的斜线上，返回
     for(j=k+1;j<=n;j++)
        if(abs(g[j]-g[k])==j-k)
            { t=1;k=n;break;}
     if(t==1) continue;
     printf("%d  ",a);                               // 输出 n 皇后问题的解
     if(++s%6==0) printf("\n");
     }
  if(s>0) printf("\n  %d 皇后问题共有以上%d 个解。\n",n,s);
  else  printf("\n  %d 皇后问题无解。\n",n);
}
```

（3）程序运行示例与说明

```
请输入整数 n（n<10）：7
1357246  1473625  1526374  1642753  2417536  2461357
2514736  2531746  2574136  2637415  2753164  3162574
  ……
6251473  6314752  6357142  6374152  6427531  6471352
7246135  7362514  7415263  7531642
7 皇后问题共有以上 40 个解。
```

若输入 n=8，以上程序同样可求出 92 个解，因没有设置优化步长控制，其运行速度要比前面优化步长的设计要慢些。

2. *n* 皇后问题回溯设计

（1）回溯设计要点

设置数组 $a(n)$，数组元素 $a(i)$表示第 i 行的皇后位于第 $a(i)$列。

求 n 皇后问题的一个解，即寻求 a 数组的一组取值，该组取值中的 n 个元素的值互不相同（即没有任两个皇后在同一行或同一列），且第 i 个元素与第 k 个元素相差不为 $|i-k|$，（即任两个皇后不在同一 45° 角的斜线上）。

问题的解空间是由整数 1 ~ n 组成的 n 项数组，其约束条件是没有相同整数且每两个整数之差不等于其所在位置之差。

在循环中，$a(i)$从 1 ~ n 范围内取一个值。

为了检验 $a(i)$是否满足上述要求，设置标志变量 g，g 赋初值 1。$a(i)$逐个与其前面已取的元素 $a(k)$比较：

```
x=abs(a[i]-a[k]);
if(x==0 || x==i-k) g=0;
```

若出现 g=0，则表明 $a(i)$不满足要求（相同或同处一对角线上），$a(i)$增 1 后再试，依此类推。

若 $i=n$ 且 $g=1$，则满足要求，用 s 统计解的个数后，格式打印输出这个解。

若 $i<n$ 且 $g=1$，表明还不到 n 个数，则 i 增 1 后，$a(i)$从 1 开始赋值继续。

若 $a(n)=n$，则回溯至前一个数组元素 $a(n-1)$增 1 赋值（此时，$a(n)$又从 1 开始）再试。

若 $a(n-1)=n$，则回溯至前一个数组元素 $a(n-2)$增 1 赋值再试。

一般地，若 $a(i)=n(i>1)$，则回溯至前一个数组元素 $a(i-1)$增 1 赋值再试。

直到 $a(1)=n$ 时，已无法回溯，意味着已完成回溯试探，退出循环结束。

（2）*n* 皇后问题回溯程序设计

```
// 探求 n 皇后问题回溯程序设计
#include <stdio.h>
#include <math.h>
void main()
{ int i,g,k,j,n,x,a[20]; long s;
  printf("  请输入整数 n: ");  scanf("%d",&n);
  printf("  %d 皇后问题的解：\n",n);
  i=1;s=0;a[1]=1;
  while (1)
     {g=1;
      for(k=i-1;k>=1;k--)
         {x=abs(a[i]-a[k]);
          if(x==0 || x==i-k) g=0;               // 相同或同处一对角线上时返回
         }
      if(i==n && g==1)                          // 满足条件时输出解
         { for(j=1;j<=n;j++)
                printf("%d",a[j]);
           printf("    ");
           if(++s%5==0) printf("\n");
         }
      if(i<n && g==1)
           {i++;a[i]=1;continue;}
      while(a[i]==n && i>1) i--;                // 往前回溯
      if(a[i]==n && i==1) break;
      else a[i]=a[i]+1;
      }
   printf("\n  共%ld 个解.\n",s);
}
```

（3）程序运行示例与说明

```
请输入整数 n:  5
5 皇后问题的解：
13524   14253   24135   25314   31425
35241   41352   42531   52413   53142
共 10 个解.
```

运行程序若输入 $n=8$，即输出高斯 8 皇后问题的所有 92 个解。

注意：若 $n>10$，输出解的数值间需用空格隔开。

3. *n* 皇后问题 2 个设计比较

首先从时间复杂度上比较，枚举设计的运算数量级为 10^n，求解效率较低。当 $n=9$ 实际测试时求解速度已相当慢。

而回溯设计的时间复杂度比枚举设计低一些，在输入同样 n 时求解速度明显比枚举快捷。

在适用范围上，枚举设计最多只能到 n=9，而回溯设计可以超过 9。

当 n>9 时，解的数量急剧增长（例如，14 皇后问题有 365596 个解；15 皇后问题有 2 279 184 个解），回溯与递归设计求解自然也变得慢，且须在输出各个解时要注意数字之间的分隔。

10.3.3 皇后全控棋盘

1. 案例提出

在 8×8 的国际象棋棋盘上，如何放置 5 个皇后，可以控制棋盘的每一个方格而皇后之间不能相互攻击呢？

图 10-2 所示为 5 皇后控制 8×8 棋盘的一个解。

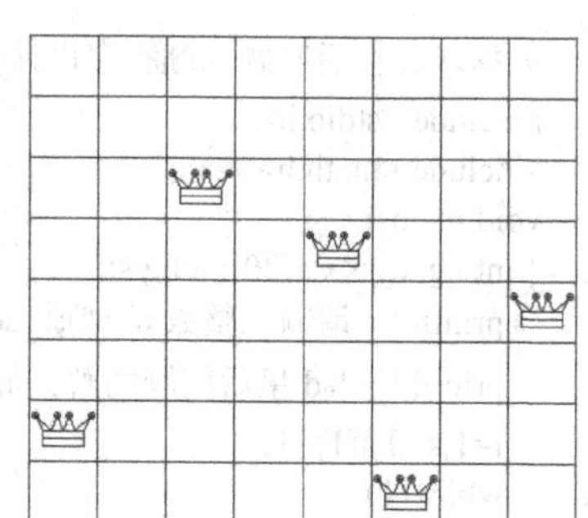

图 10-2　5 皇后控制 8×8 棋盘的一个解

我们看到，图中的 5 个皇后互不攻击，且能控制棋盘所有 64 格中的每一个格，是符合题意要求的解。

那么，5 皇后控制 8×8 棋盘共有多少个解？4 皇后能否全控 8×8 棋盘？

一般地，如何求解 r 个皇后全控 $n×n$ 广义棋盘？

2. 控制棋盘解的表示

首先，如何简单地表示图 10-2 所示皇后控制棋盘解？

试用一个 8 位数字串表示 5 皇后控制 8×8 棋盘的一个解：8 位数字串的第 k 个数字为 j>0，表示棋盘上的第 k 行的第 j 格放置一个皇后。如果 j=0，表示该行没放皇后。

显然，图 10-2 所示的解可表示为 00358016。

r 个皇后全控 $n×n$ 棋盘的解则用 n 个数字组成的数字串表示，其中 $n-r$ 个数为零。

3. r 个皇后全控 $n×n$ 棋盘递归设计要点

（1）递归函数 $p(k)$设计

递归函数 $p(k)$针对 r 个皇后全控 $n×n$ 棋盘的解的 n 个数中的第 k 个数 $a(k)$展开的。

设 $a(k)$取值为 $i(0,1,\cdots,n)$，$a(k)$逐一与已取值的 $a(j)(j=1,2,\cdots,k-1)$比较：

若 $a(j)$为正，且 $a(k)=a(j)$,或 $a(k)$与 $a(j)$都为正 $|a(k)-a(j)|=k-j$，显然不符合题意要求（不同行同列，也不同对角线），记 u=1，即为 $a(k)$取值不妥，表示该行该列已放不下皇后，于是 $a(k)$继续下一个 i 取值。否则符合题意要求，保证 u=0，即为所取 $a(k)$妥当。此时检测所完成的行数：

若 $k=n$ 成立，完成了 n 个数的赋值。此时还需做两件事：

① 设计一个循环统计“0”的个数是否为 $n-r$ 个。

② 设计函数 $g()$检测此时 r 个皇后是否全控 $n×n$ 整个棋盘（若全控，$g()$返回 0）。

若 $k=n$ 且“0”的个数 $h=n-r$ 且 $g()=0$，按格式输出一个数字解，并用 s 统计解的个数。

若 $k=n$ 不成立，未完成 n 行，继续调用 $p(k+1)$，探讨下一行取值。

（2）全控检测函数设计

设置 2 维 b 数组描述棋盘的每一格，检测前所有元素赋“0”，凡能控制的格赋“1”。

对被检测的 n 个数（其中有 $n-r$ 个零），设置 f 循环分别检测 r 个正整数，若第 f 个数 $a(f)$>0，即第 f 行有一个皇后，该皇后能控制哪些格呢？

设置 j（1～n）循环：

首先能控制第 f 行，即 $b(f,j)=1$,（$j=1,2,\cdots,n$）;

其次能控制第 $a(f)$列，即 $b(j,a(f))=1$,（$j=1,2,\cdots,n$）;

再次，能控制两斜线上的所有格，令行号为 c，即若$|c-f|=|j-a(f)|$，则 $b(c,j)=1$。把行号 c 表示为 $j,f,a(f)$的函数：

$$c=f\pm|j-a(f)| \quad (1\leqslant f\pm|j-a(f)|\leqslant n)$$

对 n 个数中所有 r 个正整数全控制完后，检查若 $b(1,1)$至 $b(n,n)$全为“1”，表示全控，返回的 t 值为 0。若 $b(1,1)$至 $b(n,n)$中存在“0”，表示不能全控，返回的 t 值为 1。

（3）主程序中调用 $p(1)$，最后返回 s 值即 r 个皇后全控 $n\times n$ 棋盘解的个数。

4. 递归程序设计

```
// r 个皇后全控 n×n 棋盘递归程序设计
#include <stdio.h>
int r,n,a[30]; long s=0;
void main()
{ int p(int k);
  printf("  r 个皇后全控 n×n 棋盘，请输入 r,n：  ");
  scanf("%d,%d",&r,&n);
  p(1);                                   // 从第 1 个数开始
  printf("\n   %d 个皇后全控%d×%d 棋盘,共以上%ld 个解. \n",r,n,n,s);
}
// 皇后全控递归函数
#include <stdio.h>
#include <math.h>
int p(int k)
{int h,i,j,u;
 int g();
 if(k<=n)
   { for(i=0;i<=n;i++)
     { a[k]=i;                            // 探索第 k 个数赋值 i
       for(u=0,j=1;j<=k-1;j++)
          if(a[j]!=0 && a[k]==a[j] || a[k]*a[j]>0 && abs(a[k]-a[j])==k-j)
            u=1;                          // 若出现非零元素相同或同斜行则 u=1
       if(u==0)                           // 若第 k 数可置 i,则检测是否 n 个数
         { if(k==n)                       // 若已到 n 个数则检测 0 的个数
             { for(h=0,j=1;j<=n;j++)
                   if(a[j]==0) h++;
               if(h==n-r)                 // 若相同元素 0 的个数为 n-r 个,输出一排列
                 { if(g()==0)             // 调用检测棋盘是否全控函数 g()
                     { printf(" ");
                       for(j=1;j<=n;j++)
                          printf("%d",a[j]);
                       if(++s%5==0) printf("\n");
                     }
                 }
             }
           else   p(k+1);                 // 若没到 n 个数,则探索下一个数  p(k+1)
         }
     }
   }
 return s;
}
// 检测棋盘是否全控函数
```

```
int g()
{ int c,f,j,t,b[20][20];
t=0;
for(c=1;c<=n;c++)
  for(j=1;j<=n;j++)
      b[c][j]=0;
  for(f=1;f<=n;f++)
    { if(a[f]!=0)
        { for(j=1;j<=n;j++)
            { b[f][j]=1;b[j][a[f]]=1;                    // 控制同行,控制同列
              if(f+abs(a[f]-j)<=n)                       // 控制两斜线
                  b[f+abs(a[f]-j)][j]=1;
              if(f-abs(a[f]-j)>=1)
                  b[f-abs(a[f]-j)][j]=1;
            }
        }
    }
  for(c=1;c<=n;c++)
  for(j=1;j<=n;j++)
    if(b[c][j]==0)
      {t=1;c=n;break;}                                   // 棋盘中有一格不能控制，t=1
  return t;
}
```

5. 程序运行示例与说明

```
r 个皇后全控 n×n 棋盘，请输入 r,n:  5,8
   00035241 00042531 00046857 00047586 00052413
   00053142 00057468 00064758 00260751 00357460
   ……
   86001047 86001407 86010730 86020730 86107003
   86170002 86200730 86475000
5 个皇后全控 8×8 棋盘,共以上 728 个解.
```

运行程序输入 r=4,n=8，没有解输出，可见对 8×8 格棋盘不可能设置 4 皇后全控，至少要 5 个皇后才能全部控制。

输入 n=8,r=6，输出 6 个皇后全控 8×8 棋盘共 6 912 个解。

输入 n=8,r=8，用 8 皇后控制 8×8 棋盘（显然是全控），实际上即高斯 8 后问题，共有 92 个解。

综合 r 个皇后控制 $n×n$ 棋盘（$3≤r≤n≤10$）的解数如表 10-1 所示。

表 10-1　　　　r 皇后控制 $n×n$ 棋盘（$3≤r≤n≤10$）的解数

皇后数 r	4×4	5×5	6×6	7×7	8×8	9×9	10×10
3	16	16	0	0			
4	**2**	32	120	8	0	0	0
5		**10**	224	1262	728	92	8
6			**4**	552	6912	7744	844
7				**40**	2456	38732	83544
8					**92**	10680	241980
9						**352**	49592
10							**724**

从表各列上端的非零项可知，全控 8×8、9×9 或 10×10 棋盘至少要 5 个皇后，全控 6×6 或 7×7 棋盘至少要 4 个皇后。

同时，由表 8×8 列的下端可知，实际上即高斯 8 后问题 92 个解。

从表中其他各列的下端（数据粗体）知 6 皇后问题有 4 个解，而 7 皇后问题有 40 个解，而 10 皇后问题有 724 个解等。当输入 $r=n$ 时，即输出 n 皇后问题的解。这就是说，以上求解的 r 个皇后控制 $n\times n$ 棋盘问题引伸与推广了 n 皇后问题。

最后指出，若 $n\geqslant 10$，为避免解的混淆，输出解时须在两个 a 数组元素之间加空格。

10.4 马步遍历与哈密顿圈

马步遍历是一个有深度也有难度的图论趣题，与马步遍历相关的最长马步路径则是马步遍历的一个拓广，而马步型哈密顿圈则是马步遍历的一个特例与亮点。

10.4.1 马步遍历探索

1. 案例提出

在给定矩阵棋盘中，马从棋盘的某个起点格出发，按“马走日”的行走规则（即横向相差 1 格纵向相差 2 格；或横向相差 2 格纵向相差 1 格）经过棋盘中的每一个方格恰好一次，该问题称为马步遍历问题，经过棋盘的每一个方格恰好一次的线路称为马步遍历路径。

例如下表所示即为 4 行 5 列棋盘中，马从棋盘左上角(1,1)出发至棋盘右下角点(4,5)止步的马步遍历。

1	18	7	14	3
6	13	2	19	10
17	8	11	4	15
12	5	16	9	20

试搜索在 n 行 $\times m$ 列广义棋盘中，马从棋盘的某指定起点出发的马步遍历路径。

2. 递归探求指定入出口马步遍历

应用递归探索在 $n\times m$ 棋盘中，指定入口即起点(x,y)与指定出口即终点(x_1,y_1)的所有马步遍历路径。

（1）马的走位

注意到马走“日”形，对于有些马位，马最多可走 8 个方向。如图 10-3 所示，当马处在位置(x,y)时可选的 8 个方向。

	-2,-1		-2,+1	
-1,-2				-1,+2
		(x, y)		
+1,-2				+1,+2
	+2,-1		+2,+1	

图 10-3 位于(x,y)的马可走的 8 个位置

设置控制马步规则的数组 $a(k)$、$b(k)$，若马当前位置为 (x,y)，马步可跳的 8 个位置分别为 $(x+a(k),y+b(k))$，其中

$$a(k)=\{\,2, 1,-1,-2,-2,-1, 1, 2\,\}$$

$$b(k)=\{\,1, 2, 2, 1,-1,-2,-2,-1\,\}\ (k=1,2,\cdots,8)$$

（2）记录步数

设置二维数组 $d(u,v)$记录棋盘中位置(u,v)即第 u 行第 v 列所在格的整数值，该整数值即为遍历路径上的步数。

例如上表所示遍历，第 8 步走在(3,2)，则 $d(3,2)=8$。

若 $d(i,j)=0$，表示(i,j)位置为空，可供走位。

（3）递归设计要点

建立递归函数 $t(g,x,y)$，对候选位置(u,v)，若满足可走条件

$1 \leqslant u \leqslant n, 1 \leqslant v \leqslant m$，且 $d(u,v)=0$

则走第 g 步：$d(u,v)=g$。

在控制 k 循环中若对所有 $k=1,2,\cdots,8$，候选位置(u,v)均不满足以上可走条件（或位置出界，或位置非空），则通过实施回溯，继续前一步的检测。

若第 g 步全部 8 个位置已走完，或者第 g 步满足可走条件且 $g=m \times n$ 时，即已实现遍历，则回溯到 $g-1$ 步。对于 $g-1$ 步，$k=k+1$ 后继续检测，直到 $k>8$ 时回溯到前一步。

若第 g 步已经成功且 $g<m \times n$，则 $g+1$ 后递归进入下一步的探索。整个程序依此进行递归检测与回溯，直到回溯到第 1 步结束。

在探索第 g 步的下一个位置时，应该取消当前成功所走马步：$d(u,v)=0$，为后面的探索留出空位。探索中每实现一次遍历，则以二维表形式输出一个遍历解，并且取消最后的成功马步后，即 $d(u,v)=0$，回溯到前一步。

若回溯完成仍没有实现马步遍历，即解的个数仍为 $z=0$，则输出未找到遍历解信息，否则输出解的总数。

若回溯完成仍没有实现遍历，即仍为 $q=0$，输出未找到遍历解信息。

（4）递归回溯剖析

以下以 3 行 4 列，起点为（1,1）为例说明递归回溯过程：

$g=2, k=1, d(3,2)=2$

$g=3, k=3, d(2,4)=3$　（$k=1,2$ 时无法走位）

$g=4, k=6, d(1,2)=4$　（$k=1\sim5$ 时无法走位）

$g=5, k=1, d(3,3)=5$

$g=6, k=4, d(1,4)=6$　（$k=1\sim3$ 时无法走位）

$g=7, k=7, d(2,2)=7$　（$k=1\sim6$ 时无法走位）

$g=8, k=2, d(3,4)=8$　（$k=1$ 时无法走位）

$g=9, k=5, d(1,3)=9$　（$k=1\sim4$ 时无法走位）

$g=10, k=7, d(2,1)=10$　（$k=1\sim6$ 时无法走位）

以上进展顺利，只有 11 与 12 两个数未放，程序调用 $p(11,u,v)$时，对于 $k=1\sim8$，条件均不满足走位，即 $g=11$ 无格可放。因而回到 $g=10$，取消 $d(2,1)=10$，使 $d(2,1)=0$。

接着 $g=10$，k 从原有的 7 增 1，即 $k=8$，也无法走位，即无法放置 10。

回溯，取消 $d(1,3)=9$，使 $d(1,3)=0$。

接着 $g=9$，k 从原有的 5 增 1，即 $k=6$……

直到 12 个整数全部旋转完成，输出遍历解。

3. 探求马步遍历递归程序设计

```
// 探求马步遍历递归程序设计
#include <stdio.h>
int k,n,m,x1,y1,z,d[20][20]={0};
void main()
{ int g,x,y;
  void p(int g,int x,int y);
```

```
  printf("  棋盘为 n 行 m 列，请输入 n,m："); scanf("%d,%d",&n,&m);
  printf("  入口位置(x,y)，请输入 x,y："); scanf("%d,%d",&x,&y);
  printf("  出口位置(x1,y1)，请输入 x1,y1： "); scanf("%d,%d",&x1,&y1);
  g=2;z=0; d[x][y]=1;                                   // 起始位置赋初值
  p(g,x,y);                                             // 调用 p(g,x,y)
  if(z>0) printf("  共有以上%d 个指定马步遍历。\n",z);
  else   printf("  未找到指定马步遍历! \n");
}
// 指定马步路径递归函数
void p(int g,int x,int y)
{int i,j,u,v,k=0;
static int a[9]={0,2,1,-1,-2,-2,-1,1,2};                // 按可能 8 位给 a,b 赋初值
static int b[9]={0,1,2,2,1,-1,-2,-2,-1};
while(k<8)
{ k=k+1;u=x+a[k];v=y+b[k];                              // 探索第 k 个可能位置
  if(u>0 && u<=n && v>0 && v<=m && d[u][v]==0)
     { d[u][v]=g;                                       // 所选位走第 g 步
       if(g==m*n)
         {if(u==x1 && v==y1)
            { printf("  第%d 个指定马步遍历：  \n",++z);
              for(i=1;i<=n;i++)                         // 以二维形式输出一个解
                { for(j=1;j<=m;j++)
                     printf("%4d",d[i][j]);
                  printf("\n");
                }
            }
          d[u][v]=0; break;
         }
       else   p(g+1,u,v);                               // 递归进行下一步探索
       d[u][v]=0;
     }
  }
}
```

4. 程序运行示例与说明

```
棋盘为 n 行 m 列，请输入 n,m：4,5
入口位置(x,y)，请输入 x,y：1,1
出口位置(x1,y1)，请输入 x1,y1： 4,5
第 1 个指定马步遍历：
   1  18   5  14   7
  10  13   8  19   4
  17   2  11   6  15
  12   9  16   3  20
  ……
第 12 个指定马步遍历：
   1  18   7  14   3
   6  13   2  19  10
  17   8  11   4  15
  12   5  16   9  20
共有以上 12 个指定马步遍历。
```

这里所得 12 个从（1,1）到（4,5）的马步遍历是所有从（1,1）出发的马步遍历的一个子集，也是所有终点为（4,5）的马步遍历的一个子集。

应用递归设计，因所涉棋盘中的 *mn* 个方格较多，递归深度较大，因而其复杂度比较大。当 *m,n* 数量较大时，求解指定马步遍历的时间比较长，探索 *m,n* 数量较大时马步遍历的算法改进是一项非常有挑战意义的创新。

10.4.2 最长马步路径

对于指定的矩阵棋盘与起始位置，可能不存在马步遍历，但存在各种长度（步数）不一的马步路径，其中步数最大的马步路径称为最长马步路径。

例如，在 4 行 5 列棋盘中，不存在起点为(2,1)的马步遍历。下表为 4 行 5 列棋盘中，马从起点(2,1)出发的一条最长的马步路径，其长度为 19，比马步遍历的步数少 1。

```
 6   13   --   17    4
 1   18    5   12    9
14    7   10    3   16
19    2   15    8   11
```

显然，对于 *n* 行 *m* 列矩阵棋盘，其最长马步路径的长度 max≤*mn*。

对于指定 *n* 行×*m* 列矩阵棋盘与起始位置(*u,v*)，若其最长马步路径的长度 max=*mn*，则该最长马步路径即为该棋盘起始位置为(*u,v*)的马步遍历。

因此，可以说最长马步路径包含了马步遍历在内，或者说马步遍历是最长马步路径的长度 max=*mn* 的特例。

本节应用回溯设计与分支限界设计探求最长马步路径。

1. 回溯设计探求最长马步路径

设指定 *n*×*m* 棋盘，指定入口即起点为(*u,v*)，试探求所有最长马步路径。

（1）探求最长马步路径要点

在以上回溯探求马步遍历程序中，若条件 *i*=*m*×*n*−1 不成立，即不存在马步遍历，此时需求出马步路径的最大长度 max，探索并输出所有长度为 max 的最长马步路径。

在实施回溯进程中，对所有 *q*=1 限制下的步数 *i* 与 max 进行比较，求出整个回溯过程中的步数最大值 max。

然后再次重新启动回溯，凡满足条件“q==1 && i==max”即打印输出长度为最大值 max 的马步路径。

可见，在不存在马步遍历情形下求出所有最长马步路径，需重复实施回溯。

（2）回溯探求最长马步路径程序设计

```
// 回溯探求最长马步路径
#include <stdio.h>
void main()
{ int i,j,k,m,n,q,u,v,u0,v0,z,max;
   int d[20][20]={0},x[400]={0},y[400]={0},t[400]={0};
   int a[9]={0,2,1,-1,-2,-2,-1,1,2};
   int b[9]={0,1,2,2,1,-1,-2,-2,-1};                          // 按可能 8 位给 a,b 赋初值
   printf("  棋盘为 n 行 m 列，请输入 n,m：  "); scanf("%d,%d",&n,&m);
   printf("  起点为 u 行 v 列，请输入 u,v：  "); scanf("%d,%d",&u,&v);
```

```
u0=u;v0=v; z=0; max=0;
i=1;x[i]=u;y[i]=v;d[u][v]=1;                          // 起始位置赋初值
while(i>0)
{q=0;                                                  // 尚未找到第 i+1 步方向
 for(k=t[i]+1;k<=8;k++)
  { u=x[i]+a[k];v=y[i]+b[k];                           // 探索第 k 个可能位置
    if(u>0 && u<=n && v>0 && v<=m && d[u][v]==0)
      { x[i+1]=u;y[i+1]=v;d[u][v]=i+1;                 // 所选位走第 i+1 步
        t[i]=k;                                        // 记录第 i+1 步方向
        q=1;break;
      }
   }
 if(q==1 && i>max) max=i;                              // 比较求最大步长 max
 if(q==1 && i==m*n-1)                                  // 存在马步遍历则统计并输出
 { printf("    第%d 个马步遍历：  \n",++z);
   for(j=1;j<=n;j++)                                   // 以二维形式输出遍历解
     { for(k=1;k<=m;k++)
          printf("%4d",d[j][k]);
       printf("\n");
     }
   t[i]=d[x[i]][y[i]]=d[x[i+1]][y[i+1]]=0;
   i--;                                                // 清零后实施回溯
  }
  else if(q==1) i++;                                   // 继续探索
  else {t[i]=d[x[i]][y[i]]=0; i--; }                   // 实施回溯
 }
if(z>0)                                                // 存在并输出马步遍历个数
 { printf("   共有以上%d 个马步遍历。\n",z) ;return;}
else
 { i=1;z=0;x[i]=u0;y[i]=v0;
   d[u0][v0]=1;                                        // 起始位置赋初值
   while(i>0)
   {q=0;                                               // 尚未找到第 i+1 步方向
    for(k=t[i]+1;k<=8;k++)
     { u=x[i]+a[k];v=y[i]+b[k];                        // 探索第 k 个可能位置
       if(u>0 && u<=n && v>0 && v<=m && d[u][v]==0)
         { x[i+1]=u;y[i+1]=v;d[u][v]=i+1;              // 所选位走第 i+1 步
           t[i]=k;                                     // 记录第 i+1 步方向
           q=1;break;
         }
     }
    if(q==1 && i==max)                                 // 统计与输出最长马步路径
      { printf("    第%d 个最大步长%d 的马步路径：  \n",++z,max+1);
        for(j=1;j<=n;j++)                              // 以二维形式输出最长马步路径
         { for(k=1;k<=m;k++)
              if(d[j][k]>0) printf("%4d",d[j][k]);
              else printf("   --");
           printf("\n");
         }
```

```
            t[i]=d[x[i]][y[i]]=d[x[i+1]][y[i+1]]=0; i--;              // 实施回溯
          }
        else if(q==1) i++;                                            // 继续探索
        else {t[i]=d[x[i]][y[i]]=0; i--; }                            // 实施回溯
      }
    printf("  共有以上%d 个最长马步路径。\n",z) ;
  }
}
```

（3）程序运行示例

```
棋盘为 n 行 m 列，请输入 n,m:   4,4
起点为 u 行 v 列，请输入 u,v:   1,1
第 1 个最大步长 15 的马步路径：
   1    8   13   10
  14   11    4    7
   5    2    9   12
  --   15    6    3
  ……
第 48 个最大步长 15 的马步路径：
   1   10    5   --
   4    7    2   13
  11   14    9    6
   8    3   12   15
共有以上 48 个最长马步路径。
```

我们看到，在 4×4 棋盘中不存在起点为（1,1）的马步遍历，但存在 48 个起点为（1,1）的最大长度为 15 的马步路径。

2. 分支限界设计探求最长马步路径

当棋盘参数 *m,n* 比较大时，无论是应用回溯还是递归探求最长马步路径，都是相当艰难而费时的。为此，试应用分支限界设计探求当棋盘参数 *m,n* 比较大时的最长马步路径。

（1）剪枝的“限界”策略

早在 1823 年，J.C.Warnsdorff 就提出了一个有名的算法。在每个结点对其子结点进行选取时，优先选择“出口”最少的子结点。这里“出口”的意思是指子结点的可行子结点的个数，也就是“孙子”结点越少的越优先选。

为什么要这样选取？如果优先选择出口多的子结点，到后来所面临的大多是出口少的结点，即面临的选择面就会很小，甚至可能出现“死”结点（即没有合适结点可选），造成搜索功亏一篑。反过来如果每次都优先选择出口少的结点，到后来出口少的结点就会越来越少，大大增添结点的选择面，马步成功的机会就更大一些。

这种策略就是启发性调整应用，就是为了加快搜索速度而采用启发信息剪枝的“限界”策略。即对每一个结点计算一个优先级（具体用孙子函数表示），并根据这些优先级，从当前活结点表中优先选择一个优先级最高（即孙子函数最小）的活结点作为扩展结点，加快搜索进程，以便尽快找到最优解。

实践证明探求最长马步路径时在运用这一策略之后搜索速率有非常明显的提高，以至对某些较大的棋盘不用回溯就可以得到一个步数最长的马步路径或马步遍历解。

（2）分支限界算法设计

考察第 i 步跳马，可有 k=8 个方向选择，其中可行的跳位（即位置在棋盘上且该位为空）称为子位。每一个子位又有若干个可行的跳位称为孙位。应用 $t[k]$（1≤k≤8）统计取第 k 方向时的孙子数。

比较 8 个方向的 $t[k]$为正整数（$t[k]$=0 时不是可行位）的最小值 min，选取最小值 min 的方向（即 $k=k_1$）的活结点作为扩展结点，即第 i 步跳马的方向。

特殊情况下，若检查不存在孙子位，即所有方向的 $t[k]$均为零（k_1=8）时，需检查是否存在符合要求的子位，把符合要求的子位作为所搜索到的马步路径的最后一步，不得遗漏。

当然，若 $i=m\times n-1$ 时，显然是一个遍历解。这是最后一步，既不要进行孙位统计，也无须比较，只需选择最后一个赋值并输出遍历解即可。

以上策略应用，没有产生任何回溯，即可得指定棋盘的一个步数最长的马步路径或马步遍历解。

（3）分支限界探求最长马步路径程序设计

```
// 分支限界探求最长马步路径
#include <stdio.h>
void main()
{ int c,i,j,k1,k,m,n,u,v,u0,v0,u1,v1,min;
  int d[20][20]={0},x[400]={0},y[400]={0},t[9]={0};
  int a[9]={0,2,1,-1,-2,-2,-1,1,2};
  int b[9]={0,1,2,2,1,-1,-2,-2,-1};                    // 按可能 8 位给 a,b 赋初值
  printf("  棋盘为 n 行 m 列，请输入 n,m：  ");
  scanf("%d,%d",&n,&m);
  printf("  入口为 u 行 v 列，请输入 u,v：  ");
  scanf("%d,%d",&u,&v);
  u0=u;v0=v;i=1;x[i]=u;y[i]=v;
  d[u][v]=1;                                            // 起始位置赋初值
  while(i<m*n)
  { for(k1=0,k=1;k<=8;k++)
     { u=x[i]+a[k];v=y[i]+b[k];                         // 探索第 k 个可能位置
       if(u>0 && u<=n && v>0 && v<=m && d[u][v]==0)
        { x[i+1]=u;y[i+1]=v;u1=u;v1=v;                  // 第 k 个子位
        if(i==m*n-1) break;                             // 此时无须检测孙位
        t[k]=0;
          for(j=1;j<=8;j++)
           { u=x[i+1]+a[j];v=y[i+1]+b[j];
             if(u>0 && u<=n && v>0 && v<=m && d[u][v]==0  && !(u==x[i] && v==y[i]))
                t[k]++;                                 // 统计第 k 个子位可走孙位个数 t[k]
           }
          if(t[k]==0) k1++;
        }
       else {t[k]=0;k1++;continue;}                     // 此时无须检测孙位
     }
   if(k1==8)                                            // 未发现任何孙位时，需补充子位
   { x[i+1]=u1;y[i+1]=v1;d[u1][v1]=i+1;
     printf("  最大长度为%d 步的马步路径：  \n", i+1);
    for(j=1;j<=n;j++)                                   // 以二维形式输出马步路径
     { for(k=1;k<=m;k++)
         if(d[j][k]>0) printf("%4d",d[j][k]);
```

```
            else printf("   --");
          printf("\n");
        }
      return;
    }
   if(i<m*n-1)
     { min=8;
       for(k=1;k<=8;k++)
       if(t[k]>0 && t[k]<min) { min=t[k];k1=k;}
       u=x[i]+a[k1]; v=y[i]+b[k1];                    // 选择最少孙位
       x[i+1]=u; y[i+1]=v;
     }
  d[u][v]=i+1;c=i+1;                                  // 走第 i+1 步
  if(i==m*n-1)
   { printf("   在%d 行%d 列矩阵从%d 行%d 列开始的马步遍历: \n",n,m,u0,v0);
     for(j=1;j<=n;j++)                                // 以二维形式输出遍历解
       { for(k=1;k<=m;k++)
           printf("%4d",d[j][k]);
         printf("\n");
       }
     return;
   }
  else   i++;                                         // 未走完，继续探索
 }
}
```

（4）程序运行示例与说明

```
棋盘为 n 行 m 列，请输入 n,m:   4,4
入口为 u 行 v 列，请输入 u,v:   1,1
最大长度为 15 步的马步路径：
   1   8  13  10
  14  11   4   7
   5   2   9  12
  --  15   6   3
```

在 n 行 m 列的棋盘中，如果最长马步路径的长为 $m \times n$ 时，即为马步遍历,因而最长马步路径包含马步遍历。

例如，输入 n,m: 10,10（u,v: 1,1），即可快速得到 10 行 10 列的马步遍历。输入 n,m: 19,19（u,v: 1,1），即可快速得到 19 行 19 列的马步遍历。这些比较大的棋盘数据应用回溯法或递归设计求解是难以完成的。

因分支限界探索无任何回溯，探求速度非常快。算法的时间复杂度为 $O(m \times n)$，即为遍历元素的线性时间复杂度。

也正因无任何回溯，也存在探索效果并不稳定的问题，即对有些 m,n 参数不能寻求到相应的最长马步路径，这些需进一步改进与完善分支限界设计。

10.4.3 马步型哈密顿圈

马步遍历中若终点能与起点相衔接，即遍历路径的终点与起点也形成一个“日”形关系，该遍历路径为一马步型封闭圈，称为马步型哈密顿圈，简称哈密顿圈。

如下数阵为 6 行 5 列哈密顿圈，其中起点“1”与终点“30”构成“日”型关系。

```
  1   4  11  20  29
 10  21  30   3  12
  5   2   9  28  19
 22  17  24  13   8
 25   6  15  18  27
 16  23  26   7  14
```

试探求 $n\times m$ 棋盘中的马步型哈密顿圈。

1. 递归设计探求哈密顿圈

（1）递归设计要点

既然是一个圈，则无所谓起点与终点。为简便计，不妨设起点为(1,1)，与之相衔接的终点应为(2,3)或(3,2)，以便与起点(1,1)构成“日”形马步。

在以上递归求解马步遍历的基础上，固定起点为(1,1)，然后加上终点为(2,3)或(3,2)判别即可。

（2）递归探求哈密顿圈程序设计

```c
// 递归探求哈密顿圈程序设计
#include <stdio.h>
int k,n,m,s,d[20][20]={0};
void main()
  { int g,x,y;
    void  p(int g,int x,int y);
    printf(" 棋盘为 n 行 m 列，请输入 n,m: ");
    scanf("%d,%d",&n,&m);
    x=1;y=1; g=2;s=0; d[x][y]=1;                      // 起始位置赋初值
    p(g,x,y);                                         // 调用 p(g,x,y)
    if(s==0)  printf("  未找到马步哈密顿圈! \n");
    else  printf("  共以上%d 个马步哈密顿圈. \n",s);
  }
// 马步哈密顿圈递归函数
void  p(int g,int x,int y)
{int i,j,u,v,k=0;
 static int a[9]={0,2,1,-1,-2,-2,-1,1,2};            // 按可能 8 位给 a,b 赋初值
 static int b[9]={0,1,2,2,1,-1,-2,-2,-1};
 while(k<8)
  { k=k+1;u=x+a[k];v=y+b[k];                          // 探索第 k 个可能位置
    if(u>0 && u<=n && v>0 && v<=m && d[u][v]==0)      // 所选位为空可走
      { d[u][v]=g;                                    // 则走第 g 步
        if(g==m*n && ((u==2 && v==3) || (u==3 && v==2)))
          { printf("  第%d 个哈密顿圈为:  \n",++s);
            for(i=1;i<=n;i++)                         // 以二维形式输出哈密顿圈
              { for(j=1;j<=m;j++)
                  printf("%4d",d[i][j]);
                printf("\n");
              }
            d[u][v]=0;break;
          }
        else  if(g<m*n) p(g+1,u,v);                   // 递归进行下一步探索
        d[u][v]=0;                                    // 实施回溯
      }
  }
}
```

（3）程序运行示例与说明

```
棋盘为n行m列，请输入n,m:  6,5
第1个哈密顿圈为:                              第16个哈密顿圈为:
    1   8  11  20  29                            1  22  13  10   3
   10  21  30   3  12                           14   5   2  23  12
    7   2   9  28  19                           21  30  11   4   9
   22  17  24  13   4                            6  15  26  19  24
   25   6  15  18  27                           29  20  17   8  27
   16  23  26   5  14                           16   7  28  25  18
  ......                                      共以上16个马步哈密顿圈.
```

其中有些圈如第 1 个的终点为(2,3)，而有些圈如第 16 个的终点为(3,2)。

程序搜索并输出所有 6 行 5 列的共 16 个哈密顿圈，如果输入的参数改变为 n=5,m=6，同样可搜索出 16 个哈密顿圈。

2. 递归结合分支限界探求哈密顿圈

以上递归求解哈密顿圈，当 m,n 的数值比较大时，递归深度大导致求解速度太慢。

设起点为(1,1)，终点为（2,3），因没有回溯，可以缩短探索的时间，但探索的成功率很低。因为，只要中途某一步卡住了，哪怕与终点只相差一两步，都不能成功。

如果把分支限界与递归结合起来使用，可望实现既高效又能够保证每一个有解的棋盘都能找到相应的哈密顿圈。

（1）递归结合分支限界设计要点

为了加快搜索速度，每走一步，计算下一步的所有子位的出口数作为函数值（限界），并根据出口函数值从当前活结点中选择一个最小的结点作为扩展结点，即从当前活结点表中优先选择一个优先级最高（即孙子函数最小）的活结点作为扩展结点，使搜索朝着解空间树上有最优解的分支推进，以便尽快找出一个哈密顿圈。

这种策略就是启发性调整应用，就是为了加快搜索速度而采用启发信息剪枝的“限界”策略。

实践证明探求最长马步路径时在运用这一策略之后搜索速率有非常明显的提高，以至对某些较大的棋盘不用回溯就可以得到一个步数最长的马步路径或马步遍历解。

具体来说，当从第 g-1 步走向第 g 步时，总是按照数组 a 和 b 预先设定的固定顺序进行探测，这样很容易产生大量的出口少的结点。如果在此能够结合分支限界，不仅能够加快获得解的速度，而且能够解决有解的棋盘找不到解的问题。

1）对于马步 g，在选择走步方向之初，即在所递归调用的子函数 t 的开始处，用数组 s 统计出口，数组 f 记录子位的方向下标。按照方向数组 a 和 b 的顺序循环，$t[j]$表示走第 g 步的 8 个子位中第 j 个子位的出口数，同时 $f[j]$表示走第 g 步的 8 个子位中第 j 个子位所选取的方向，初始时 $f[j]$的方向顺序与数组 a 和 b 一致。

2）当走第 g 步的 8 个子位的出口统计完成后，以数组 f 的元素为下标，按照出口大小对 s 的元素进行升序排序，排序中只需交换数组 f 的相应元素。

排序后的结果：$t[f[1]] \le t[f[2]] \le \cdots \le t[f[8]]$。

同时设置 k(1～8)循环，直到 $t[f[k]]>0$ 为止，此时 $f[k]$为走第 g 步的首选方向。由于 $f[k]$为出口最少的可行子位，则 $f[k \sim 8]$一定是可行子位，因此无需进行检测。

3）走第 g 步时，从首选方向开始，按照出口从少到多的顺序进行走步探索，即按照

$f[k], f[k+1], \cdots, f[8]$的顺序进行走步探索。

标记量k_1的作用及出口的排序过程与前面分支限界的回溯或递归方法求解马步遍历问题的程序完全相同，在此不再赘述。

递归回溯过程与前面采用递归方法求解的程序基本相同，不同的是从首方向$f[k]$开始无需对$f[k\sim 8]$进行可行性检查，因为它们均为可行马步方向。

（2）递归结合分支限界程序设计

```
// 递归结合分支限界探索哈密顿圈
#include <stdio.h>
int n,m,z,d[20][20]={0},t[9];
int a[9]={0,2,1,-1,-2,-2,-1,1,2};                        // 按可能 8 位给 a,b 赋初值
int b[9]={0,1,2,2,1,-1,-2,-2,-1};
void main()
{ int g,x,y;
   void  p(int g,int x,int y);
   printf(" 棋盘为 n 行 m 列，请输入 n,m：");scanf("%d,%d",&n,&m);
   x=1;y=1;g=2;z=0;
   d[x][y]=1;                                            // 起始位置赋初值
   p(g,x,y);                                             // 调用 p(g,x,y)
   if(z==0) printf("  未找到马步哈密顿圈! \n");
   else printf("  共有%d 个马步哈密顿圈. \n",z);
}
// 马步哈密顿圈递归函数
void  p(int g,int x,int y)
{ int i,j,l,u,v,u1,v1,k,k1=0,f[9];
   for(j=1;j<=8;j++)
      { f[j]=j;
        u=x+a[j];v=y+b[j];                               // 探索第 j 个可能位置
        if(u>0 && u<=n && v>0 && v<=m && d[u][v]==0)
        { if(g==m*n) {k=j;break;}                        // 此时无须检测孙位，用 k 标记最后一步的方向
          else if(!(u==2 && v==3))
            { t[j]=0;
              for(l=1;l<=8;l++)
                 {u1=u+a[l];v1=v+b[l];
                   if(u1>0 && u1<=n && v1>0 && v1<=m && d[u1][v1]==0 && !(u1==x && v1==y))
                     t[j]++;                             // 统计第 j 个子位可走孙位个数
            }
          if(t[j]==0) k1++;
        }
      else {t[j]=0;k1++;continue;}
    }
   else {t[j]=0;k1++;continue;}                          // 此时无须检测孙位
 }
  if(k1==8) return;                                      // 第 g 步走不了，实施回溯
  if(g<m*n)
   { for(j=1;j<=7;j++)                                   // 对 8 个子位可走孙位个数进行升序排序
     for(l=j+1;l<=8;l++)
       if(t[f[j]]>t[f[l]])
           { k1=f[j];f[j]=f[l];f[l]=k1; }
       for(k=1;t[f[k]]<=0;k++);                          // 操作后，k 记录第 g 步的首选方向
```

```
    }
  while(k<=8)
    { u=x+a[f[k]];v=y+b[f[k]];
      d[u][v]=g;                              // 选取第 k 个可能位置走第 g 步
      if(g==m*n)
        { printf("    第%d 个马步哈密顿圈为：\n",++z);
          for(i=1;i<=n;i++)                   // 以二维形式输出马步哈密顿圈
             {for(j=1;j<=m;j++)
                  printf("%4d",d[i][j]);
              printf("\n");
             }
          d[u][v]=0;break;                    // 实施回溯，寻求新的解
        }
      else   p(g+1,u,v);                      // 递归进行下一步探索
      d[u][v]=0; k=k+1;                       // 清零为后面的马步探索留出空位
    }
}
```

（3）程序运行示例与说明

```
棋盘为 n 行 m 列，请输入 n,m：10,9
第 1 个马步哈密顿圈为：
   1  40   3  44  47  50  17  20  23
   4  43  90  51  18  45  22  49  16
  39   2  41  46  89  48  19  24  21
  42   5  88  83  52  61  78  15  54
  87  38  71  64  79  84  53  60  25
   6  65  82  85  72  77  62  55  14
  37  86  35  70  63  80  73  26  59
  34   7  66  81  76  29  58  13  56
  67  36   9  32  69  74  11  30  27
   8  33  68  75  10  31  28  57  12
……
```

运行程序所得 10 行 9 列的哈密顿圈数量相当多，这里仅显示第 1 个。

中国象棋上的点相当于 10 行 9 列的矩形，以上结果说明在中国象棋盘上马从棋盘上的任意位置出发可遍行棋盘上的每一个点而不重复。

参数 *m,n* 达到或超过 10 时，构造的哈密顿圈的规模还是比较大的，若按单纯的回溯或递归设计求解，时间可能会相当长。以上在递归设计基础上结合分支限界的应用，或者说把递归算法与分支限界有机地结合起来，可有效提高这些较大规模哈密顿圈的搜索效率。

10.5 综合应用小结

本节设计求解了难度较大综合性较强的 4 个案例。

幂积序列是一个深入浅出、很有吸引力的应用案例。本节从一般枚举设计入手，优化为有启发性有针对性的枚举设计，进一步给出两个递推算法设计，并拓广至多幂积。设计难度不大，但可引导对一个问题的多方位多视角的思考与探索。

指定码串积从探索 0-1 串积的两个枚举设计开始，引申到指定 2 码到指定多码，技巧性较强，

拓广的示范效应可启发设计者从已有的设计出发，经过改进求解较为复杂较为综合的引申问题。

高斯皇后问题是一个影响久远的经典名题，在应用枚举求解 8 皇后问题基础上，应用枚举与回溯算法设计求解了 n 皇后问题，进而应用递归设计求解了“r 个皇后控制 $n \times n$ 棋盘问题”，最后作为练习可应用回溯或递归进一步求解了“r 个皇后控制 $n \times m$ 棋盘问题”。

事实上，n 皇后问题是对 8 皇后问题的直接拓广；当 $r=n$ 时，r 个皇后控制 $n \times n$ 棋盘问题即为 n 皇后问题；而 r 个皇后控制 $n \times m$ 棋盘直接拓广了 $n \times n$ 棋盘的范围。

马步遍历与哈密顿圈所涉及的内容更加丰富，设计求解的难度也更大些。

回溯与递归是设计求解马步遍历问题的首选算法。当棋盘较大，回溯与递归求解变得困难时，应用分支限界设计可实现“无回溯”探求，大大缩减较大数量的最长马步路径或马步遍历的求解时间。

哈密顿圈是马步遍历的一个有趣的特例与亮点，探求哈密顿圈只要在马步遍历的基础上加入起点与终点的“日”形配合即可。同样当棋盘较大时，求解哈密顿圈变得困难，本章开创性地给出的递归结合分支限界设计，在探求较大规模的哈密顿圈上是有效的。

由本章 4 个综合案例的设计求解可见，对一些难度较大、综合性较强的复杂案例，有时需综合应用多种算法设计进行求解。每一种算法有其各自的优势与特点，当然也有其某些局限。正因为如此，算法的综合应用才可以取长补短，相辅相成。

习题 10

10-1 试应用递归设计求解 n 皇后问题。

10-2　r 个皇后全控广义 $n \times m$ 棋盘。

在 $n \times m$ 的棋盘上，如何放置 r 个皇后，可以控制棋盘的每一个格子而皇后互相之间不能攻击呢（即任意两个皇后不允许处在同一横排，同一纵列，也不允许处在同一与棋盘边框成 45 度角的斜线上）？

10-3　应用回溯探索指定入口的所有马步遍历路径。

应用回溯探索在指定 $n \times m$ 棋盘中，指定入口即起点(u,v)的所有马步遍历路径。

10-4　应用递归实现设置障碍的马步遍历。

在一个 n 行 m 列棋盘中，任指定一处障碍。请设计递归程序，寻求一条起点为（1，1）越过障碍的遍历路径。

10-5　应用回溯设计探求构建 n 行 m 列马步哈密顿圈。

10-6　连排环绕组合构建哈密顿圈。

根据如图 10-4 所示，构成连排环绕组合环绕哈密顿圈。图中每一横排为 3 个遍历（实际上每一横排可为任意多个遍历）。

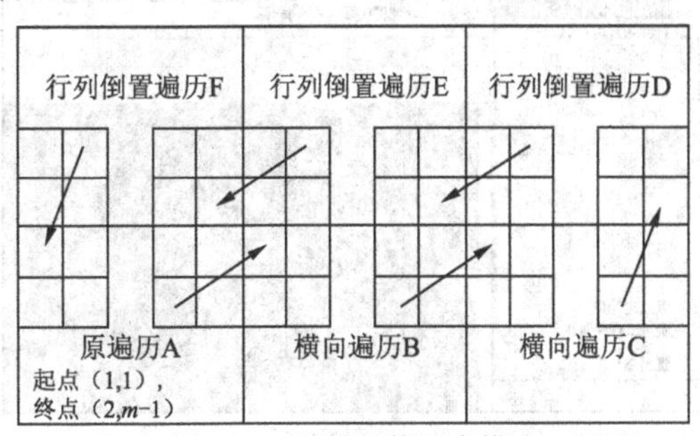

图 10-4　连排环绕组合模式

附录A
在Visual C++6.0环境下运行C程序方法简介

1. 进入Visual C++6.0集成环境

Visual C++6.0（简称VC++6.0）是在Windows环境下工作的。VC++6.0有英文版与中文版，二者使用方法相同。

为了能使用VC++6.0，必须先行在计算机上安装VC++6.0。

双击VC++6.0的快捷方式图标，即进入VC++6.0集成环境，出现VC++6.0的主窗口，见图附-1。

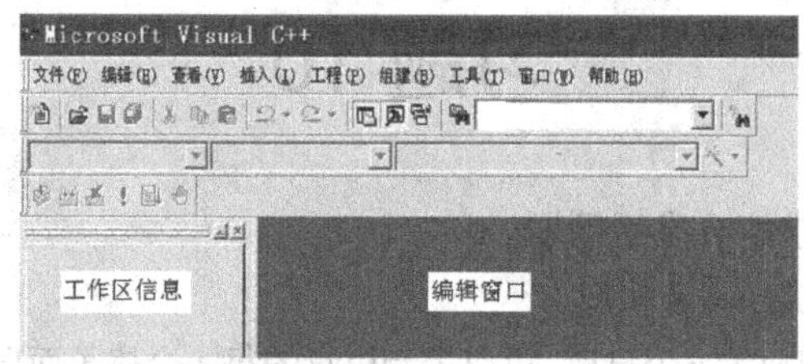

图附-1　VC++6.0 主窗口

VC++6.0的主菜单包含9个菜单项：

文件(File)、编辑(Edit)、查看(View)、插入(Insert)、工程(Project)、组建(Build)、工具(Tools)、窗口(Windows)和帮助(Help)，以上各项括号中是VC++6.0英文版的英文显示。

主窗口的左侧是项目工作区窗口，用来显示所设定的工作区信息。右侧是程序编辑窗口，用来输入和编辑源程序。

2. 输入和编辑源程序

在主菜单中选择“文件”，然后选择“新建”菜单项，见图附-2。

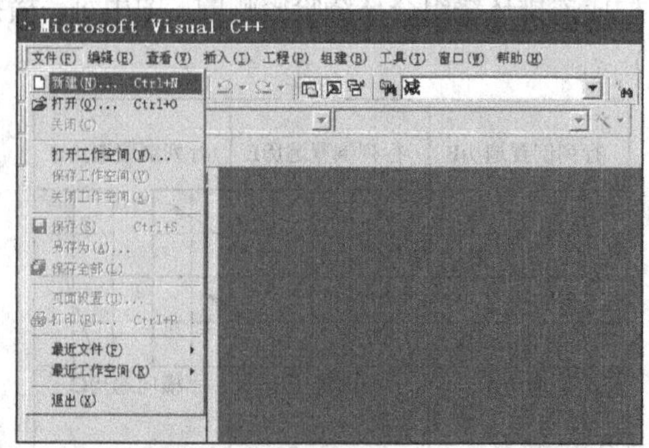

图附-2　选择“文件”菜单中的“新建”项

出现“新建”对话框，单击对话框上方的“文件(Files)”，选择其下拉菜单中的“C++ source File”项（见图附-3），表示要建新的 C++源程序文件。然后在右半部的“位置(C)”文本框中确定源程序的存储位置（设为 D：\VC98），在其上方的“文件名(N)”文本框中输入源程序的文件名（设为 262）。

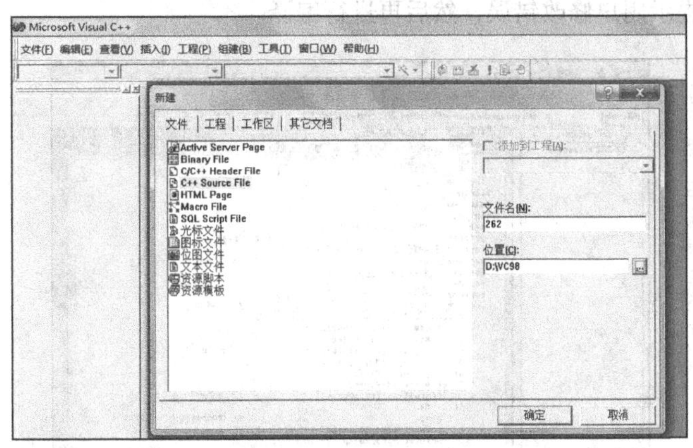

图附-3 选择对话框“文件”中的“C++ source File”项

单击“确定”按钮，回到主窗口，光标在程序编辑窗口闪烁，表示程序编辑窗口已激活，可以输入源程序了。输入源程序可以一行行输入，每行结束回车。也可以把另编辑好的源程序通过“复制”后，应用“编辑”菜单中的“粘贴”，“粘贴”到编辑窗口，并选择“文件”菜单中的“保存(Save)”把编辑的源程序保存到指定位置。图附-4 所示为把程序 262 程序“粘贴”到程序编辑窗口。也可以在“文件”左栏的“最近文件”中打开一个文件，然后把复制的源文件应用“粘贴”覆盖打开的文件。

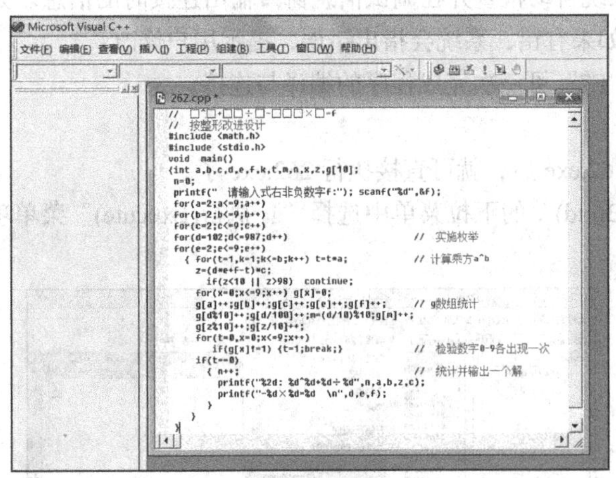

图附-4 编辑程序 262

3. 程序的编译与连接

编辑源程序以后，需对源程序进行“编译”与“连接”，才能运行源程序。

（1）程序的编译

在主菜单“组建(Build)”的下拉菜单中选择“编译(compile)”菜单项，见图附-5。

单击“编译”，系统即对源程序 262 进行编译，出现对话框，内容是 (此编译命令要求一个有效的项目工作区，你是否同意建立一个默认的项目工作区？)，单击对话框中的"是(Y)",即完成程序的编译。

在进行程序的编译时，编译系统自动检查源程序是否存在语法错误，然后在主窗口下部的调试信息窗口输出编译信息。如果无错，即生成编译的目标文件 262.obj。如果有错，系统会指出错误的位置与性质，提示用户修改错误，然后再进行编译。

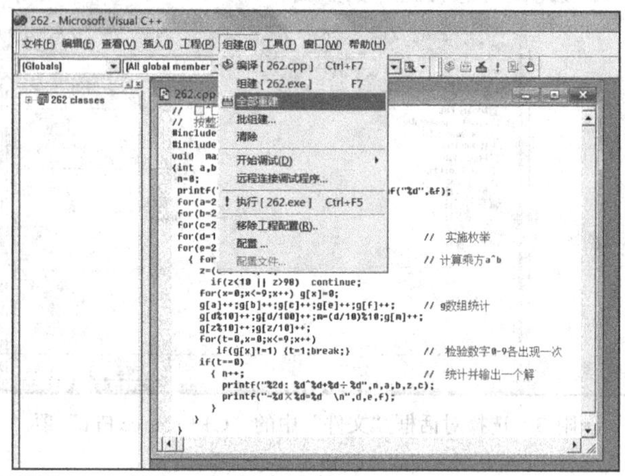

图附-5　选择"组建"菜单中的"编译"

（2）程序的连接

在编译得到了.obj 目标文件后，还不能直接运行，还须把程序与系统提供的资源（如函数库）建立连接。在主菜单"组建(Build)"的下拉菜单中选择"组建(Build)"菜单项，即连接生成.exe 可执行文件。

在进行连接时，系统自动检查并在调试信息窗口输出连接时的信息。如果无错，即连接生成可执行文件 262.exe。如果有错，系统会指出错误，提示用户修改。

注意：按功能键"F7"可一次完成程序的编译与连接。

4. 程序的执行

得到可执行文件 262.exe 后，就可直接执行 262.exe 了。

在主菜单"组建(Build)"的下拉菜单中选择"！执行(Execute)"菜单项，见图附-6，即开始执行 262.exe。

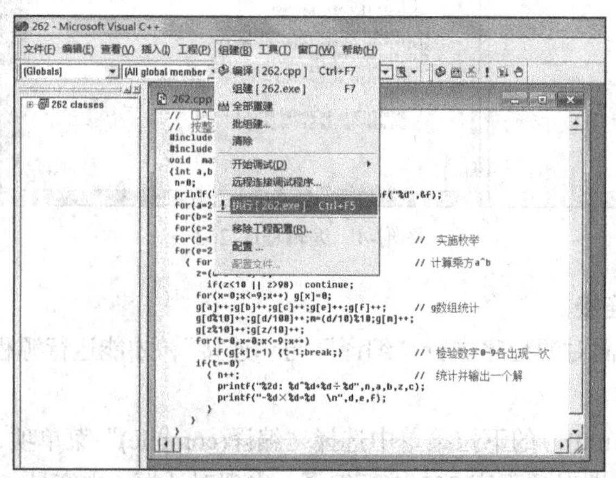

图附-6　运行程序选择"执行"菜单项

执行 262.exe，输出程序的执行结果如图附-7 所示。输出的最后一行显示“Press any key to continue”是 VC++ 6.0 系统自动加上的信息，通知用户“按任意键继续”。当按下任意键后，输出窗口消失，回到 VC++ 6.0 的主窗口。

注意：应用组合键“Ctrl+F5”可一次完成程序的编译、连接与执行。同时，程序的编译、连接与执行有相应的图标按钮 可方便使用。

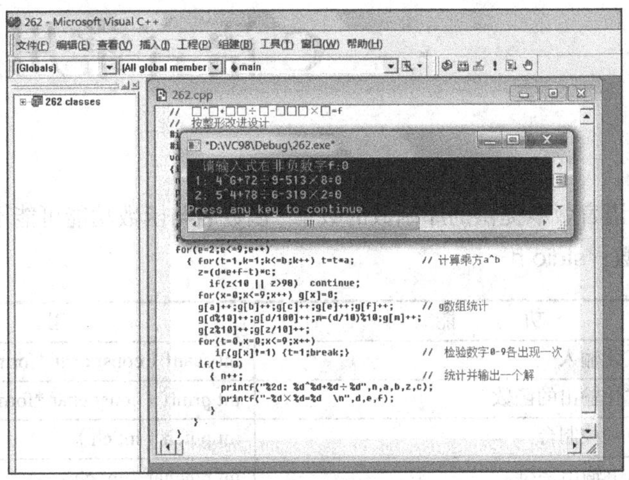

图附-7　程序的执行结果

已完成对一个程序的操作后，应选择“文件”菜单中的“关闭工作空间(Close Workspace)”，以结束对该程序的操作。

附录B
C语言常用库函数

注意：每一种C语言版本提供的库函数的数量、函数名与函数功能可能不同，使用时需查明。

1．输入输出函数：stdio.h

函数名称	功　　能	用　　法
scanf	用于格式化输入	int scanf（const char *format[, argument]...）
printf	产生格式化输出的函数	int printf（const char *format[, argument]...）
putch	输出字符到控制台	int putch（int ch）
putchar	在stdout上输出字符	int putchar（int ch）
getch	从控制台无回显地取一个字符	int getch（void）
getchar	从stdin流中读字符	int getchar（void）
fclose	关闭fp所指向的文件，释放文件缓冲区	int fclose（FILE *fp）
feof	检查文件是否结束	int feof（FILE *fp）
fgetc	从fp指向的文件中取一个字符	int fget（FILE *fp）
fgets	从fp指向的文件中取一个长度为n-1的字符串，存入到以buf为起始地址的存储区中	char *fgets（char *buf, int n, FILE *fp）
fopen	以mode指定的方式打开以filename为文件名的文件	FILE *fopen（const char *filename, const char *mode）
fprintf	将args的值以format指定的格式输出到fp所指向的文件中	int fprintf（FILE *fp, const char *format [, argument]...）
fputc	将字符ch输出到fp指向的文件中去	int fputc（int ch, FILE *fp）
fputs	将str指向的字符串输出到fp指向的文件中	int fputs（const char *str, FILE *fp）
fread	从fp指向的文件中读长度为size的n个数据项，存放在pt所指向的存储区中	size_t fread（void *buffer, size_t size, size_t count, FILE *fp）
fscanf	从fp指向的文件中按format规定的格式将输入的数据存入到args所指向的内存中去	int fscanf（FILE *fp, const char *format [, argument]...）
fseek	将fp所指向的文件的位置指针移到以base所指向的位置为基准，以offset为位移量的位置	int fseek （FILE *fp, long offset, int base）
fwrite	从buf指向的缓冲区输出长度为size的count个字符到fp所指向的文件中	size_t fwrite（const void *buf, size_t size, size_t count, FILE *fp）
getw	从fp指向的文件中读取下一个字	int getw（FILE *fp）
putw	将一个字输出到fp所指向的文件中去	int putw（int w，FILE *fp）
rewind	将fp指向的文件的位置指针设置为文件开头位置，并清除文件结束标志和错误标志	void rewind（FILE *fp）

2. 数学函数：math.h

函数名称	功　　能	用　　法
sin	计算 sin*x* 的值	double sin（double x）
cos	计算 cos*x* 的值	double sin（double x）
exp	计算 e 的 *x* 次方	double exp（double x）
abs	计算整型参数 *x* 的绝对值	int abs（int x）
fabs	计算浮点型参数 *x* 的绝对值	double fabs（double x）
fmod	计算浮点型参数 *x/y* 的余数	double fmod（double x,double y）
ceil	计算不小于 *x* 的最小整数	double ceil（double x）
floor	计算不大于 *x* 的最大整数	double floor（double x）
pow	计算出 *x* 的 *y* 次方	double pow（double x,double y）
sqrt	计算出 *x* 的平方根	double sqrt（double x）
tan	计算出 tan*x* 的值	double tan（double x）
srand	初始化随机数发生器	void srand（unsigned seed）
rand	产生并返回一个随机数	int rand()

3. 字符函数：ctype.h

函数名称	功　　能	用　　法
isalnum	检查变量 ch 是否是数字或者字母	int isalnum（int ch）
isapha	检查 ch 是否为字母	int isapha（int ch）
isdigit	检查 ch 是否是数字（0～9）	int isdigit（int ch）
islower	检查 ch 为小写字母，返回 1，否则返回 0	int islower（int ch）
isupper	检查 ch 为大写字母，返回 1，否则返回 0	int isupper（int ch）
tolower	将 ch 字符转换为小写字符	int tolower（int ch）
toupper	将 ch 字符转换为大写字符	int toupper（int ch）

4. 字符串函数：string.h

函数名称	功　　能	用　　法
strcat	将字符串 str2 接到 str1 后面，str1 字符串后面的‘\0’自动取消	char *strcat（char *str1,const char *str2）
strcmp	比较两个字符串，str1<str2,返回值为负数 str1=str2,返回值为 0 str1<str2，返回值为正数	int strcmp（const char *str1, const char *str2）
strcpy	将 str2 指向的字符串拷贝到 str1 中去	char *strcpy（char *str1, const char *str2）
strlen	计算字符串 str 的长度（不包含‘\0’），返回值为字符的个数	unsigned int strlen（const char *str）

5．图形函数：graphics.h

函数名称	功　　能	用　　法
arc	以 *r* 为半径，*x*,*y* 为圆心，*s* 为起点，*e* 为终点画一条圆弧	void arc（int x, int y, int s, int e, int r）
bar	以 *l*,*t* 为左上角坐标，*r*,*b* 为右下角坐标画一个矩形框	void bar（int l, int t, int r, int b）
circle	以 *x*,*y* 为圆心，*r* 为半径画一个圆	void cirle（int x, int y, int r）
cleardevice	清除图形屏幕	void cleardevice（void）
closegraph	关闭图形工作方式	void closegraph（void）
floodfill	对一个有界区域着色	void floodfill（int x, int y, int border）
getbkcolor	返回当前背景颜色	int far getbkcolor（void）
getcolor	返回当前画线颜色	int getcolor（void）
initgraph	按 drive 指定的图形驱动器装入内存，屏幕显示模式由 mode 指定，图形显示器路径由 path 指定	void initgraph（int *drive, int *mode, char *path）
line	从（*sx*,*sy*）到（*ex*,*ey*）画一条直线	void line（int sx, int sy, int ex, int ey）
outtext	在光标所在位置上输出一个字符串	void outtext（char *str）
rectangle	使用当前的画线颜色从（left,top）为左上角，（right，bottom）为右下角画一个矩形	void rectangle（int left, int top, int right, int bottom）
setactivepage	设置图形输出活动页为 page	void setactivepage（int page）
setbkcolor	重新设定背景颜色	void setbkcolor（int color）
setcolor	设置当前画线的颜色	void setcolor（int color）
setfillstyle	设置图形的填充式样和填充颜色	void far setfillstyle（int pa, int color）
settextstyle	设置图形字符输出字体、方向和字符大小	void far settextstyle（int font, int direct, int size）
setvisualpage	设置可见图形页号为 page	void setvisualpage（int page）

6．字符屏幕处理函数：conio.h

函数名称	功　　能	用　　法
clrscr	清除整个屏幕，将光标定位到左上角处	void clrscr（）
cprintf	将格式化输出送到当前窗口	int cprintf（const char *format [, argument] ...）
gotoxy	将字符屏幕的光标移动到 *x*,*y* 处	void gotoxy（int x, int y）
textbackgroud	设置字符屏幕的背景	void textbackgroud（int color）
textcolor	设置字符屏幕下的字符颜色	void textcolor（int color）
window	建立字符窗口	void window（int left, int top, int right, int bottom）

7. 时间函数：time.h

函数名称	功　　能	用　　法
time	获取系统时间	time_t time（time_t *time）
clock	返回开启进程和调用 clock()之间的 CPU 时钟计时单元(clock tick)数	clock_t clock（void）
difftime	计算两个时间之差	double difftime（time_t timer1, time_t timer0）
ctime	把时间值转化为字符串	char *ctime（const time_t *timer）

参 考 文 献

[1] 杨克昌. 计算机常用算法与程序设计教程. 北京：人民邮电出版社，2008.

[2] 吕国英. 算法设计与分析. 北京：清华大学出版社，2006.

[3] 杨克昌. 计算机常用算法与程序设计案例教程（第 2 版）. 北京：清华大学出版社，2015.

[4] 杨克昌. 计算机程序设计经典题解. 北京：清华大学出版社，2007.

[5] 王建德，吴永辉. 新编实用算法分析与程序设计. 北京：人民邮电出版社，2008.

[6] 杨克昌，严权峰. 算法设计与分析实用教程. 北京：中国水利水电出版社，2013.

[7] 杨克昌，刘志辉. 趣味 C 程序设计集锦. 北京：中国水利水电出版社，2010.

[8] 刘汝佳，黄亮. 算法艺术与信息学竞赛. 北京：清华大学出版社，2010.

[9] 谭浩强. C 程序设计（第四版）. 北京：清华大学出版社，2010.

[10] 杨克昌. 至美——C 程序设计. 北京：中国水利水电出版社，2016.

[11] 王岳斌等. C 程序设计案例教程. 北京：清华大学出版社，2006.

[12] 杨克昌. 计算机程序设计典型例题精解（第二版）. 长沙：国防科技大学出版社，2003.

[13] 王红梅. 算法设计与分析. 北京：清华大学出版社，2006.

[14] 王晓东. 算法设计与分析. 北京：清华大学出版社，2006.

[15] 杨克昌. C 语言程序设计. 武汉：武汉大学出版社，2007.

[16] 陈朔鹰，陈英. C 语言趣味程序百例精解. 北京：北京理工大学出版社，1994.

[17] B.W.Kernighan and P. J. Plauger. The Elements of Programming Style. 程序设计技巧. 晏晓焰编译. 北京：清华大学出版社，1985.

[18] 谭成予. C 程序设计导论. 武汉：武汉大学出版社，2005.

[19] 冯俊. 算法与程序设计基础教程. 北京：清华大学出版社，2010.

[20] 纪有奎，王建新. 趣味程序设计 100 例. 北京：煤炭工业出版社，1982.

[21] 朱青. 计算机算法与程序设计. 北京：清华大学出版社，2009.

[22] 朱禹. 大学生趣味程序设计. 沈阳：辽宁人民出版社，1985.

[23] Mark Allen Weiss.数据结构与算法分析——C 语言描述（第 2 版）.陈越改编. 北京：人民邮电出版社，2005.